DIANLI SHENGCHAN WEIXIAN HUAXUEPIN
ANQUAN SHIYONG YU XIANCHANG YINGJI CHUZHI

电力生产危险化学品
安全使用与现场应急处置

主编　王晋生

中国电力出版社
CHINA ELECTRIC POWER PRESS

内 容 提 要

为进一步加强电力安全生产监督管理，持续推进电力行业危险化学品安全综合治理，国家能源局综合司于 2019 年 4 月 2 日发布《切实加强电力行业危险化学品安全综合治理工作的紧急通知》。

本书是为预防危险化学品事故在电力企业的发生而精心编写的安全生产读本，主要内容有：危险化学品基础知识、电力生产现场常用危险化学品、电力生产现场危险化学品安全管理措施、电力生产现场危险化学品安全使用要求、危险化学品重大危险源与事故隐患排查、危险化学品事故处理、危险化学品消防安全、危险化学品现场应急处置等。

本书可供电力企业中从事危险化学品管理和使用的管理技术人员使用，也可作为作业现场一线员工的培训教材或参考书，并对危险化学品生产企业、经营企业、仓储企业、货运公司、非电力企业危险化学品使用单位以及危险化学品监管部门管理技术人员有一定的参考价值。

图书在版编目（CIP）数据

电力生产危险化学品安全使用与现场应急处置 / 王晋生主编 . — 北京：中国电力出版社，2019.6（2020.11重印）

ISBN 978-7-5198-3253-7

Ⅰ . ①电… Ⅱ . ①王… Ⅲ . ①电力工业—化工产品—危险物品管理—安全生产 Ⅳ . ① TM08

中国版本图书馆 CIP 数据核字（2019）第 113339 号

出版发行：中国电力出版社
地　　址：北京市东城区北京站西街 19 号（邮政编码 100005）
网　　址：http://www.cepp.sgcc.com.cn
责任编辑：安小丹（010–63412367）
责任校对：黄　蓓　太兴华
装帧设计：王红柳
责任印制：吴　迪

印　　刷：北京天宇星印刷厂
版　　次：2019 年 6 月第一版
印　　次：2020 年 11 月北京第二次印刷
开　　本：787 毫米 × 1092 毫米　16 开本
印　　张：17.25
字　　数：321 千字
印　　数：1501–2500 册
定　　价：78.00 元

本 书 编 委 会

主　　编：王晋生

副 主 编：田　季　李禹萱

参编人员：薛建立　李军华　胡中流　姜　政　蔺颖健

　　　　　李佳辰　王国英　杜松岩　郑　煜　周　通

　　　　　钟晓玲　白　力　王　政　宋　荣　兰成杰

　　　　　周小云　王嘉悦

电力生产危险化学品
安全使用与现场应急处置

前言

2016年2月，国务院批复了天津港"8·12"瑞海公司危险品仓库特别重大火灾爆炸事故调查报告。经国务院调查组认定，2015年8月12日发生在天津港的瑞海公司危险品仓库火灾爆炸事故是一起特别重大生产安全责任事故。2019年3月21日，江苏响水陈家港化工园区一化工厂爆炸，酿成特别重大事故，再一次为大家敲响了安全生产的警钟。

安全重于泰山，生命高于一切，安全生产不容许任何侥幸，更不容许任何放纵。2015年天津港"8·12"事故发生后，国家能源局综合司即按照《国务院安全生产委员会关于深入开展危险化学品和易燃易爆品安全专项整治的紧急通知》（安委明电3号）要求各电力企业认真组织开展安全生产大检查，做好危险化学品和易燃易爆物品隐患整治工作。

2017年1月12日，国务院办公厅印发《安全生产"十三五"规划》指出：坚决遏制重特大事故，对重点领域、重点区域、重点部位、重点环节和重大危险源，采取有效的技术、工程和管理控制措施，健全监测预警应急机制，切实降低重特大事故发生频次和危害后果，最大限度减少人员伤亡和财产损失。危险化学品事故防范重点部位是：化学品仓储区、城区内化学品输送管线、油气站等易燃易爆剧毒设施；大型石化、煤化等生产装置；国家重要油气储运设施等重大危险源。危险化学品事故防范重点环节是：动火、受限空间作业、检维修、设备置换、开停车、试生产、变更管理。

2019年3月28日，国家能源局部署"电力安全文化建设年"，强调各电力企业要按照"安全是技术、安全是管理、安全是文化、安全是责任"的理念要求，培育安全文化，进一步强化安全意识、筑牢安全防线、提升安全水平、营造安全氛围，助力电力安全管理取得实实在在的效果。

2019年4月2日，国家能源局综合司发布《切实加强电力行业危险化学品安全综合治理工作的紧急通知》，要求积极开展液氨罐区重大危险源治理，加快推进尿素替代升级改造进度，旨在进一步加强电力安全生产监督管理，持续推进电力行业危险化学品安全综合治理。

为认真吸取天津港"8·12"瑞海公司危险品仓库特别重大火灾爆炸事故和江苏响水化工厂"3·21"特别重大爆炸事故的教训，认真落实《安全生产"十三五"规划》关于危险化学品事故防范的重点要求，防止类似事故在电力生产现场重演，贯彻国家能源局综合司关于加强电力行业危险化学品安全综合治理工作的紧急通知和国家能源局部署的2019"电力安全文化建设年"活动，我们根据电力生产企业使用危险化学品的实际，精心编写了《电力生产危险化学品安全使用与现场应急处置》。本书的主要内容有：危险化学品基础知识、电力生产现场常用危险化学品、电力生产现场危险化学品安全管理措施、电力生产现场危险化学品安全使用要求、危险化学品重大危险源与事故隐患排查、危险化学品事故处理、危险化学品消防安全、危险化学品现场应急处置等。

参加本书编写的有：王晋生、田季、李禹萱、薛建立、李军华、胡中流、姜政、蔺颖健、李佳辰、王国英、杜松岩、郑煜、周通、钟晓玲、白力、王政、宋荣、兰成杰、周小云、王嘉悦等。由王晋生任主编，田季、李禹萱任副主编。

本书在编写过程中参阅了大量相关资料和引用了有关作者的文献资料和相关著作，期间得到相关火力发电厂和危险化学品使用企业的领导和专家的大力支持与帮助，在此对原作者及各位领导、专家表示由衷的感谢！

本书可供电力企业中从事危险化学品管理和使用的管理技术人员使用，也可作为作业场所一线员工的培训教材或参考书，对危险化学品生产企业、经营企业、仓储企业、货运公司、非电力企业危险化学品使用单位以及危险化学品监管部门管理技术人员也有参考价值。

由于编者水平限制，难免有不妥错误之处，敬请批评指正。

编　者
2019年4月5日

电力生产危险化学品
安全使用与现场应急处置
目录

电力生产危险化学品
安全使用与现场应急处置

第一章
危险化学品基础知识

第一节 危险化学品基本概念

一、名词术语

危险化学品的有关名词术语及其含义，如表1-1所示。

表1-1 危险化学品的有关名词术语及其含义

序号	名词术语	含义
1	物质	在自然状态下或通过任何生产过程获得的化学元素及其化合物，包括为保持其稳定性而有必要添加的任何添加剂和加工过程中产生的任何杂质，但不包括任何不会影响物质稳定性或不会改变其成分的可分离的溶剂
2	物品	具有特定形状、外观或设计的物体，这些形状、外观和设计比其化学成分更能决定其功能
3	混合物	由两种或多种彼此不发生反应的物质组成的混合物或溶液
4	化学品	化学单质，各种化学元素、由元素组成的化合物及其混合物，无论是天然的或人造的
5	现有化学品	指国家公布的《中国现有化学物质名录》（2013年版）所列的物质
6	新化学品	指国家公布的《中国现在化学物质名录》（2013年版）所未列的物质
7	危险化学品	指具有毒害、腐蚀、爆炸、燃烧、助燃等性质，对人体、设施、环境具有危害的剧毒化学品和其他化学品
8	危险化学品作业场所	指可能使从业人员接触危险化学品的任何作业活动场所，包括从事危险化学品的生产、操作、处置、储存、装卸、使用等场所
9	危险化学品登记注册	指从事危险化学品生产和进口的企业到指定部门对所生产和进口的危险化学品进行申报，领取危险化学品登记注册证书的过程
10	危险化学品危险性鉴别与分类	根据化学品本身的特性，如燃烧性、毒性、腐蚀性、爆炸性、氧化性、放射性、反应性等，依据国家标准《化学品分类和危险性公示通则》（GB 13690—2009）或《危险货物分类和品名编号》（GB 6944—2012），确定化学品是否为危险化学品并确定出所属危险性类别的过程
11	危险类别	每个危险种类中的标准划分，如口服急性毒性包括五种危险类别，而易燃液体包括四种危险类别及这些危险类别在一个危险种类内比较危险的严重程度，不可将它们视为较为一般的危险类别比较
12	危险种类	指物理、健康或环境危险的性质，例如易燃固体、致癌性、口服急性毒性
13	危险说明	对某个危险种类或类别的说明，说明一种危险产品的危险性质，在情况适合时还说明其危险程度

序号	名词术语	含 义
14	标签	关于一种危险产品的一组适当的书面、印刷或图形信息要素，因为与目标部门相关而被选定，它们附于或印刷在一种危险产品的直接容器上或它的外部包装上
15	标签要素	统一用于标签上的一类信息，例如象形图、产品标识符、信号词等。 （1）象形图：一种图形结构，它可能包括一个符号加上其他图形要素，例如边界、背景图案或颜色，意在传达具体的信息。 （2）产品标识符：标签或安全数据单上用于危险产品的名称或编号。它提供一种唯一的手段使产品使用者能够在特定的使用背景下识别该物质或混合物，例如在运输、消费时或在工作场所。 （3）信号词：标签上用来表明危险的相对严重程度和提醒读者注意潜在危险的单词。GHS使用"危险"和"警告"作为信号词
16	安全标签	指用于标示化学品所具有的危险性和安全注意事项的一组文字、象形图和编码组合，它可粘贴、挂或喷印在化学品外包装或容器上
17	安全技术说明书	化学品安全技术说明书（Safety Data Sheet for Chemical Products，SDS），提供了化学品（物质或物质混合物）在安全、健康和环境保护等方面的信息，推荐了防护措施和紧急情况下的应对措施。包括化学品及企业标识、危险性概述、成分组成信息、急救措施、消防措施、泄漏应急处理、操作处置与储存、接触控制/个体防护、理化特性、稳定性和反应活性、毒理学信息、生态学信息、废弃处置、运输信息、法规信息、其他信息共16部分内容
18	CAS号	CAS是Chemical Abstract Service的缩写。CAS号是美国化学文摘对化学物质登录的检索服务号，是检索化学物质有关信息资料最常用的编号
19	UN号	UN是United Nation的缩写。UN编号是联合国《关于危险货物运输的建议书》对危险货物制定的编号
20	GHS制度	在2002年9月联合国召开的可持续发展各国首脑会议上，鼓励各国尽快实施《化学品分类及标记全球协调制度》（GHS），要求各国2008年前实施GHS。中国时任总理朱镕基参加了会议，中国代表团投了赞同票
21	包装标志	指标示危险货物危险性的图形标志
22	包装类别	依据《危险货物运输包装类别划分方法》（GB/T 15098—2008）规定，危险货物包装根据其内装物的危险程度划分为三种包装类别：Ⅰ类包装，盛装具有较大危险性的货物；Ⅱ类包装，盛装具有中等危险性的货物；Ⅲ类包装，盛装具有较小危险性的货物
23	阈限值（TLV）	阈限值是由美国政府工业卫生专家协会（AC GIH）制订的车间空气中的有害物质的容许浓度。日本及西欧、北欧亦采用这一概念，主要内容有三种： （1）时间加权平均阈限值（TLV-TWA）是指每日工作8h或每周工作40h的时间加权平均浓度，在此浓度下反复接触对几乎全部工人都不致产生不良效应，单位为mg/m^3。 （2）短时接触阈限值（TLV-STEL）是在保证遵守TLV-TWA的情况下，容许工人连续接触15min的最大浓度。此浓度在每个工作日中不得超过4次，且两次接触间隔至少60min。它是TLV-TWA的一个补充，单位为mg/m^3。 （3）阈限值的峰值（LTV-C）瞬时亦不得超过的限值，是专门对某些物质如刺激性气体或以急性作用为主的物质规定的，单位为mg/m^3
24	剧毒品	急性毒性为：经口LD50≤5mg/kg；经皮接触24h LD50≤40mg/kg；吸入1h LC50≤0.5mg/L的化学品
25	有毒品	急性毒性为：经口5mg/kg<LD50≤50mg/kg；经皮接触24h 40mg/kg<LD50≤200mg/kg；吸入1h 0.5mg/L<LC50≤2mg/L的化学品
26	有害品	急性毒性为：固体经口50mg/kg<LD50≤500mg/kg；液体经口50mg/kg<LD50≤2000mg/kg；经皮接触24h 200mg/kg<LD50≤1000mg/kg；吸入1h 2mg/L<LC50≤10mg/L的化学品

序号	名词术语	含　义
27	警示词	根据化学品的危险程度和类别，用"危险"、"警告"、"注意"三个词分别进行危害程度的警示，具体规定见下表。当某种化学品具有两种及两种以上的危险性时，用危险性最大的警示词。警示词位于化学品名称的下方，要求醒目、清晰。 **警示词与化学品危险性类别的对应关系** **警示词**：危险——爆炸品、易燃气体、有毒气体、低闪点液体、一级自燃物品、一级遇湿易燃物品、一级氧化剂、有机过氧化物、剧毒品、一级酸性腐蚀品 **警示词**：警告——不燃气体、中闪点液体、一级易燃固体、二级自燃物品、二级遇湿易燃物品、二级氧化剂、有毒品、二级酸性腐蚀品、一级碱性腐蚀品 **警示词**：注意——高闪点液体、二级易燃固体、有害品、二级碱性腐蚀品、其他腐蚀品
28	急性毒性	指一次或短时间（通常指24h内）接触毒物导致机体损伤的能力
29	慢性毒性	指长时间（通常指6个月以上）反复接触毒物导致机体损伤的能力
30	亚急性害性	毒性在急性与慢性毒性之间的称亚急性毒性，也称亚慢性毒性。通常把接触时间在24h以上、1个月以内，毒液导致机体损伤的能力称为亚急性毒性；接触时间在1个月以上、6个月以内，毒物导致机体损伤的能力称为亚慢性毒性
31	刺激性	指毒物在一定条件下作用于皮肤和黏膜，导致发生刺激反应的能力
32	致突变性	指毒物在一定条件下导致遗传物质突然变化的能力
33	致癌性	指毒物在一定条件下导致机体发生肿瘤的能力
34	生殖毒性	指毒物在一定条件下对生育繁殖能力、过程和后代造成影响和损害的能力
35	生态毒性	说明该化学品在一定剂量时对环境生态的各种生物造成的危害，并说明造成危害的程度。 （1）"该物质对环境有严重危害（或有危害），对……应给予特别注意"，本术语与"哺乳动物"、"鱼类"、"甲壳纲动物"、"鸟类"、"水生生物"等结合使用。 （2）"该物质对环境可能有危害，应特别注意……的污染"，本术语与"水体"、"土壤"、"大气"等结合使用。 （3）"在对人类重要食物链中，特别是在……中发生蓄积作用"，本术语结合食物源如"鱼类"、"植物"、"哺乳动物"、"油类"等使用
36	非生物降解性	说明该化学品是否具有非生物降解性，如光解、水解
37	生物降解性	说明该化学品是否具有生物降解性
38	燃点	燃点又称着火点是指气体、液体和固体可燃物与空气共存，当达到一定温度时，与火源接触即自行燃烧。火源移走后，仍能继续燃烧的最低温度，成为该物质的燃点或称着火点
39	自燃点	可燃物质在没有外界火源直接作用下，在空气或氧气中因受热或自身发热，热量积蓄使温度上升，所发生的燃烧现象称为自燃。可燃物质不需火源的直接作用就能发生自行燃烧的最低温度称自燃点（自燃点不是固定不变的）
40	闪燃	液体表面挥发的蒸气与空气形成的混合气与火焰接触时发生的瞬间燃烧，称为闪燃

序号	名词术语	含 义
41	闪点	指液体发生闪燃的最低温度
42	爆炸浓度极限	可燃气体、蒸气和可燃性粉尘与空气的混合物，遇到火源后并不是所有的浓度都能发生爆炸，而是必须在一定的浓度范围才能发生爆炸。这个遇火源能发生爆炸的浓度范围，称为爆炸浓度极限。 可燃气体、蒸气与空气的混合物遇到火源能发生爆炸的最低浓度是爆炸下限，最高浓度为爆炸上限
43	熔点	晶体物质融化时的温度称为熔点，晶体凝固时的温度称为凝固点。一般填写常温常压的数值，特殊条件下得到的数值，标出技术条件
44	沸点	是在一定温度下液体内部和表面同时发生的剧烈汽化现象。液体沸腾时候的温度被称为沸点。浓度越高，沸点越高。不同液体的沸点是不同的，所谓沸点是针对不同的液态物质沸腾时的温度，沸点随外界压力变化而改变，压力低，沸点也低
45	相对密度（水的相对密度=1）	在给定的条件下，某一物质的密度与参考物质（水）密度的比值。填写20℃时物质的密度与4℃时水的密度比值
46	相对蒸气密度（空气的相对密度=1）	在给定条件下，某一物质的蒸气密度与参考物质（空气）密度的比值。填写0℃时物质的蒸气与空气密度的比值
47	饱和蒸气压	在一定温度下，于真空容器中纯净液体与蒸气达到平衡量时的压力，用kPa表示，并标明温度
48	辛醇/水分配系数	当一种物质溶解在辛醇/水的混合物中时，该物质在辛醇和水中浓度的比值称为分配系数，通常用以10为底的对数形式（log Pow）表示。辛醇/水分配系数是用来预计一种物质在土壤中的吸附性、生物吸收、辛脂性储存和生物富集的重要参数
49	燃烧热	指1mol某物质完全燃烧时产生的热量，用kJ/mol表示
50	临界温度	指物质处于临界状态时的温度，即加压后使气体液化时所允许的最高温度，用℃表示
51	临界压力	指物质处于临界状态时的压力，即在临界温度时使气体液化所需要的最小压力，也就是液体在临界温度时的饱和蒸气压，用MPa表示
52	溶解性	指在常温常压下该物质在溶剂（以水为主）中的溶解性，分别用混溶、易溶、溶于、微溶表示其溶解程度

二、相关概念

1. 建立全球一致化的化学品分类体系

由于化学品在全球贸易中的扩大化，以及各国为了保障化学品的安全使用、安全运输与安全废弃的需要，建立一个全球一致化的化学品分类体系成为必然。建立全球一致化的化学品分类体系具有以下目的：

（1）通过提供一种易被理解的国际制度来表达化学品的危害，提高对人类和环境的保护。

（2）为没有现有相关制度的国家提供一种公认的制度框架。

（3）减少对化学品的测试和评估。

（4）方便已在国际基础上对危险性做出适当评估和识别的化学品的国际贸易。

我国参照GHS标准修、制订了化学品分类、警示标签和警示性说明安全规范的标准共计26个，于2006年10月24日发布，自2008年1月1日起在生产领域实施，2008年12月31日起在流通领域实施，2008年1月1日至2008年12月31日为该项目的实施过渡期。

2. 化学品危险性的分类

依据化学品的物理危险、健康危害和环境危害，将化学品危险性分为27个种类。其中，依据化学品的物理危险，将化学品的危险性分为16个种类，分别为：爆炸物、易燃气体、易燃气溶胶、氧化性气体、压力下气体、易燃液体、易燃固体、自反应物质、自热物质、自燃液体、自燃固体、遇水放出易燃气体的物质、金属腐蚀物、氧化性液体、氧化性固体、有机过氧化物。依据化学品的健康危害，将化学品的危险性分为12个种类，分别为：急性毒性、皮肤腐蚀、刺激、严重眼睛损伤、眼睛刺激、呼吸或皮肤过敏、生殖细胞突变性、致癌性、生殖毒性、特异性靶器官系统毒性一次接触、特异性靶器官系统毒性反复接触、吸入危险。依据化学品的环境危害，将化学品的危险性列为一个种类：对水环境的危害。另外，在每一个种类中，依据各自的分类分级标准，又分为一个或多个级别，部分类别又进一步细分为多个子级别。

3. 卫生防护距离与安全防护距离

（1）卫生防护距离。卫生防护距离是指在正常生产条件下，散发无组织排放大气污染物的生产装置、"三废"处理设施等的边界至居住区边界的最小距离。卫生防护距离主要是在正常生产情况下对散发有毒有害物质影响周边的防护。

（2）安全防护距离。安全防护距离不同于卫生防护距离，可以理解为事故状态下装置、设施、厂房与周边场所的最小的安全距离。危险化学品生产、储存企业与周边的安全防护距离，涉及的国家标准：一是有关设计防火规范要求的防火间距，防火间距主要是对易燃易爆场所的基本防护要求，如《建筑设计防火规范》（GB 50016—2014）规定，甲类厂房与重要公共建筑之间的防火间距不应小于50.0m，与明火或散发火花地点之间的防火间距不应小于30.0m；二是极少数产品的生产有专门安全技术规程规定的距离，如《光气及光气化工产品生产安全规程》（GB 19041—2003）中对安全距离的定义为，从光气及光气化产品生产装置的边界开始计算，至人员相对密集区域边界之间的最小允许距离。

卫生防护距离是正常生产情况下的防护距离要求，安全防护距离是事故状态下将损失降到心理上能承受程度的防护距离要求。

4. 危险化学品的危害

化学品因其组成和结构不同而性质各异，其中有些具有易燃易爆、有毒有害及腐蚀特性，会引起人身伤亡、财产损毁或对环境造成污染的化学品称为危险化学品。目前人类已经发现的危险化学品有6000多种，其中最常用的有2000多种。为便于在生产、使用、储存、运输及装卸等过程中的安全管理，我国按照危险化学品的主要危险性对其进行分类。同一类危险化学品具有该类的危险特性，但有的还同时具有其他危险性。例如，甲醇很容易燃烧，毒性也很大，误服25mL即能致人死亡，但它的主要危险性是易燃，故划为易燃液体类。又如氯气毒性很大，同时具有强氧化性和腐蚀性，但氯气经压缩储存在气瓶中，所以归于气体一类。

危险化学品的危害主要有以下几个方面。

（1）火灾爆炸危害性。绝大多数危险化学品都具有易燃易爆危险特性，无机氧化剂本身不燃，但接触可燃物质很易燃烧，有机氧化剂自身就可发生燃烧爆炸，有些腐蚀品和毒害品也有易燃易爆危险。又因生产或使用过程中，往往处于高温、高压或低温、低压的环境，因此在生产、使用、储存、经营及运输、装卸等过程中若控制不当或管理不善，很容易引起火灾、爆炸事故，从而造成严重的破坏后果。

（2）毒害性。危险化学品中有相当一部分具有毒害性，在一定条件下人体接触能对健康带来危害，甚至致人伤亡，而且有数百种危险化学品具有致癌性，如苯、砷化氢、环氧乙烷等已被国际癌症研究中心（IARC）确认为人类致癌物。

（3）环境污染性。绝大多数危险化学品一旦泄漏出来，会对环境造成严重的污染（如对水、大气层、空气、土壤的污染），进而影响人的健康。

第二节　危险化学品分类

一、全球化学品统一分类和标签制度

《全球化学品统一分类和标签制度》（Globally Harmonized System of Classification and Labelling of Chemicals），简称GHS。它是由联合国出版的作为指导各国控制化学品危险和保护人类与环境的规范性文件。

1. GHS制度目的

（1）保护人类健康和环境的需要。

（2）完善现有化学品分类和标签体系。

（3）减少对化学品试验和评价。

2. GHS制度内容

GHS制度包括两方面内容：

（1）危害性分类。GHS制度将化学品的危害大致分为3大类28项：

1）物理危害（如易燃液体、氧化性固体等16项）。

2）健康危害（如急性毒性、皮肤腐蚀/刺激等10项）。

3）环境危害（如水、臭氧层等2项）。

（2）危害信息公示。GHS制度采用两种方式公示化学品的危害信息：

1）标签。

2）安全数据单（safety data sheet，SDS）。

在我国的标准中也称为"物质安全数据表"（MSDS）。GB 16483和GB 17519称为"化学品安全技术说明书"（CSDS）。

（3）在GHS制度中一个完整的标签至少含有：信号词、危险说明、象形图、防范说明等。

（4）安全数据单的内容。化学品危害信息统一公示的安全数据单（SDS）包括下面16方面的内容：标识；危害标识；成分构成/成分信息；急救措施；消防措施；意外泄漏措施；搬运和存储；接触保护/人身保护；物理和化学性质；稳定性和反应性；毒理学信息；生态学信息；处置考虑；运输信息；管理信息；其他信息。

3. GHS制度覆盖范围

GHS制度涵盖了所有的化学品，其针对的目标对象包括消费者、工人、运输工人以及应急人员。

化学品在人类有意摄入时的标签不在GHS的覆盖范围内，如药品、食品添加剂、化妆品和食品中的杀虫剂残留。

GHS不包括确定统一的试验方法或提倡进一步的试验。

二、危险货物分类与品名编号

各国对危险品都进行分类，分类的原则基本相同，但划分的类别有所差别。《国际海运危险货物规则》（简称《国际危规》）将危险货物分为9大类，具体划分如下：

（1）第1类爆炸品，包括：具有整体爆炸危险的物质和物品；具有抛射危险，但无整体爆炸危险的物质和物品；具有燃烧危险、较小爆炸或较小抛射危险，或两者兼有，但无整体爆炸危险的物质和物品；无重大危险的爆炸物质和物品；有整体爆炸危险的很不敏感的物质；没有整体爆炸危险的极不敏感物品。

（2）第2类气体，包括：易燃气体；非易燃、无毒气体；有毒气体。

（3）第3类易燃液体。

（4）第4类易燃固体、易自燃物质、遇水放出易燃气体的物质，包括：易燃固体、自反应，物质和固体退敏爆炸品；易自燃物质；遇水放出易燃气体的物质。

（5）第5类氧化物质和有机过氧化物，包括：氧化物质；有机过氧化物。

（6）第6类有毒和感染性物质，包括：有毒物质；感染性物质。

（7）第7类放射性物质。

（8）第8类腐蚀品。

（9）第9类杂类危险物质和物品。

我国在《危险货物分类与品名编号》（GB 6944—2012）中将危险货物也分成9大类，与《国际危规》相同。其中，感染性物品和杂类不属于危险化学品，而放射性物品因其危险性和安全防护、管理要求与其他危险化学品相差较大，单独划出。

第三节　危险化学品的标志

危险化学品包装标志是通过图案、文字说明、颜色等信息鲜明与简洁地表征危险化学品特性和类别，向作业人员传递安全信息的警示性资料。

2010年5月1日起实施的《危险货物包装标志》（GB 190—2009，代替GB 190—1990）采用联合国《关于危险货物运输的建议书：规章范本》中标记和标签一章，规定了危险货物包装标志的分类图形、尺寸、颜色及使用方法等，适用于危险货物的运输包装，九大类标志如表1-2所示，其彩图参见附录二。

表1-2　　九大类危险货物图案标志

类别	图案标志
第1类　爆炸品	 （符号：黑色，底色：橙红色）爆炸性物质或物品 1.1　1.2　1.3
	 （符号：黑色，底色：橙红色）爆炸性物质或物品 1.4  （符号：黑色，底色：橙红色）爆炸性物质或物品 1.5  （符号：黑色，底色：橙红色）爆炸性物质或物品 1.6

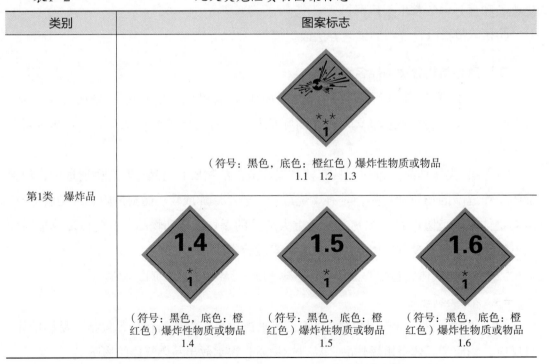

续表

类别	图案标志
第2类　气体	（符号：黑色，底色：红色）易燃气体 2.1　　　　（符号：白色，底色：红色）易燃气体 2.1 （符号：黑色，底色：绿色）非易燃无毒气体 2.2　　（符号：白色，底色：绿色）非易燃无毒气体 2.2　　（符号：黑色，底色：白色）毒性气体 2.3
第3类　易燃液体	（符号：黑色，底色：正红色）易燃液体 3　　　　（符号：白色，底色：正红色）易燃液体 3
第4类　易燃固体、易燃物质、遇水放出易燃气体的物质	（符号：黑色，底色：白色红条）易燃固体 4.1　　（符号：黑色，底色：上白下红）易于自燃的物质 4.2 （符号：黑色，底色：蓝色）遇水放出易燃气体的物质 4.3　　（符号：白色，底色：蓝色）遇水放出易燃气体的物质 4.3

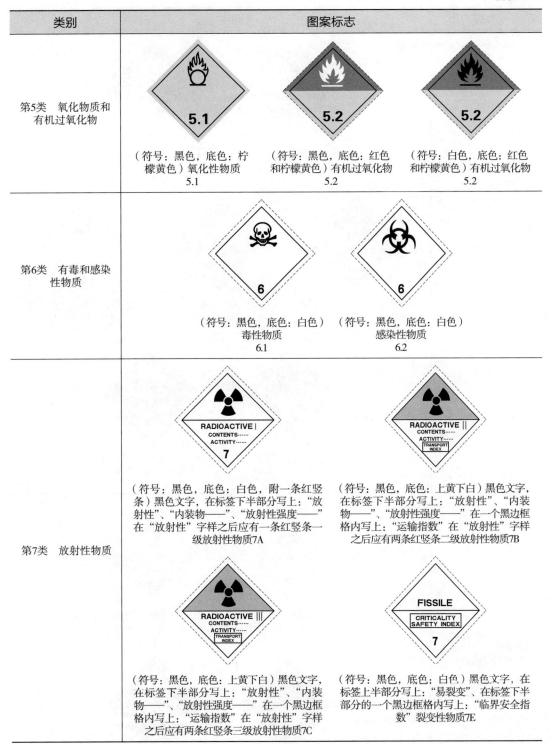

类别	图案标志
第5类 氧化物质和有机过氧化物	（符号：黑色，底色：柠檬黄色）氧化性物质 5.1　　（符号：黑色，底色：红色和柠檬黄色）有机过氧化物 5.2　　（符号：白色，底色：红色和柠檬黄色）有机过氧化物 5.2
第6类 有毒和感染性物质	（符号：黑色，底色：白色）毒性物质 6.1　　（符号：黑色，底色：白色）感染性物质 6.2
第7类 放射性物质	（符号：黑色，底色：白色，附一条红竖条）黑色文字，在标签下半部分写上："放射性"、"内装物——"、"放射性强度——"在"放射性"字样之后应有一条红竖条一级放射性物质7A　　（符号：黑色，底色：上黄下白）黑色文字，在标签下半部分写上："放射性"、"内装物——"、"放射性强度——"在一个黑边框格内写上："运输指数"在"放射性"字样之后应有两条红竖条二级放射性物质7B　　（符号：黑色，底色：上黄下白）黑色文字，在标签下半部分写上："放射性"、"内装物——"、"放射性强度——"在一个黑边框格内写上："运输指数"在"放射性"字样之后应有两条红竖条三级放射性物质7C　　（符号：黑色，底色：白色）黑色文字，在标签上半部分写上："易裂变"、在标签下半部分的一个黑边框格内写上："临界安全指数"裂变性物质7E

续表

类别	图案标志
第8类　腐蚀品	 （符号：黑色，底色：上白下黑）腐蚀性物质 8
第9类　杂项危险物质和物品	 （符号：黑色，底色：白色）杂项危险物质和物品 9

第四节　危险化学品安全标签

一、化学品安全标签的表示形式

安全标签是指用于标示化学品所具有的危险性和安全注意事项的一组文字、象形图和编码组合，它可粘贴、拴挂或喷印在化学品的外包装或容器上，是传递化学品安全信息的一种载体。

安全标签是《工作场所安全使用化学品规定》和国际170号《作业场所安全使用化学品公约》要求的预防和控制化学危害基本措施之一，主要是对市场上流通的化学品通过加贴标签的形式进行危险性标识，提出安全使用注意事项，向作业人员传递安全信息，以预防和减少化学危害，达到保障安全和健康的目的。

安全标签用简单明了、易于理解的文字、图形表达与该化学品有关的部分特性及其他安全处置的注意事项，而有关该化学品的更详细的安全信息资料，应从其化学品安全数据库中获得，因此化学品物质安全数据表和化学品安全标签必须齐备，缺一不可。

化学品安全标签和安全数据表一样都是危险化学品经营企业辨识危险化学品性质，加强危险化学品在经营过程中安全管理的必备资料。

2010年5月1日起实施的国家标准《化学品安全标签编写规定》（GB 15258—2009，

代替GB 15258—1999）对应于《全球化学品统一分类和标签制度》（GHS，第2版），规定了化学品安全标签的有关定义、内容、编写要求及使用方法。农药、气瓶等产品安全标签已有专门标准规定的，按专门标准执行。

二、化学品安全标签的内容和标签样例

（1）化学品标识用中文和英文分别标明化学品的化学名称或通用名称。名称要求醒目清晰，位于标签的上方。名称应与化学品安全技术说明书中的名称一致。

对混合物应标出化学品的主要危险组分的化学名称或通用名、浓度或浓度范围。当需要标出的组分较多时，组分个数以不超过5个为宜。对于属于商业机密的成分可以不标明，但应列出其危险性。

（2）化学品主要有害组分标识。

1）分子式。用元素符号和数字表示分子中各原子数，居名称的下方。若是混合物此项可略。

2）化学成分及组成。标出化学品的主要成分和含有的有害组分、含量或浓度。

3）编号。标明联合国危险货物编号和中国危险货物编号，分别用UN No.和CN No.表示。

4）标示。标示采用联合国《关于危险货物运输的建议书》和《化学品分类和危险性公示　通则》（GB 13690）中规定的符号。每种化学品最多可选用两个标志。标志符号居标签右边。

（3）象形图采用GB 20576~GB 20599、GB 20601、GB 20602规定的象形图。当某种化学品具有两种或两种以上的危险性时，物理危险象形图的先后顺序根据《危险货物品名表》（GB 12268）中的主次危险性确定，未列入《危险货物品名表》的化学品，以下危险性类别的危险性总是主危险：爆炸物、易燃气体、易燃气溶胶、氧化性气体、压力下气体、自反应物质或混合物、发火物质、有机过氧化物。其他主危险性的确定按照联合国《关于危险货物运输的建议书　规章范本》危险性先后顺序确定方法确定。

对于健康危险按照以下先后顺序：如果使用了骷髅和交叉骨符号，则不应出现感叹号符号；如果使用了腐蚀符号，则不应出现感叹号来表示皮肤或眼睛刺激；如果使用了呼吸致敏物的健康危害符号，则不应出现感叹号来表示皮肤致敏物或者皮肤/眼睛刺激。

（4）信号词根据化学品的危险程度和类别，用"危险"、"警告"两个词分别进行危害程度的警示。信号词位于化学品名称的下方，要求醒目、清晰。根据GB 20576~GB 20599、GB 20601、GB 20602选择不同类别危险化学品的信号词。

当某种化学品具有两种或两种以上的危险性时，用危险性最大的警示词。如果在安全标签上选用了信号词"危险"，则不应出现信号词"警告"。

（5）危险性说明。简要概述化学品的危险特性，居警示词下方。根据GB 20576~GB 20599、GB 20601、GB 20602选择不同类别危险化学品的危险性说明。

当某种化学品具有两种或两种以上的危险性时，所有危险性说明都应出现在安全标签上，按理化危险、健康危险、环境危害顺序排列。

（6）防范说明。表述化学品在处置、搬运、储存和使用作业中所必须注意的事项和发生意外时简单有效的救护措施等，要求内容简明扼要、重点突出。该部分应包括安全预防措施、意外情况（如泄漏、人员接触或火灾等）的处理、安全储存措施及废弃处置等内容。各类化学品安全标签防范说明可从《化学品安全标签编写规定》中查到。

（7）供应商标识。包括供应商名称、地址、邮编、电话等。

（8）应急咨询电话。填写化学品生产商或生产商委托的24h化学事故应急咨询电话。国外进口化学品安全标签上应至少有一家中国境内的24h化学事故应急咨询电话。

（9）资料参阅提示语。提示化学品用户应参阅物质安全数据表。

化学品安全标签样例如图1-1所示。

对于小于等于100mL的化学品小包装，为了方便标签使用，安全标签要素可以简化，只包括化学品标识、象形图、信号词、危险性说明、应急咨询电话、供应商名称及联系电话、资料参阅提示语即可。简化标签样例如图1-2所示。

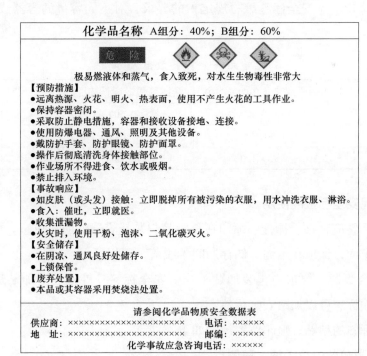

图1-1 化学品安全标签样例

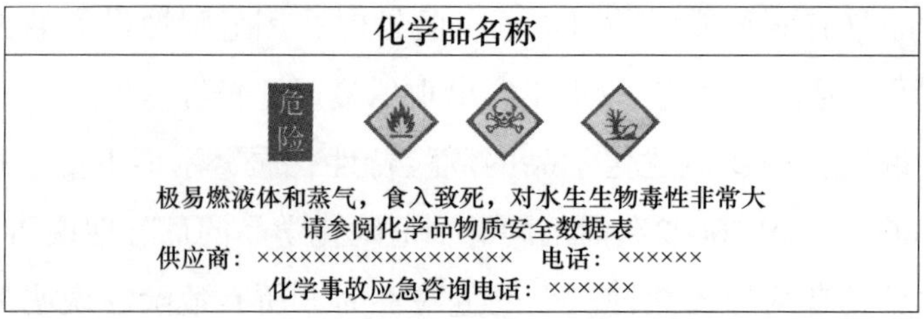

化学品名称

极易燃液体和蒸气，食入致死，对水生生物毒性非常大
请参阅化学品物质安全数据表
供应商：××××××××××××××××　电话：××××××
化学事故应急咨询电话：××××××

图1-2　化学品简化标签样例

三、化学品安全标签的制作要求

（1）标签正文应使用简洁、明了、易于理解、规范的汉字表述，也可以同时使用少数民族文字或外文，但意义必须与汉字相对应，字形应小于汉字。相同的含义应用相同的文字和图形表示。

（2）当某种化学品有新的信息发现时，标签应及时修订。

（3）标签内象形图的颜色根据GB 20576~GB 20599、GB 20601、GB 20602的规定执行，一般使用黑色符号加白色背景，方块边框为红色。正文应使用与底色反差明显的颜色，一般采用黑白色。若在国内使用，方块边框可以为黑色。

（4）印刷时，标签的边缘要加一个边框，边框外应留≥3mm的空白，边框宽度≥1mm。象形图必须从较远的距离以及在烟雾条件下或容器部分模糊不清的条件下也能看到。标签的印刷应清晰，所使用的印刷材料和胶黏材料应具有耐用性和防水性。

（5）根据《化学品安全标签编写规定》的要求，对不同容量的容器或包装，标签最低尺寸见表1-3。

表1-3　　　　　　　　化学品安全标签最低尺寸

容器或包装容积（L）	标签尺寸（mm×mm）	容器或包装容积（L）	标签尺寸（mm×mm）
≤0.1	使用简化标签	50~500	100×150
0.1~3	50×75	50~1000	150×200
3~50	75×100	>1000	200×300

四、化学品安全标签的使用

（1）安全标签应粘贴、拴挂、喷印在化学品包装或容器的明显位置。标签的粘贴、拴挂、喷印应牢固，保证在运输、储存期间不脱落，不损坏。

（2）对组合容器，要求内包装加贴（挂）安全标签，外包装上加贴运输象形图，如果不需要运输标志可以加贴安全标签。

（3）安全标签的粘贴、喷印位置规定如下：

1）桶、瓶形包装：位于桶、瓶侧身。

2）箱状包装：位于包装端面或侧面明显处。

3）袋、捆包装：位于包装明显处。

（4）安全标签应由生产企业在货物出厂前粘贴、拴挂或喷印。若要改换包装，则由改换包装单位重新粘贴、拴挂、喷印标签。

（5）盛装危险化学品的容器或包装，在经过处理并确认其危险性完全消除之后，方可撕下安全标签，否则不能撕下相应的标签。

（6）危险化学品经营企业在采购商品时应检查供应所提供的商品是否有化学品安全标签，在销售商品时不能向用户提供没有化学品安全标签的商品。

第五节　化学品安全技术说明书

一、化学品安全技术说明书的作用和责任

《化学品安全技术说明书编写规定内容和项目顺序》（GB/T 16483—2008）和《化学品安全技术说明书编写指南》（GB/T 17519—2013）规定了优学品安全技术说明书（CSDS）的结构、内容和通用形式，是《工作场所安全使用化学品规定》所要求的，关于化学品燃、爆、毒性和生态危害以及安全使用、泄漏应急处置、主要理化参数、法律法规等方面信息的综合性文件。作为给用户提供的一种服务，生产企业应随化学商品向用户提供化学品安全技术说明书，使用户明了化学品的有关危害，主动进行防护，起到减少职业危害和预防化学事故的作用。

1.安全技术说明书的作用

安全技术说明书作为最基础的技术文件，主要用途是传递安全信息。其作用主要体现在：

（1）是作业人员安全使用化学品的指导性文件。

（2）为化学品生产、处置、储存和使用各环节制定安全操作规程提供技术信息。

（3）为危害控制和预防措施设计提供技术依据。

（4）是企业安全教育的主要内容。

2.安全技术说明书的责任

（1）生产企业既是化学品的生产商，又是化学品使用的主要用户，对安全技术说明书的编写和供给负有最基本的责任。生产企业必须按照国家法规填写符合规定要求的安全技术说明书、安全卫生信息，并确保接触化学品的作业人员能方便地查阅，还应负责更新本企业产品的安全技术说明书。

（2）使用单位作为化学品使用的用户，应向供应商索取全套的最新化学品的安全

技术说明书，并评审从供应商处索取的安全技术说明书，针对本企业的应用情况和掌握的信息，补充新的内容，确保接触化学品的作业人员能方便地查阅。

（3）经营、销售企业所经销的化学品必须附带安全技术说明书。经营进口化学品的企业，应负责向供应商、进口商索取最新的中文安全技术说明书，随商品提供给运输部门。

（4）运输部门对无安全技术说明书的化学品一律不予承运。

二、化学品安全技术说明书的内容

安全数据库（SDS）或"物质安全数据表"（MSDS）或化学品"安全技术说明书"（CSDS）包括16部分内容，如表1-4所示。

表1-4　　　　　　　　SDS或MSDS或CSDS的项目和内容

序号	项目名称	主要内容
1	优学品及企业标识	主要标明化学品名称、生产企业名称、地址、邮编、电话、应急电话、传真等信息
2	危险性概述	简述本化学品最重要的危害和效应。主要包括：紧急情况概述；危险性类别；标签要素；物理和化学危险；健康危害；环境危害、燃爆危险；其他危害等信息
3	成分/组成信息	标明该化学品是纯化学品还是混合物。纯化学品，应给出其化学品名称或商品名和通用名；混合物，应给出危害性组分的浓度或浓度范围。 无论是纯化学品还是混合物，如果其中包含有害性组分，则需给出化学文摘索引登记号（CAS号）
4	急救措施	指作业人员意外受到伤害时，所需采取的现场自救或互救的简要处理方法，包括眼睛接触、皮肤接触、吸入、食入的急救措施
5	消防措施	主要表示化学品的物理和化学特殊危险性，合适与不合适的灭火介质以及消防人员个体保护等方面的信息，包括危险特性、灭火介质和方法、灭火注意事项等
6	泄漏应急处理	指化学品泄漏后现场可采用的简单有效的应急措施、注意事项和消除方法，包括应急行动、应急人员防护、环保措施和消除方法等内容
7	操作处置与储存	主要是指化学品操作处置和安全储存方面的信息资料，包括操作处置作业中的安全注意事项、安全储存条件和注意事项
8	接触控制/个体防护	在生产、操作处理、搬运和使用化学品的作业过程中，为保护作业人员免受化学品危害而采取的防护方法和手段，包括最高容许浓度、工程控制、呼吸系统防护、眼睛防护、身体防护、手防护和其他防护要求
9	理化特性	主要描述化学品的外观及理化性质等方面的信息，包括外观与性状、pH值、沸点、熔点、相对密度（水=1）、相对蒸气密度（空气=1）、饱和蒸气压、燃烧热、临界温度、临界压力、辛醇/水分配系数、闪点、引燃温度、爆炸极限、溶解性、主要用途和其他一些特殊理化性质
10	稳定性和反应性	主要叙述化学品的稳定性和反应活性方面的信息，包括稳定性、禁配性、应避免接触的条件、聚合危害和分解产物
11	毒理学信息	提供化学品的毒理学信息，包括不同接触方式的急性毒性（LD50，LC50）、刺激性、致敏性、亚急性和慢性毒性、致突变性、致畸性和致癌性等
12	生态学信息	主要陈述化学品的环境生态效应、行为和转归，包括生物效应（如LD50，LC50）、生物降解性、生物富集、环境迁移及其他有害的环境影响等
13	废弃处置	是指对被化学品污染的包装和无使用价值的化学品的安全处理方法，包括废弃处置方法和注意事项
14	运输信息	主要是指国内、国际化学品包装、运输的要求及运输的分类和编号，包括危险货物编号、包装类别、包装标志、包装方法、UN编号及运输注意事项等

续表

序号	项目名称	主要内容
15	法规信息	主要是化学品管理方面的法律条款和标准
16	其他信息	主要提供其他对安全有重要意义的信息，包括参考文献、填表时间、填表部门、数据审核单位等

三、化学品安全技术说明书编写和使用

1. 编写要求

化学品安全技术说明书规定的16项内容在编写时不能随意删除或合并，并顺序不可随意变更。各项目编写的要求、边界和层次，按"填写指南"进行。其中，16大项为必填项，而每个小项可有3种选择，标明［A］项者，为必填项；标明［B］项者，此项若无数据，应写明无数据原因（如无资料、无意义）；标明［C］项者，若无数据，此项可略。

安全技术说明书的正文应采用简洁、明了、通俗易懂的规范汉字表述。数字资料要准确可靠，系统安全。

安全技术说明书的内容，从该化学品制作之日算起，每5年更新一次，若发现新的危害性，在有关信息发布后的半年内，生产企业必须对安全技术说明书的内容进行修订。

2. 种类

安全技术说明书采用"一个品种一卡"的方式编写，同类物、同系物的技术说明书不能互相替代；混合物要填写有害性组分及其含量范围。所填数据应是可靠和有依据的。一种化学品有一种以上的危害性时，要综合表述其主、次危害性以及急救、防护措施。

3. 数值和资料的可靠性

安全技术说明书的数值和资料要准确、可靠，选用的参考资料要权威性，必要时可咨询省级以上职业安全卫生专门机构。

4. 使用

化学品安全技术说明书由化学品供应企业编印，在交付商品时提供给用户，作为为用户的一种服务随商品在市场上流通。

化学品的用户在接受使用化学品时，要认真阅读技术说明书，了解和掌握化学品的危险性，并根据使用的情形制定安全操作规程，选用合适的防护器具，培训作业人员。

四、化学品安全技术说明书的填写指南

1. 化学品及企业标识

（1）化学品中文名。填写学名，俗名或产品名称［A］。

（2）化学品英文名。填写学名，俗名或产品名称［A］。

（3）生产企业名称。填写化学品生产企业的中英文全名［A］。

（4）地址。填写化学品生产企业的详细地址［A］。

（5）邮编。填写化学品生产企业的邮编［A］。

（6）传真号码。填写化学品生产企业的传真号码［A］。

（7）企业应急电话。填写紧急状态下拨打的化学品生产企业的应急电话号码［A］。

（8）电子邮件地址。填写化学品生产企业的电子邮件地址［C］。

（9）技术说明书编码。填写产品安全技术说明书编码［A］。

（10）生效日期。填写该安全技术说明书编印或修订的日期［A］。

（11）国家应急电话。填写紧急状态下拨打的国家化学事故应急电话号码、消防应急电话号码［A］。

2. 危险性概述

（1）危险性类别。按GB 13690规定填写［B］。

（2）侵入途径。化学物质侵入机体引起伤害的途径，如吸入、食入、皮肤接触［B］。

（3）健康危害。填写毒物中毒典型临床表现，包括主要器官、急性中毒、慢性中毒的症状及表现和致癌性等［B］。

（4）环境危害。简要描述化学品在一定浓度时对各种生物造成的危害及其造成危害的程度［B］。

（5）燃爆危险。简要概述化学品在空气中遇明火、高温或与氧化剂接触时能引起的危险［B］。

3. 成分/组成信息

（1）主要成分［B］：

1）混合物：填写主要危险成分及其浓度或浓度范围。

2）纯品：填写有害成分的品名和浓度范围。

（2）CAS号。填写该化学产品中有害组分的化学文摘索引登记号［B］。

4. 急救措施

指现场作业人员意外地受到化学品伤害时所需采取的自救和互救的简要处理方法。

（1）皮肤接触［B］：

1）剧毒品：立即脱去衣着，用推荐的清洗介质冲洗，就医。

2）中等毒性：脱去衣着，用推荐的清洗介质冲洗，就医。

3）有害品：脱去污染的衣着，按所推荐的介质冲洗皮肤。

4）腐蚀品：按所推荐的介质冲洗。若有灼伤，就医。

（2）眼睛接触［B］：

1）剧毒品：立即提起眼睑用大量水冲洗眼睛，至少15 min，就医。

2）中等毒性：立即提起眼睑用大量水冲洗眼睛，至少15 min，就医。

3）有害品：提起眼睑，用大量清水冲洗。

4）腐蚀品：立即提起眼睑，用流动清水或生理盐水冲洗，就医。

（3）吸入 ［B］：

1）剧毒品、中等毒品、有害品：迅速撤离现场到空气新鲜处；如呼吸停止，进行人工呼吸；如呼吸困难，给输氧（如有适当的解毒剂，立即服用）。

2）腐蚀品：立即脱离现场到空气新鲜处，必要时进行人工呼吸，就医。

（4）食入 ［B］：

1）剧毒品：立即就医。

2）中等毒品：立即就医。

3）有害品：立即就医。

4）腐蚀品：立即就医。

5. 消防措施

（1）危险性。主要填写遇明火、高温、氧化剂等可能产生的危害，遇水、酸、碱和一些活性物质的反应性，以及氧化性、腐蚀性等 ［B］。

（2）有害燃烧产物。填写燃烧后的产物，如有害气体 ［B］。

（3）灭火方法。填写灭火的方法和灭火剂。对不同类别的化学品要根据其性能和状态，选用合适的灭火介质 ［B］。

（4）灭火注意事项及措施 ［B］：

1）消防员的个体防护：填写应选用的防护服，如全身消防防护服、防火防毒服、消防防护靴、正压自给式呼吸器等。

2）禁止使用的灭火剂：填写应禁止使用的灭火剂，如禁止使用水、二氧化碳、干粉、泡沫、沙土等。

6. 泄漏应急处理

应急处理，可参考下列层次填写 ［B］：

（1）迅速报警、疏散有关人员、隔离污染区；疏散人员的多少和隔离污染区的大小，根据泄漏量和泄漏物的毒性大小具体而定。

（2）切断火源。对于易燃、易爆泄漏物，在清除之前必须切断火源。

（3）应急处理人员防护。泄漏作为一种紧急事态，防护要求比较严格。

（4）注意事项。有些物质不能直接接触，有些物质可喷水雾减少挥发，有的则不能喷水，有些物质则需要冷却、防震，这都要针对具体物质和泄漏现场进行选择。

（5）消除方法。根据化学品的物态（气、液、固）及其危险性（燃爆特性、毒性）

和环保要求给出具体的消除方法。

（6）设备器材。给出应急处理时所需的设备、器材名称。

7. 操作处置与储存

（1）操作注意事项。指对化学品操作过程中的安全注意要点和个体防护［B］。

（2）储存注意事项。参考下列层次填写：储存的基本条件和要求→储存限量→注意事项→禁配物→防火防爆要求→分装注意事项［B］。

8. 接触控制/个体防护

（1）最高容许浓度。以国家颁布的卫生标准为依据填写，若国家尚无标准，可参考国外有关标准，用mg/m³表示［B］。

（2）监测方法。填写车间空气中有害物质的监测方法［B］。

（3）工程控制。主要填写生产过程中的密闭和通风等防护和隔离措施，不特指工业生产过程的自动化控制［B］。

（4）呼吸系统防护。防止有害物质从呼吸系统进入体内的防护用品，主要考虑以下三方面因素，即作业环境、毒物从呼吸系统进入体内的危害程度和防护用品的防护能力，推荐选用空气呼吸器、自给式呼吸器、氧气呼吸器、过滤式防毒面具（半、全面罩）、防尘口罩等［B］。

（5）眼睛防护。保护眼睛免受毒物侵害的用具，主要推荐选用安全面罩、安全防护眼镜、化学安全防护眼镜、安全护目镜、安全防护面罩等［B］。

（6）身体防护。指避免皮肤受到损害所做的防护，根据毒物毒性、接触的浓度大小，可选择面罩式胶布防毒衣、连衣或胶布防毒衣、橡胶工作服、防毒物渗透工作服、透气型防毒服、一般作业防毒服等［B］。

（7）手防护。主要选用防护手套、橡胶手套、乳胶手套、耐酸碱手套、防化学品手套、皮肤防护膜等［B］。

（8）其他防护。主要填写作业人员的个人卫生要求、现场注意事项、毒物的监测和定期体检情况［C］。

9. 理化特性

（1）产品的外观与性状。主要是常温常压下物质的颜色、气味和存在状态［A］。

（2）pH值。填写pH值［C］。

（3）熔点。填写常温常压的数值，特殊条件的数值应标出技术条件［B］。

（4）沸点。填写常温常压的沸点值，特殊条件下得到的数值应标出技术条件，在沸腾之前升华值或分解值应加以说明并标注出技术条件［B］。

（5）相对密度（水=1）。填写20℃时物质的密度与4℃时水的密度比值［B］。

（6）相对蒸气密度（空气=1）。填写0℃时物质的蒸气密度与空气密度的比［B］。

（7）饱和蒸气压。一定温度下，于真空容器中纯净液体与蒸气达到平衡时的压力，用kPa表示，并标明温度［C］。

（8）燃烧热。1mol物质完全燃烧时产生的热量，用kJ/mol表示［C］。

（9）临界温度。加压后使气体液化时所允许的最高温度，用℃表示［C］。

（10）临界压力。在临界温度时使气体液化所需要的最小压力，用MPa表示［C］。

（11）辛醇/水分配系数。是用来预计一种化学品在土壤中的吸附性、生物吸收、辛脂性储存和生物富集的重要参数。当一种化学品溶解在辛醇/水的混合物中时，该化学品在辛醇和水中浓度的比值称为分配系数，通常以10为底的对数形式表示［C］。

（12）闪点。在指定的条件下，试样被加热到它的蒸气与空气混合气接触火焰时，能产生闪燃的最低温度，填写时注明开杯或闭杯值［B］。

（13）引燃温度（自燃温度）。是指在常温常压下，加热一个容器内的可燃气体与空气的混合物，开始着火时的反应容器器壁的最低温度［B］。

（14）爆炸上限。可燃气与空气混合，形成可燃性混合气的上限值，气体和液体的单位用%V/V表示，粉尘用mg/m^3表示［B］。

（15）爆炸下限。可燃气与空气混合，形成可燃性混合气的下限值，单位表示与上限值相同［B］。

（16）溶解性。在常温常压下物质在溶剂中的溶解性，分别用混溶、易溶、溶于、微溶、不溶表示其溶解程度［B］。

（17）主要用途。填写其主要用途［B］。

（18）其他理化性质。对某些物质特有的性质设立了非固定的数据项，如颗粒大小、挥发性有机物含量、蒸发速率、黏度、放射性、凝固点、腐蚀性、爆燃点、爆速、最小点火能等［C］。

10. 稳定性和反应性

（1）稳定性。在常温常压或预期的储存条件下，该物质的化学行为是否稳定，分别用稳定、不稳定表示［B］。

（2）禁配物。明确标出化学品在其化学性质上相抵触的物质［B］。

（3）避免接触的条件。标明可能导致化学品发生有害影响的外界条件，如受热、光照、接触空气和潮气、震荡、挤压等［B］。

（4）聚合危害。说明该物质在外界条件下，能否出现意外的聚合反应，分别用能发生、不能发生表示［B］。

（5）分解产物。定性说明物质在燃烧或发生化学反应时可能产生的最终有害物质［B］。

11. 毒理学信息

（1）急性毒性。用LD50、LC50表示急性毒性［B］。

（2）亚急性和慢性毒性。主要填写动物经亚急性和慢性染毒后的毒作用表现及组织病理学检查的结果［C］。

（3）刺激性。填写对动物眼睛和皮肤的刺激性实验结果。分别用轻度、中度和重度表示其刺激强度［B］。

（4）致敏性。填写动物染毒后的实验结果［C］。

（5）致突变性。填写沙门氏菌回变试验（Ames试验）数据为主的大鼠、小鼠、人及其他试验结果，用最低剂量表示［C］。

（6）致畸性。填写该化学品是否有致畸性的实验结果，用最低剂量表示［C］。

（7）致癌性。填写国际癌症研究中心（IARC）专家小组的评定结论，用最低剂量表示［C］。

（8）其他。填写其他相关数据，如生殖毒性、神经毒性等［C］。

12. 生态学信息

（1）生态毒性。说明该化学品对水生生物（藻类、无脊椎动物、鱼类）、对陆生生物（植物、蝗蚓、鸟类）、对有益微生物的毒性，可用半数致死剂量（LD50）、半数致死浓度（LC50）、无作用剂量（NOEL）、半数耐受量（TLm）表示［B］。

（2）生物降解性。说明该化学品是固有生物降解性，用实验数据说明其生物降解能力，以一段时间内生物降解百分率表示［B］。

（3）非生物降解性。说明该化学品是否具有非生物降解性，如光解、水解［B］。

（4）生物富集或生物积累性。说明该化学品是否具有生物富集的特性，可分为水生和陆生环境的生物富集。指化学品被生物体摄入并存留一段时间后，摄入、分配、转化、排泄这四个相互联系的过程形成动态平衡时，化学品在生物体内和环境介质中的浓度比衡定值。如填写鱼的生物富集系数（BCF）值［C］。

（5）其他有害作用。指对破坏臭氧层及全球变暖的潜在影响［C］。

13. 废弃处置

（1）废弃物性质。标明废弃物是否属于危险废物，判断标准为国家危险废物名录［B］。

（2）废弃处置方法。只填写对不能再利用的有害化学物质进行无害化的最后处理方法，如焚烧炉焚烧、化学氧化、溶解、深层掩埋等［B］。

（3）废弃注意事项。当在进行化学品及其外包装废弃处置时，保护操作者和环境所需要的条件［B］。

14. 运输信息

（1）危险货物编号。按GB 6944填写其危险类别及分类号［B］。

（2）UN编号。联合国《关于危险货物运输的建议书》规定的编号［B］。

（3）包装标志。填写危险货物危险性的程度，明确标出（主、次）危险性［B］。

（4）包装类别。按GB/T 15098的划分原则确定包装类别［B］。

（5）包装方法。按《危险货物运输管理规则》和联合国《关于危险货物运输的建议书》的规定填写［B］。

（6）运输注意事项。填写运输化学品时，应注意的运输条件、预防措施、包装方法及材料、标志等，同时应注意（航运、船运、铁路运输、公路运输等）可能发生的意外情况的预防［B］。

15. 法规信息

（1）国内化学品安全管理法规。主要为化学品管理、使用以及操作者提供有关化学品方面的国内法规资料。如危险化学品安全管理条例［A］。

（2）国际法规。主要提供有关化学品管理及操作的国际法规资料［C］。

16. 其他信息

（1）参考文献［C］。

（2）填表时间。填写本CSDS的时间［A］。

（3）填表部门。填写本CSDS的部门［A］。

（4）数据审核单位。填写审核本CSDS单位［A］。

（5）修改说明。填写修改本CSDS时需做的简单说明［A］。

（6）其他信息。需补充的其他信息资料或说明［C］。

五、化学品安全技术说明书填写示例

甲苯安全数据库（安全技术说明书）

第一部分：化学品及企业标识

化学品中文名称：甲苯

化学品俗名或商品名：甲基苯；苯基甲烷

化学品英文名称：Toluene；Methylbenzene；Toluol

企业名称：×××××

地址：×××××

邮编：×××××

电子邮件：×××××

传真：（国家或地区代码）（区号）（电话号码）

企业应急电话：（国家或地区代码）（区号）（电话号码）

技术说明书编码：×××

生效日期：××××年×月×日

第二部分：危险性概述

危险性类别：第3.2类　中闪点易燃液体

侵入途径：该物质可通过吸入、经皮肤和食入吸收到体内。

健康危害：

急性：

吸入：咳嗽、咽喉痛、头晕、嗜睡、头痛、恶心、神志不清。

皮肤：皮肤干燥、发红。

眼睛：发红、疼痛。

食入：灼烧感、腹部疼痛。

慢性：该物质可能对中枢神经系统有影响。吞咽液体可能吸入肺中，有化学肺炎的危险。高浓度接触可能导致心脏节律障碍和神志不清。液体使皮肤脱脂。接触该物质可能加重因噪声引起的听力损害。动物试验表明，该物质可能造成人类生殖或发育毒性。

致癌性：无致癌性。

环境危害：该物质对水生生物是有毒的。

爆炸危险：高度易燃。蒸气/空气混合物有爆炸性。

第三部分：成分/组分信息

纯品☑　混合物☐

有害物成分	含　量	CAS No
甲苯	100%	108-88-3

相对分子质量：92.1

分子式：$C_6H_5CH_3/C_7H_8$

第四部分：急救措施

皮肤接触：脱去污染的衣服，冲洗，然后用水和肥皂清洗皮肤，给予医疗护理。

眼睛接触：先用大量水冲洗几分钟（如可能易行，摘除隐形眼镜），然后就医。

吸入：呼吸新鲜空气，休息，给予医疗护理。

食入：漱口，不要催吐，给予医疗护理。

第五部分：消防措施

危险特性：高度易燃。蒸气与空气充分混合，容易形成爆炸性混合物。由于流动、搅拌等，可产生静电。与强氧化剂剧烈反应，有着火和爆炸的危险。

美国消防协会法规：H12（健康危险性）、F3（火灾危险性）、R0（反应危险性）。

有害燃烧产物：一氧化碳和二氧化碳。

灭火方法及灭火剂：干粉、水成膜泡沫、泡沫、二氧化碳。

灭火注意事项：着火时，喷雾状的水保持料桶的冷却。

第六部分：泄漏应急处理

应急处理：大量泄漏时，撤离危险区域，并向专家咨询！转移全部引燃源，通风（个人防护用具：自给式呼吸器）。

消除方法：将泄漏液收集在可密闭的容器中。用沙土或惰性吸收剂吸收到安全场所。不要冲入下水道。不要让该化学品进入环境。

第七部分：操作处置与储存

操作注意事项：禁止明火、禁止火花和禁止吸烟。防止静电荷积聚（例如通过接地）。不要使用压缩空气灌装、卸料或转运。使用无火花手工具。严格作业环境管理！避免孕妇接触！

储存注意事项：耐火设备（条件），与强氧化剂分开存放。

第八部分：接触控制和个体防护

最高容许浓度：时间加权平均最高容许浓度（8h）：$50mg/m^3$（皮）。

短时间接触容许浓度（15min）：$100mg/m^3$（皮）。

检测方法：气相色谱法。

工程控制：密闭系统、通风、防爆型电气设备和照明。

呼吸防护：通风，局部排气通风或呼吸防护。

眼睛防护：安全护目镜。

身体防护：防护服。

手防护：防护手套。

其他防护：工作时不得进食、饮水或吸烟。

第九部分：理化特性

外观与性状：无色液体，有特殊气味。

pH值：无数据。

溶点：–95℃   相对密度（水=1）：0.87

沸点：111℃   蒸气相对密度（空气=1）：3.1

饱和蒸气压：25℃时3.8kPa   燃烧热/（kJ/mol）：无数据

临界温度：319℃   临界压力：596.1Pa

辛酸/水分配系数的对数值：2.69

闪点：4℃（闭杯）   爆炸上限：7.1%（体积分数）

引燃温度：480℃   爆炸下限：1.1%（体积分数）

溶解性：不溶于水，与氯仿、丙酮等混溶，溶于乙醇、乙醚、苯等。

主要用途：溶剂，高辛烷值汽油添加剂，有机化工原料和中间体。

其他理化性质：蒸发速率>1（乙酸丁酯=1）。

第十部分：稳定性和反应性

稳定性：稳定。

禁配物：强氧化剂。

避免接触的条件；禁止明火、禁止火花和禁止吸烟。防止静电荷积聚（如通过接地）。

聚合危险：不聚合。

分解产物：一氧化碳、二氧化碳

第十一部分：毒理学信息

急性毒性：LD50 636mg/kg（大鼠经口），LD50 2250mg/kg（小鼠经皮下），LD50 49g/m³（大鼠吸入）。

刺激性：该物质刺激眼睛和呼吸道。液体使皮肤脱脂。

致敏性：无数据。

致突变性：大鼠DNA损伤。细胞种类：肝脏；剂量：3μmol/L。

细胞遗传学分析：大鼠吸入5400μg/m³，16周（间歇）。

致畸性：动物实验表明，该物质可能造成类生殖或发育毒性。

雌性大鼠怀孕1~8天用药，可致胚胎或胎儿异常。

致癌性：国际癌症研究中心（IARC）：第3类（不能分类为人类致癌物）。美国政府工业卫生学家协会（ACG1H）：第4类（不能分类为人类致癌物）。

其他：无数据。

第十二部分：生态学信息

生态毒性：该物质对水生生物是有毒的。LC50 277~485g/L（96h，赤鲈鱼）。

生物降解性：BOD 112%~129%

非生物降解性：在常温下，甲苯在水中和土壤中不会明显水解。释放到大气中，会发生光化学反应而分解（生成羟基自由基，半衰期3h~1d）。

生物富集或生物积累性：BCF 13.2（鳗鲡）。

其他有害作用：无数据。

第十三部分：废弃处置

废弃物性质：☑危险废物　☐工业固体废物

属于HW42类废有机溶剂

废弃处置方法：建议采用焚烧法处置。

第十四部分：运输信息

中国危险货物编号：32052

CN编号：1294

包装标志：联合国危险性类别3

中国危险性类别：第3.2类　中闪点易燃液体

中国危险货物包装标志：7

包装类别：Ⅱ

包装方法：小开口钢桶、螺纹口玻璃瓶、铁盖压口玻璃瓶或金属桶外木板箱。

运输注意事项：无数据。

第十五部分：法规信息（略）

第十六部分：其他信息（略）

六、电力生产现场化学品安全技术说明书及标签示例

电力生产现场化学品安全技术说明书及标签示例如图1-3及附录三所示。

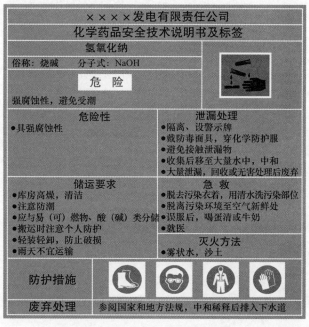

图1-3　电力生产现场化学药品安全技术说明书及标签示例

第六节　危险化学品的危险特性

一、爆炸品的危险特性

1. 爆炸

爆炸是物质由一种状态迅速转变为另一种状态，并在瞬间以声、光、热、机械功等形式放出大量能量的现象。爆炸按起因分为物理性爆炸、化学性爆炸和核爆炸；按其燃烧速度分为爆燃和爆轰；另外还分为气体爆炸、粉尘爆炸等。

危险化学品经营中常遇到的是物理性爆炸和化学性爆炸。

物理性爆炸是由物理原因所引起的爆炸，如装有压缩气体的钢瓶受热爆炸。

化学性爆炸是物质发生化学反应而引起的爆炸。化学性爆炸可以是可燃气体和助燃气体的混合物遇明火或火源而引起（如瓦斯爆炸）；也可以是可燃粉末与空气的混合物遇到明火或火源而引起（粉尘爆炸）；但更多的是炸药及爆炸品所引起的爆炸。化学性爆炸的主要特点是：反应速度极快，放出大量的热，产生大量的气体，只有上述三者都同时具备的化学反应才能发生爆炸。

危险化学品经营中常见的爆炸品有：苦味酸（2，4，6–三硝基苯酚）、硝酸铵、硝化棉、三亚硝基苯、苦氨酸钠、四唑并–1–乙酸等。烟花爆竹也是具有爆炸性质的商品。

2. 爆炸品

（1）爆炸品：包括一种或多种爆炸物质或其混合物的物品。

（2）烟火制品：当物品包含一种或多种烟火物质或其混合物时，称其为烟火制品。

（3）爆炸物质（或混合物）：能通过化学反应在内部产生一定速度、一定温度与压力的气体，且对周围环境具有破坏作用的一种固体或液体物质（或其混合物）。

（4）烟火物质（或混合物）：能发生爆轰，自供氧放热化学反应的物质或混合物，并产生热、光、声、气、烟或几种效果的组合。烟火物质无论其是否产生气体都属于爆炸物。

3. 爆炸物组成

爆炸物由以下3个部分组成：

（1）爆炸物及其混合物。

（2）爆炸品，不包括那些含有一定数量的爆炸物或其混合物的装置，在这些装置内的爆炸物在不小心或无意中被点燃时不会在装置外产生喷射、着火、冒烟、放热或巨响等。

（3）上面两项均未提及的，而实际上又是以产生爆炸或烟火效果而制造的物质、混合物和制品。

4. 爆炸物分类

根据爆炸物所具有的危险特征分为以下6项：

（1）具有整体爆炸危险的物质、混合物和制品（整体爆炸是实际上瞬间引燃几乎所有装填料的爆炸）。

（2）具有喷射危险但无整体爆炸危险的物质、混合物和制品。

（3）具有燃烧危险和较小的爆轰危险或较小的喷射危险或两者兼有，但非具有整体爆炸危险的物质、混合物和制品。该项物质在燃烧时有以下特征：

1）产生显著辐射热的燃烧；

2）一个接一个地燃烧，同时产生较小的爆轰或喷射作用或两者兼有。

（4）不存在显著爆炸危险的物质、混合物和制品，这些物质、混合物和制品，一旦被点燃或引爆也只存在较小危险，并且要求最大限度地控制在包装内，同时保证无肉眼可见的碎片喷出，爆炸产生的外部火焰应不会引发包装内的其他物质发生整体爆炸。

（5）具有整体爆炸危险，但本身又很不敏感的物质或混合物，这些物质、混合物虽然具有整体爆炸危险，但是极不敏感，以至于在正常条件下引爆或由燃烧转至爆轰的可能性非常小。

（6）极不敏感，且无整体爆炸危险的制品，这些制品只含极不敏感爆轰物质或混合物和那些被证明意外引发的可能性几乎为零的制品。

5. 爆炸品的危险特征

（1）爆炸品都具有化学不稳定性和爆炸性。当它从外界获得一定量的起爆能时，将发生猛烈的化学反应，在极短时间内释放大量的热量和气体而发生爆炸性燃烧，产生对周围的人、畜及建筑物具有很大破坏性的高压冲击波，并通常酿成火灾。

（2）对撞击、摩擦、温度等非常敏感。爆炸品爆炸所需的最小起爆能称为该爆炸品的敏感度。摩擦、撞击、震动、高热都有可能给爆炸物爆炸提供足够的爆炸能。所以，对爆炸品而言，必须严格远离发热源，并避免发生剧烈撞击和摩擦情况，做到轻拿轻放。火药、炸药、各类弹药、含氮量大于12.5%的硝酸酯类、含高氯酸大于72%的高氯酸盐类爆炸品，都对撞击、摩擦、温度等非常敏感。

（3）爆炸产物有毒。如TNT、硝化甘油、苦味酸、雷汞等爆炸品本身都具有一定的毒性。它们在发生爆炸时，产生一氧化碳、二氧化碳、一氧化氮、二氧化氮、氰化氢、氮气等有毒或窒息性气体，会使大量有害物质外泄，造成人员中毒、窒息和环境污染。

（4）与酸、碱、金属发生反应。有些爆炸与某些化学品反应可能生成更容易爆炸的化学品。比如：苦味酸遇碳酸盐能反应生成更易爆炸的苦味酸盐，受铜、铁等金属的撞击，可立即发生爆炸。

（5）易产生或聚集静电。爆炸品大多是电的不良导体，在包装、运输过程中容易产生静电，一旦发生静电放电也可引起爆炸。

（6）殉爆。爆炸品爆炸后产生的冲击波和碎片能引起一定距离内其他爆炸品爆炸的现象称为殉爆。首先发生爆炸的爆炸品叫主爆炸品，后发生爆炸的爆炸品叫从爆炸品，主从爆炸品之间的最大距离叫殉爆距离。不能引起另一爆炸品爆炸的两爆炸品之间最小距离叫殉爆安全距离。

二、气体的危险特性

1. 气体

所谓气体是指在50℃时，蒸气压力大于300kPa的物质，或20℃时在101.3kPa标准压力下完全是气态的物质。该类物质包括压缩气体、液化气体、溶解气体、冷冻液化气体、一种或多种气体与一种或多种其他类别物质的蒸气的混合物、充有气体的物品和烟雾剂。

为了便于储存和使用，常将气体用降温加压缩或液化后储存于钢瓶内。由于各种气体的性质不同，有些气体在室温下单纯加压就能使它呈液态，而有些气体则必须在加压的同时使温度降低至一定数值才能使它液化，这时的温度称为临界温度，在临界温度下，使气体液化所必需的压力叫临界压力。因此，有些气体较易液化，例如氯气、氨气、二氧化碳；而有些气体则较难液化，例如氦气、氢气、氮气、氧气。这样，在钢瓶中处于气体状态的称为压缩气体，处于液体状态的称为液化气体。此外，本类化学品还包括加压溶解的气体，例如乙炔。

危险化学品经营中常见品种包括易燃烧，也有一定毒性的易燃气体，如甲烷、一氧化碳、乙炔（电石气）等；性质稳定、不燃烧、无毒，但对人有窒息性的不燃气体和有助燃的能力的助燃气体，如氮、氧、二氧化碳以及氩、氦等惰性气体等；有毒气体，如液氯、二氧化硫等。

2. 气体分类

按照气体在运输中的主要危险性可将其分为3项。

（1）易燃气体。包括：在20℃和101.3kPa条件下与空气的混合物按体积分数占13%或更少时可点燃的气体；或不论燃烧下限如何，与空气混合后燃烧范围的体积分数至少为12%的气体。

（2）非易燃无毒气体。指在20℃压力不低于280kPa条件下运输或以冷冻液体状态运输的气体，包括：窒息性气体，即会稀释或取代通常在空气中的氧气的气体；氧化性气体，即通过提供氧气比空气更能引起或促进其他材料燃烧的气体；或不属于其他项别的气体。

（3）毒性气体。包括：已知对人类具有的毒性或腐蚀性强到对健康造成危害的气体；半数致死浓度LC50值不大于5000mL/m³，因而推定对人类具有毒性或腐蚀性的气体。

注：具有两个项别以上危险性的气体和气体混合物，其危险性先后顺序为第（3）项优先于其他项，第（1）项优先于第（2）项。

3. 气体的危险特性

（1）受热易爆性。气体通常都是经加压后以压缩或液化状态储存在钢瓶中。钢瓶受热后其内容物体积膨胀，压力增加，当压力超过钢瓶的耐甩强度，就会发生破裂爆炸。特别是液化气体钢瓶因其内压较低，而液化气体的膨胀系数远远超过其压缩系数，与受热后液化气体体积膨胀，先把很小的气相空间占满，继续膨胀就会产生极大压力把钢瓶胀破以至爆炸。液化气钢瓶充满或充装过量其破裂危险性更大。

（2）与空气混合易燃易爆。易燃气体及有些可燃有毒气体，当钢瓶破裂或阀门、法兰连接处密封不良，泄漏出来能与空气形成爆炸性混合物，遇火源即发生火灾、爆炸事故。比空气重的气体泄漏出来还会沉积于低凹处，不易散发，增加了其危险性。温度超过60℃，气瓶的低熔合金塞会熔化，从而造成气体泄漏出来，有发生火灾爆炸的危险。

（3）与其他物质接触易发生燃烧爆炸。有一些气体泄漏出来后与其他物质接触会发生燃烧爆炸，如氢气和氯气混合，在光照下即有爆炸危险；氢气与氧气接触，遇火源会发生爆炸；高压氧气泄漏出来冲击到油脂等可燃物上会燃烧。

（4）引燃能量小。物质的引燃能量越小，越容易被点燃，燃爆危险性越大。可燃气体的引燃能量都很小，一般在1mJ以下。

（5）易产生或聚集静电。压缩气体和液化气体从管口或破损处高速喷出时，由于强烈的摩擦作用会产生静电。带电性也是评定压缩气体火灾危险性的参数之一。

（6）腐蚀毒害性。除氧气和压缩空气外，压缩气体和液化气体大都具有一定毒害性和腐蚀性。对人畜有强烈的毒害、窒息、灼伤、刺激作用的有：硫化氢、氰化氢、氯气、氟气、氢气等。它们通常还对设备有严重的腐蚀破坏作用，例如，硫化氢能腐蚀设备，削弱设备的耐压强度，严重时可导致设备裂缝、漏气，引起火灾等事故；氢在高压下渗透到碳素中去，能使金属容器发生"氢脆"。因此，对盛装腐蚀性气体的容器，要采取一定的密封与防腐措施。

（7）窒息性。压缩气体和液化气体都有一定的窒息性（氧气和压缩空气除外），尤其是那些不燃无毒气体，例如二氧化碳、氮气以及氦、氩等惰性气体，人们对它们的危险性不太重视，一旦发生泄漏，若不采取相应的通风措施，能使人窒息死亡。

（8）氧化性。压缩气体和液化气体的氧化性主要有两种情况：一是助燃气体，如氧气、压缩空气、一氧化二氮有强烈的氧化作用，遇油脂能发生燃烧或爆炸；二是有毒气体本身不燃，但氧化性很强，与可燃气体混合后能发生燃烧或爆炸，如氯气与乙炔混合即可爆炸，氯气与氢气混合见光可爆炸，氟气遇氢气即爆炸。

三、易燃液体的危险特性

1. 闪点

闪点是表示易燃液体燃爆危险性的一个重要指标。它是指在规定条件下，可燃性液体加热到它的蒸气和空气组成的混合气体与火焰接触时，能产生闪燃的最低温度。闪点越低，燃爆危险性越大。闪点在标准仪器上测定，测定仪器有开杯式和闭杯式两种，开杯式测定高闪点液体闪点，闭杯式测定低闪点液体闪点，故有开杯式试验闪点和闭杯式试验闪点之说，当未注明时，闪点为闭杯式试验闪点。

2. 分类

易燃液体分为以下两项。

（1）易燃液体。是指在其闪点温度（其闭杯试验闪点不高于60.5℃，或其开杯试验闪点不高于65.6℃）时放出易燃蒸气的液体或液体混合物；在溶液或悬浮液中含有固体的液体；在温度等于或高于其闪点的条件下提交运输的液体；以液态在高温条件下运输或提交运输，并在温度等于或低于最高运输温度下放出易燃蒸气的物质。

（2）液态退敏爆炸品。是指溶解或悬浮在水中或其他液态物质中形成一种均匀的液体混合物，以抑制其爆炸性质的爆炸性物质。

3. 易燃液体的危险特性

（1）易燃易爆性。易燃液体属于蒸气压较大、容易挥发出足以与空气混合形成可燃混合物的蒸气的液体，其着火所需的能量极小，遇火、受热以及和氧化剂或有氧化性的酸类（特别是硝酸）接触时都有发生燃烧的危险。

当易燃液体挥发出的蒸气与空气混合形成的混合气体达到爆炸极限浓度时，可燃混合物就转化成爆炸性混合物，一旦点燃就会发生爆炸。易燃液体的挥发性越强，爆炸下限越低，发生爆炸的危险性就越大。

易燃和可燃性气体、液体蒸气和可燃性固体粉尘与空气（主要是空气中的氧气）组成的混合物，并不是在任何浓度下都能爆炸，而是必须在一定的浓度范围内遇到火源才能发生爆炸，这个遇火源能发生爆炸的浓度范围，叫作爆炸极限。一般用该气体或液体蒸气在混合气体中的体积百分比（%）来表示，粉尘的爆炸极限用g/m³表示。能引起燃烧爆炸的最低浓度为爆炸下限，能引起燃烧爆炸的最高浓度为爆炸上限。当可燃气体或易燃液体的蒸气在空气中的浓度低于爆炸下限时，由于易燃物的浓度不够，空气比例很大，燃烧不会发生，也就不会引起爆炸；当浓度高于爆炸上限时，虽然有大量的易燃物，但缺少助燃的氧气，在没有补充空气的情况下也不会发生燃烧爆炸。只有在上限与下限浓度范围内，遇到火种才会爆炸。因此，爆炸极限的幅度越大，爆炸下限越低的物质，其爆炸的危险性越大。如氢气的爆炸极限为4.1%~74.1%，即氢气在空气中的浓度（体积百分比）达到4.1%~74.1%时，遇火源即能引起爆炸，4.1%为爆炸下限，74.1%为爆炸上限；再如乙炔（电石气）的爆炸极限为2.5%~80%。

（2）热膨胀性。易燃液体主要是靠容器盛装，而易燃液体的膨胀系数比较大。储存于密闭容器中的易燃液体受热后体积膨胀，蒸气压力随之增加，从而使密闭容器中内部压力增大，若超出容器的压力限度，就会造成容器膨胀，甚至爆裂，导致容器胀裂。因此，易燃液体应避热存放；灌装时，容器内应留有5%以上的空隙，容器的安全呼吸阀门要保持良好。

（3）流动和扩散性。液体具有流动和扩散性，易燃液体大部分黏度较小，不仅本身极易流动，而且还有较强的渗透、浸润能力及毛细现象，即使容器只有极细微裂纹，易燃液体也会渗出容器壁外。泄漏后扩大了易燃液体的表面积，使其源源不断地挥发，形成的易燃蒸气大多比空气重，能在坑洼地带积聚，从而增加了燃烧爆炸的危险性。

（4）易产生或聚集静电。多数易燃液体都是电的不良导体，电阻率大，导电性差。在装卸、运输过程中，因其所具有的流动性，与不同性质的物体如容器壁相互摩擦或接触时易积聚静电，静电积聚到一定程度时就会放电，产生静电放电火花而引起可燃性蒸气混合物的燃烧爆炸。苯、甲苯、汽油等易燃液体的电阻率通常都很大，很容易积聚静电而产生静电火花，造成火灾事故。

（5）有毒。大多数易燃液体及其蒸气均具有不同程度的毒害性，很多毒性还比较大，吸入后均能引起急性、慢性中毒，如二硫化碳、苯等不饱和芳香族碳氢化合物和易蒸发的石油产品。部分易燃液体还具有麻醉性，若长期吸入其蒸气会引起麻醉，深度麻醉会引起死亡，比如乙醚。还有的蒸气具有腐蚀性、窒息性。苯、甲醇、丙烯腈等，人体吸入其蒸气或与其有皮肤接触会造成一定伤害。

四、易燃固体的危险特性

（一）分类

（1）易燃固体。包括：容易燃烧或摩擦可能引燃或助燃的固体；可能发生强烈放热反应的自反应物质；不充分稀释可能发生爆炸的固态退敏爆炸品。上述所说的自反应物质，指即使没有氧（空气）存在时，也容易发生激烈放热而分解的热不稳定物质。固态退敏爆炸品，是指用水或乙醇湿润或用其他物质稀释形成一种均匀的固体混合物，以抑制其爆炸性质的爆炸性物质。

（2）易于自燃的物质。包括：发火物质，指即使只有少量物品与空气接触，在不到5min内便能燃烧的物质，包括混合物和溶液（液体和固体）；自热物质，指发火物质以外的与空气接触不需要能源供应便能自己发热的物质。

（3）遇水放出易燃气体的物质。是指与水相互作用易变成自燃物质或能放出危险数量的易燃气体的物质。

（二）易燃固体

1. 易燃固体的特点

易燃固体燃点低，对热、撞击、摩擦敏感，易被外部火源点燃，燃烧迅速，并可能散发出有毒烟雾或有毒气体。燃点是指可燃的固体、液体或气体在空气中与火源接触即可着火，并于火源移去之后仍能继续燃烧的最低温度，也叫着火点或引燃温度。如黄磷燃点为34℃，煤油燃点为86℃。燃点越低，危险性越大。控制可燃物质的温度在燃点以下是预防发生火灾的措施之一。

易燃固体根据易燃性和燃点高低、燃烧速度的快慢、燃烧产物毒性的大小分为以下两种：

（1）一级易燃固体（燃点低、易燃烧或爆炸、燃烧速度快、燃烧产物毒性较大），如红磷、硝化棉、赛璐珞等。

（2）二级易燃固体（与一级易燃固体相比，燃烧速度要慢些，燃烧产物毒性也比较小），如樟脑、硫黄等。

危险化学品中常见易燃固体品种有：红磷、樟脑、硫磺、二硝基萘、镁、萘、六亚甲基四胺、三聚甲醛等。

金属粉末如镁粉、铝粉等，在外界火源作用下能直接与空气中的氧发生反应而燃烧，不产生火焰，只发出光，燃烧的温度很高，可达1000℃以上。金属粉末燃烧的危险性与粒度有关，粒度越小越容易燃烧，若粉末在空气中飞扬时，遇火源会发生爆炸。许多易燃固体燃烧时放出大量有毒气体。

2. 易燃固体的危险特性

（1）易燃性。易燃固体或因产生可燃气体而着火，或因表面高温氧化而放出光和热。易燃固体的燃点比较低，一般都在300℃以下，在常温下遇到能量很小的着火源就能点燃，如金属镁、铝粉、硫磺、樟脑等。

（2）爆炸性。爆炸有3种情况：

1）燃烧反应产生大量气体，导致体积迅速膨胀而爆炸。

2）作为还原剂与酸类、氧化剂接触时，发生剧烈反应引起燃爆或爆炸，例如萘与发烟硫酸、浓硝酸或发烟硝酸接触反应非常容易引起爆炸；红磷与氯酸钾、硫黄与过氧化钠或氯酸钾相遇都会立即引起着火或爆炸。

3）各种粉尘飞散到空气中，达到一定浓度后遇明火发生粉尘爆炸。

（3）热分解性。某些易燃固体受热后不熔融，而发生分解现象。有的受热后边熔融边分解，如硝酸铵在分解过程中往往放出氨、二氧化氮等有毒气体。一般来说，热分解的温度高低直接影响危险性的大小，受热分解温度越低的物质，其火灾爆炸危险性就越大。

（4）对摩擦、撞击、震动的敏感性。有些易燃固体受到摩擦、撞击、震动会引起剧烈连续的燃烧或爆炸，如硝基化合物、红磷等。

（5）本身或其燃烧产物有毒或腐蚀性。有些易燃固体本身具有毒害性，能产生有毒气体和蒸气；或者在燃烧的同时产生大量的有毒气体或腐蚀性的物质，其毒害性较大。如硫黄、三硫化四磷等，不仅与皮肤接触能引起中毒，而且粉尘吸入后，亦能引起中毒；红磷燃烧时放出有毒的刺激性烟雾；硝基化合物、硝化棉及其制品、重氮氨基苯等易燃固体，燃烧时会产生大量的一氧化碳、氧化氮、氢氰酸等有毒有害气体。

（6）遇湿易燃性。部分易燃固体不仅具有遇火受热的易燃性，而且还具有遇湿易燃性。如五硫化二磷、三硫化四磷等遇水产生具有腐蚀性和毒性的可燃气体硫化氢。

（7）自燃性。易燃固体中的赛璐珞、硝化棉及其制品在积热不散的条件下，都容易自燃起火。硝化棉在40℃的条件下就会分解。

（三）易于自燃物质

1. 易于自燃物质的特点

自燃物质发生自燃不需要外界火源，而是由于物质本身发生的物理、化学、生化反应放出热量，在适当条件下热量积蓄使温度升高。这些物质自燃点都很低，一般在200℃以下，放出的热量很容易达到自燃点而自行燃烧。如黄磷在常温下遇空气极易发生氧化反应发热从而发生自燃。温度、湿度增加时，氧化剂（如空气、氧化性酸）及金属粉末等物质存在都能加快氧化反应速度，增加放热而引起自燃。

凡能促进氢化反应的一切因素均能促进自燃。空气、受热、受潮、氧化剂、强酸、金属粉末能与自燃物品发生化学反应或对氧化反应有促进作用，它们都是促进自燃物品自燃的因素。

自燃物品可以按自燃的难易程度及危险性大小分为两类：

（1）一级自燃物品（与空气接触时能剧烈氧化并放出大量的热，自燃点低于常温，燃烧猛烈，危险性大），如黄磷、三乙基铝、铝铁熔剂等。

（2）二级自燃物品（在空气中氧化作用缓慢，自燃点高于常温，如果积热不散也能引起自燃），如硝化纤维。

危险化学品经营中常见自燃物品品种有：黄磷、硫化钠、甲醇钠、金属锆等。

2. 自燃物品的危险特性

（1）遇空气自燃性。自燃物品大部分非常活，具有极强的还原活性，接触空气中的氧气时被氧化，同时产生大量的热，从而达到自燃点而着火、爆炸，发生自燃的过程不需要明火点燃。如：黄磷性质活，极易氧化，自燃点又特别低，只有34℃，一旦暴露在空气中很快引起自燃。

（2）遇湿易燃易爆性。有些自燃物品遇水或受潮后能分解引起向燃或爆炸，如：保险粉遇水受潮会自燃；二乙基锌、三乙基铝（烷铝）等硼、锌、锑、铝的烷基化合物类等自燃物品的化学性质很不稳定，不但在空气中能自燃，遇水还会强烈分解，产生易燃的氢气，可引起燃烧爆炸等后果。

（3）积热自燃性。自燃物质加热到某一温度，可使氧化反应自动加速而着火；有时不需要外部加热，在常温下就能缓慢分解，当堆积在一起或仓储温度过高时，也可以依靠自身的连锁反应，通过积热使自身温度升高，促使化学反应自动加速，最终可达到火温度而发生自燃。

（4）毒害腐蚀性。自燃物品及其燃烧产生经常有较强的毒害腐蚀性。如：硫化钠（臭碱）具有毒害腐蚀性黄磷及其燃烧时产生的五氧化二磷烟雾均为有毒物质。

（四）遇湿易燃物品

1. 遇湿易燃物品的特点

这类物质遇水和潮湿空气都能发生剧烈反应，放出易燃气体和大量热量，这些热量成为点火源引燃易燃气体而发生火灾、爆炸。遇水放出易燃气体的物质与酸反应更为激烈，这类物质中有些有毒，有些具有腐蚀性，大多有还原性。

2. 遇湿易燃物品的分类

遇湿易燃物品按遇水燃烧的反应程度和危险程度分为：

（1）一级遇水燃烧物品（遇水或酸时发生剧烈反应，放出可燃气体量多，发热量多，易引起燃烧爆炸），如钾、钠、锂、氢化钾、电石等。

（2）二级遇水燃烧物品（遇水发生的反应较缓慢，放出的热量比较少，产生的可燃气体一般在遇到火源时才引起燃烧），如保险粉、锌粉等。

危险化学品经营中常见遇湿易燃物品品种有：金属钠、碳化钙（电石）、低亚硫酸钠（保险粉）、磷化钙、硼氢化钾等。

3. 遇湿易燃物品的危险特性

（1）遇水后发生剧烈的化学反应使水分解，夺取水中的氧与之化合，产生大量的易燃气体与反应热，当易燃气体在空气中达到燃烧范围时，或接触明火，或由于反应放出的热量达到引燃温度时，就会发生着火爆炸。如金属钠、氢化钠、二硼氢等在遇湿时可迅速产生大量的氢气和热量，当氢气和热的积累达到氢气的燃爆点时就将发生氢气燃烧爆炸。

（2）遇水后反应较为缓慢，放出的可燃气体和热量少，可燃气体接触明火时才可引起燃烧。如氢化铝、硼氢化钠等都属于这种情况。

（3）电石、碳化铝甲基钠等遇湿易燃物品盛放在密闭容器中，遇湿后放出的乙炔和甲烷以及热量逸散不出来而积累，致使容器内的气体越积越多，压力越来越大，当超过了容器强度时，就会胀裂容器以至发生爆炸。

（4）遇湿易燃物质在遇到酸类或氧化剂时通常会发生比遇到水更为剧烈的化学反应，同时放出大量易燃气体和反应热，因而更容易达到燃爆点，出现燃烧或爆炸的危险性也更大。有些遇水反应较为缓慢，甚至不发生反应的物品，当遇到酸或氧化剂时也能发生剧烈反应，如锌粒在常温下放入水中并不会发生反应，但放入酸中，即使是较稀的酸，反应也非常剧烈，放出大量的氢气。这是因为遇湿易燃物品都是还原性很强的物品，而氧化剂和酸类物品都具有较强的氧化性，所以它们相遇后反应更加剧烈。

（5）遇湿易燃物品中有一些与水反应生成的气体是易燃有毒的，如乙炔、磷化氢、四氢化硅等。尤其是金属的磷化物、硫化物与水反应，可放出有毒的可燃气体，并放出一定的热量；同时，遇湿易燃物品本身有很多也是有毒的，如钠汞齐、钾汞齐等都是毒害性很强的物质。硼和氢的金属化合物类的毒性比氰化氢、光气的毒性还大。碱金属及其氢化物类、碳化物类与水作用生成的强碱，都具有很强的腐蚀性。三氧硅烷等遇水或水蒸气能产生热和有毒的腐蚀性烟雾。

（6）遇湿易燃物品及其与水反应产物通常具有较高的反应活性，在高温条件下容易发生剧烈的反应，引起爆炸事故。如金属碳化物类、有机金属化合物类等在高温时更易与水反应放出乙烷、甲烷等极易着火爆炸的物质。

五、氧化性物质（氧化剂）和有机过氧化物的危险特性

（一）分类

（1）氧化性物质。指本身不一定可燃，但通常因放出氧或起氧化反应可能引起或促使其他物质燃烧的物质，氧化性物质也称为氧化剂。

（2）有机过氧化物。指分子组成中含有过氧基的有机物质，该物质为热不稳定物质，可能发生放热的自加速分解。该类物质还可能具有以下一种或数种性质：可能发生爆炸性分解；迅速燃烧；对碰撞或摩擦敏感；与其他物质起危险反应；损害眼睛。

（二）氧化剂的危险特性

1. 氧化剂的特点

化学上把有电子转移的反应叫氧化-还原反应。在反应过程中，能获得电子的物质称为氧化剂，失去电子的物质称为还原剂。氧化剂具有较强的获得电子的能力，有较强的氧化性能，遇酸、碱、高温、震动、摩擦、撞击、受潮或与易燃物品、还原剂等接触能迅速分解，有引起燃烧、爆炸的危险。

氧化剂按氧化性的强弱和化学成分为以下4种：

（1）一级无机氧化剂，包括氯酸盐和高氯酸盐类（如氯酸钾、高氯酸钾）、硝酸盐类（如硝酸钾）和过氧化物类（如过氧化钠）。

（2）一级有机氧化剂，如过氧化二苯甲酰、硝酸胍等。

（3）二级无机氧化剂，包括过硫酸盐、重铬酸盐（如重铬酸钾）、亚硝酸盐（如亚硝酸钾）。

（4）二级有机氧化剂，如过氧乙酸等。

危险化学品中常见氧化剂品种有：高锰酸钾、过氧化钠、过氧化氢（双氧水）、次氯酸钙、氯酸钾、次亚氯酸钙（漂粉精）、重铬酸钠（红矾钠）、高氯酸、氯化银、过硫酸铵等。

2. 氧化剂的危险特性

（1）氧化性或助燃性。当氧化剂与还原性物质接触时可发生剧烈的放热反应，表现出很强的氧化性。这些氧化剂虽然本身不能燃烧，但较高温度下时发生分解反应，放出氧气或其他助燃气体，使所接触的易燃物与有机物更容易着火，引起火灾或爆炸。如常见的氧化剂过氧化钠、高锰酸钾、硝酸钾、双氧水等。

（2）受热分解性。氧化剂本身性质不稳定，在受到热冲击（包括明火、撞击、震动、摩擦）时可能发生迅速分解，分解出原子氧并发生大量的气体和热量，若接触易燃物、有机物，特别是与木炭粉、硫黄粉、淀粉等粉末状可燃物混合时，能引起着火和爆炸。

（3）可燃性。虽然大多数氧化剂都是不燃物质，但也有少数有机氧化剂具有可燃性，如硝酸胍、硝酸脲、高氯酸醋酐溶液、四硝基甲烷等，不仅具有很强的氧化性，而且与可燃性物质结合可引起着火或爆炸，着火不需要外界的可燃物参与即可燃烧。

（4）与可燃液体作用的自燃性。氧化剂的化学性质活泼，能与一些可燃液体发生氧化放热反应而自燃。如高锰酸钾与丙三醇（甘油）或乙二醇接触、过氧化钠与中醇或乙酸（接触）接触、铬与丙酮或乙酸异戊酯（香蕉水）接触等，都能自燃起火。

（5）与酸作用的分解性。大多数氧化剂的酸性条件下氧化性更强，有些氧化剂能和强酸类液体发生剧烈反应，有的放出剧毒性气体，甚至引起燃烧或爆炸。如过氧化钠与硫酸接触、高锰酸钾与硫酸接触、氯酸钾与硝酸接触，分别能生成过氧化氢、高锰酸、氯酸、硝酸盐等一些性质很不稳定的氧化剂，极易分解而引起着火或爆炸，都是十分危险的。

（6）与水作用的分解性。大多数氧化剂具有不同程度的吸水性，吸水后溶化，有些氧化剂，特别是活泼金属过氧化物，遇水或吸收空气中的水蒸气和二氧化碳分解放出原子氧，致使可燃物质燃爆。如过氧化钠与水和二氧化碳反应生成原子氧；漂白粉吸水后，不仅能放出原子氧还能放出大量的氯；高锰酸锌吸水后形成的液体，接触纸张、棉布等有机物能立即引起燃烧。

（7）强氧化剂与弱氧化剂作用的分解性。在氧化剂中强氧化剂与弱氧化剂相互之间接触能发生复分解反应，产生高热而引起着火或爆炸。因为弱氧化剂遇到比其氧化性强的氧化剂时，呈还原性，如漂白粉、亚硝酸盐、亚氯酸盐、次氯酸盐等，当遇到氯酸盐、硝酸盐氧化剂时，即显示还原性，并发生剧烈反应，引起着火或爆炸。如将硝酸铵与亚硝酸钠混合时，可能分解生成硝酸钠和危险性更大的亚硝酸铵。

（8）有毒和腐蚀性。氧化剂通常都具有很强的腐蚀性，如过氧化氢（双氧水）。有时氧化剂同时还具有毒性。如三氧化铬、过氧化钡、漂白粉，它们既能灼伤皮肤，还能致人中毒。

（三）有机过氧化物的危险特性

1. 有机过氧化物的特点

有机过氧化物分子组成中含有过氧基（—O—O—）易燃易爆，易分解，对热、震动、摩擦极为敏感。危险化学品中常见有机过氧化物品种有：过氧乙酸、过氧化甲乙酮（催化剂M、树脂接触剂）、过氧化苯甲酰等。

2. 有机过氧化物的危险特性

（1）氧化性。有机过氧化物由于都含有氧基（—O—O—）表现出强烈的氧化性能，绝大多数都可以做氧化剂。由于有机过氧化物中还含有碳氢键等具有还原性的结构，自身具备了发生氧化还原反应的全部物质条件，因此有机过氧化物比其他氧化剂具有更大的危险性。如过氧化苯甲酰、过醋酸、过氧甲乙酮等，都极易发生爆炸性自氧化分解反应。

（2）分解爆炸性。有机过氧化物的分解产物是活泼的自由基，由自由基参与的反应很难用常规的抑制方法抑制。因为其有许多分解产物是气体或易挥发物质，再加上可提供氧气，易发生爆炸性分解。有机过氧化物中的过氧基含量越多，其分解温度越低，危险性就越大。如过氧化二乙酰纯品制成后存放24h就能发生强烈的爆炸；过氧化二苯甲酰当含水在1%（质量分数）以下时，稍有摩擦即能爆炸；过氧化二碳酸二异丙酯在10℃以上时不稳定，达到17.22℃时即分解爆炸；过氧乙酸（过醋酸）纯品极不稳定，在零下20℃时也会爆炸，40%的溶液在存放的过程中仍可分解出氧气，加热至110℃时即爆炸。不难看出，有机过氧化物对温度和外力作用是十分敏感的，其危险性和危害性比其他的氧化剂更大。

（3）易燃性。有机过氧化物本身是易燃的，而且燃烧迅速，可迅速转化为爆炸性反应。如过氧乙酸的闪点为40.56℃，过氧化二叔丁酯的闪点只有12℃。

（4）对碰撞或摩擦敏感。有机过氧化物中的过氧基（—O—O—）是极不稳定的结构，对热、震动、碰撞、冲击或摩擦都极为敏感，当受到轻微的外力作用时就有可能发生分解爆炸。

（5）与其他物质起危险性反应。有机过氧化物对杂质很敏感，与酸类、重金属化合物、金属氧化物等接触就会引起剧烈的发热分解，可能产生有害或易燃气体或蒸气，有些燃烧迅速而猛烈，极易爆炸。

（6）伤害性。有机过氧化物容易伤害眼睛，如过氧化环己酮、叔丁基过氧化氢、过氧化二乙酰等，即使它们与眼睛只有短暂接触，也会给眼角膜造成严重伤害，应避免其与眼睛接触。有机过氧化物一般都对皮肤有腐蚀性，有的种类还具有很强的毒性。

六、毒性物质（有毒品）的危险特性

1. 毒性物质（有毒品）的特点

毒性物质指经吞食、吸入或皮肤接触后可能造成死亡或严重受伤或健康损害的物质。

有毒品经吞食、吸入或皮肤接触进入肌体后，累积达一定的量，能与体液和器官组织发生生物化学作用或生物物理学作用，扰乱或破坏肌体的正常生理功能，引起某些器官和系统暂时性或持久性的病理改变，甚至危及生命。

2. 毒性物质毒性的衡量

毒性物质的毒性分为急性口服毒性、皮肤接触毒性和吸入毒性，分别用口服毒性半数致死量LD50、皮肤接触毒性半数致死量LD50、吸入毒性半数致死浓度LC50衡量。

（1）经口摄取半数致死量：固体LD50≤200mg/kg；液体LD50≤500mg/kg。经皮肤接触24h，半数致死量LD50≤1000mg/kg；粉尘、烟雾吸入半数致死浓度LC50≤10mg/L。

（2）口服毒性半数致死量LD50，是经过统计学方法得出的一种物质的单一计量，指青年白鼠口服后，在14天内死亡一半的物质剂量。例如，氰化钠的大鼠经口半数致死量为6.4mg/kg。

（3）皮肤接触毒性半数致死量LD50，是使白兔的裸露皮肤持续接触24h，最可能引

起这些试验动物在14天内死亡一半的物质剂量。

（4）吸入毒性半数致死浓度LC50，是使雌雄青年白鼠连续吸1h后，最可能引起这些试验动物在11天内死亡一半的蒸气、烟雾或粉尘的浓度。

3. 急性毒性分级

有毒品的半数致死量越小，说明它的急性毒性越大。但不能依据它来判断慢性毒性，有些毒品，尽管其半数致死量的数值较大（即争性毒性较低），但小量长期摄入时，因其有积蓄作用等因素，表现为慢性毒性较高。一些化工产品如苯胺、丁基甲苯、乙二酸酯类，都具有不同程度的慢性致毒特性。急性毒性按其数值的不同，分为极毒、剧毒、中等毒、低毒和微毒五个等级，如表1-5所示。

表1-5　　　　　　　　　　有毒品急性毒性分级

毒性分级	极毒	剧毒	中等毒	低毒	微毒
大鼠经口LD50（mg/kg）	<1	1~50	50~500	500~5000	>5000
对人可能致死量（g/kg体重）	<0.05	0.05~0.5	0.5~5	5~15	>15

4. 有毒品从化学组成和毒性大小分类

有毒品从化学组成和毒性大小上可分为以下几种：

（1）无机剧毒品，如氰化钾、氰化钠等氰化合物，砷化合物，汞、铍、铊、磷的化合物等。

（2）有机剧毒品，如硫酸二甲酯、磷酸三甲苯酯、四乙基铅、醋酸苯汞及某些有机农药等。

（3）无机有毒品，如氯化钡、氟化钠等铅、钡、氟的化合物。

（4）有机有毒品，如四氯化碳、四氯乙烯、甲苯二异氰酸酯、苯胺及农药、鼠药等。

以上品种的有毒品或剧毒品在危险化学品中都很常见。

5. 有毒品的危险特性

（1）毒性。毒性是有毒品最显著的特征。有毒品的化学组成和结构影响毒性的大小，如甲基内吸磷比乙基内吸磷的毒性小50%，硝基化合物的毒性随着硝基的增加或卤原子的引入而增强。很多有毒品水溶性或脂溶性较强。有毒品在水中溶解度越大，毒性越大。因为易于在水中溶解的物品更易被人吸收而引起中毒。如氯化钡易溶于水，对人危害大，而硫酸钡不溶于水和脂肪，故无毒。但有的毒物不溶于水但溶于脂肪，能通过溶解于皮肤表面的脂肪层浸入毛孔或渗入皮肤而引起中毒。这类物质也会对人体产生一定危害。

引起人体或其他动物中毒的主要途径是呼吸道、消化道和皮肤。有毒品因粉尘与挥发性液体的蒸气容易从呼吸道吸入肺泡引起中毒，如氢氰酸、溴甲烷、苯胺、三氧化二砷、乙酸苯汞（赛力散）等；固体有毒品的颗粒越小越易引起中毒，因为颗粒小，容易飞扬，容易经呼吸道吸入肺泡，被人体吸收而引起中毒。有毒品在误食后将通过消化系统吸收，很快分散到人体各个部位，从而引起全身中毒，有些有毒品如砷和它的化合物在水中不溶或溶解度很低，但通过胃液后会变为可溶物被人体吸收而引起人身中毒，有毒品还能通过皮肤接触侵入肌体而引起中毒，如芳香族的衍生物、硝基苯、苯胺、联苯胺、农药中的有机磷、赛力散等能通过皮肤的破损处侵入人体，随血液蔓延全身，加快中毒速度，特别是氰化物的血液中毒能极其迅速地导致死亡。液体有毒品的挥发性越大，空气中浓度就越高，从而越容易从呼吸道侵入人体引起中毒。其中，无色无味者比色浓味烈者难以觉察，隐蔽性更强，更易引起中毒。另外，液体有毒品还易于渗漏和污染环境。

（2）遇湿易燃性。无机有毒品中金属的氰化物和硒化物大都本身不燃，但都有遇湿易燃性。如钾、钠、钙、锌、银、汞、钡、铜、镉、铈、铅、镍等金属的氰化物遇水或受潮都能放出极毒且易燃的氰化氢气体；镉、铁、锌、铅等金属的硒化物及硒粉遇酸、高热、酸雾或水解能放出易燃且有毒的硒化氢气体，硒酸、氧氯化硒还能与磷、钾猛烈反应。

（3）氧化性。在无机有毒品中，锑、汞和铅等金属的氧化物大都本身不燃，但都具有氧化性，一旦与还原性强的物质接触，容易引起燃烧爆炸，并产生毒性极强的气体，如五氧化二锑（锑酐）本身不燃，但氧化性很强，380℃时分解；四氧化铅（红丹）、红色氧化汞（红降汞）、黄色氧化汞（黄降汞）、硝酸铊、硝酸汞、钒酸铵、五氧化二钒等，它们本身都不燃，但都是弱氧化剂，在500℃时分解，当与可燃物接触后，易引起着火或爆炸，并产生毒性极强的气体。

（4）易燃性。在有毒品中有很多是透明或油状的易燃液体，有的是低闪点液体，如溴乙烷的闪点低于-20℃、三氟乙酸酯的闪点为-1℃、异丁基腈的闪点为3℃、四羟基镍的闪点是4℃。卤代醇、卤代酮、卤代醛、卤代酯等有机卤代物以及有机磷、有机硫、有机氯、有机砷、有机硅、腈、胺等，都是甲、乙类或丙类液体及可燃粉剂，马拉硫磷等农药都是丙类液体。这些有毒品既有相当的毒害性，又有一定的易燃性。菲醌等芳香环、稠环及杂环化合物类有毒品，阿片生漆、烟碱（尼古丁）等天然有机有毒品类遇明火都能燃烧，遇高热分解出气体。有机毒品硝基苯和2，4-二异氰酸酯等都可燃烧。

（5）易爆性。有毒品中的叠氮化钠，芳香族含2、4位两个硝基的氯化物，萘酚，酚钠等化合物，遇高热、撞击等都可以引起爆炸或着火的危险。砷酸钠、氟化砷、三碘化砷等砷及砷的化合物类，本身都不燃，但遇明火或高热时，易升华放出极毒性的气体。三碘化砷遇金属钾、钠时还能形成对撞击敏感的爆炸物。如氰化氢在空气中很容易发生燃烧爆炸，爆炸极限浓度为5.4%~46.6%。

（6）腐蚀性。有许多有毒品同时还具有较强的腐蚀性，如二甲苯酚、二氯化苄、三氯乙醛、甲苯酚、氟乙酸、硫酸二甲酯、氯化汞、苯硫酚氰化钾等。

七、放射性物品的危险特性

1. 放射性物品的特点

这类化学品能够自发地、不断地放出人们感觉器官不能觉察到的射线，这些射线（α射线、β射线）对人危害很大，达到一定剂量可使人患放射病，甚至死亡。

放射性物品分类方法很多，按其物理状态分为固体、液体、气体、粉末状和结晶状。若按其毒性可分为极毒、高毒、中毒和低毒。按放射性大小分为一级放射性物品、二级放射性物品和三级放射性物品。

在化工行业一般按储运管理分类，分为放射性同位素（如^{238}铀、^{226}镭）、放射性化学试剂（如硝酸钍）和化工制品（如夜光粉）、放射性矿石和矿砂（如独居石）等。

危险化学品中的放射性物品种类不多，常见的有乙酸铀、硝酸钍、三氧化铀等。

2. 放射性物品的危险特性

（1）放射性。该类物质能自发地、不断地放出人们感觉器官不能觉察到的α射线、β射线或中子流，致使人的红细胞减少，直接威胁人的健康和生存。

（2）毒害性。虽然各种放射性物品放出的射线种类和强度不尽一致，但是各种射线对人体的危害都很大。它们具有不同的穿透能力，过量的射线对人体细胞有杀伤作用。若放射性物质进入体内，能对人体造成内照射危害。

（3）不可抑制性。不能用化学方法使其不放出射线，只能设法把放射性物质清除或用适当的材料予以吸收屏蔽射线。

（4）易燃性。多数放射性物品具有易燃性，有的燃烧十分强烈，甚至引起爆炸。例如：独居石遇明火能燃烧；硝酸铀和硝酸钍遇高温分解，遇有机物、易燃物都能引起燃烧，且燃烧后均可形成放射性灰尘，污染环境，危害人们健康。

（5）氧化性。有些放射性物品具有氧化性，如硝酸铀、硝酸钍。

八、腐蚀品的危险特性

1. 腐蚀品的特点

腐蚀性物质是指通过互相作用使生物组织接触时会造成严重损伤，或在渗漏时会严重损害甚至毁坏其他货物或运载工具的物质。

腐蚀性物质包含与完好皮肤组织接触不超过4h，在14天的观察期中发现引起皮肤全厚度损毁，或在温度55℃时，对S235JR+CR型或类似型号钢或无覆盖层铝的表面均匀年腐蚀率超过6.25mm/年的物质。

2. 腐蚀品的分类

腐蚀品可以根据其腐蚀性的强弱、酸碱性及有机物、无机物的特性分为8类：

（1）一级无机酸性腐蚀物质（如硝酸、硫酸）。

（2）一级有机酸性腐蚀物质（如甲酸、三氯化醛）。

（3）二级无机酸性腐蚀物质（如盐酸、磷酸）。

（4）二级有机酸性腐蚀物质（如冰乙酸、氯化酸）。

（5）无机碱性腐蚀物质（如氢氧化钠、硫化钠）。

（6）有机碱性腐蚀物质（如甲醇钠、二乙醇胺）。

（7）其他无机腐蚀物质（如次氯酸钠溶液）。

（8）其他有机腐蚀物质（如石炭、甲苯酚）。

危险化学品中腐蚀品品种很多，其中常见品种有：盐酸、硫酸、硝酸、氢氧化钠（烧碱、液碱）、氢氧化钾、氢氟酸、甲醛溶液（福尔马林溶液）、氧化钠、钠石灰等。

3. 腐蚀品的危险特性

（1）腐蚀性。腐蚀品是化学性质比较活泼，能和很多金属、非金属、有机化合物、动植物机体等发生化学反应的物质。腐蚀品的腐蚀性体现在对人体的伤害、对有机体的破坏和对金属的腐蚀性。

腐蚀品与人体接触能引起人体组织灼伤或使组织坏死。吸入腐蚀品的蒸气或粉尘，呼吸道黏膜及内部器官会受到腐蚀作用，引起咳嗽、呕吐、头痛等症状，严重的会引起炎症（如肺炎等），甚至造成死亡。有些腐蚀品对人体器官有强烈的刺激性，例如，浓硫酸能够迅速破坏木材、衣物、皮革、纸张的组织成分使之碳化；浓度较大的氢氧化钠溶液能够使棉质物和毛纤维的纤维组织破坏溶解。

腐蚀品对金属设备及构筑物有很强的腐蚀破坏能力。例如，多数酸可以腐蚀溶解金属材料，氟酸可以腐蚀玻璃。

（2）有毒性。多数腐蚀品有不同程度的毒性，有的还是剧毒品。有很多腐蚀品可以产生不同程度的有毒气体，发烟硝酸能挥发出有毒的二氧化氮气体，发烟硫酸能挥发出有毒的三氧化硫，它们都对人体有相当大的毒害作用。

（3）易燃性。许多有机腐蚀品都具有易燃性。例如，甲酸、冰醋酸、苯甲酰氯等遇火易燃，蒸气可形成爆炸性混合物；甲基肼在空气中可自燃；1，2-丙二胺遇热可分解出有毒的氧化氮气体；苯酚、甲醛、甲酚、松焦油等不仅本身易燃，且都能挥发出有刺激性或毒性的气体。

（4）氧化性。有些腐蚀品本身虽然不燃烧，但具有较强的氧化性，是氧化性很强的氧化剂，当它与某些可燃物接触时都有着火或爆炸的危险，例如，硝酸、浓硫酸、发烟硫酸、溴等与木屑、纱布、纸张、稻草、甘油、乙醇等接触都可氧化自燃起火。

（5）遇水猛烈分解性。有些腐蚀品遇水会发生猛烈的分解放热反应，有时会释放出有害的腐蚀性气体，有可能引燃邻近的可燃物，甚至引发爆炸事故。例如，五氯化锑、五氯化磷、五溴化磷、四氯化硅、三溴化硼等卤化物遇水分解、放热、冒烟，放出具有腐蚀性的气体，这些气体遇空气中的水蒸气还可形成酸雾；氯磺酸遇水猛烈分解，可产生大量的热和浓烟，甚至爆炸；无水溴化铝、氧化钙等腐蚀品遇水能产生高热，接触可燃物时会引起着火；氯化硫、异戊醇钠本身可燃，遇水分解；更加危险的是烷基醇钠类，本身可燃，遇水可引起燃烧。

第二章
电力生产现场常用危险化学品

第一节　电力生产现场重点监管危险化学品名录

2015年2月27日，安全监管总局、工业和信息化部、公安部、环境保护部、交通运输部、农业部、国家卫生计生委、质检总局、铁路局、民航局等十部委局联合行文，以2015年第5号公布2015版的《危险化学品目录》，2002版《危险化学品名录》和2002版《剧毒化学品目录》同时废止。

一、危险化学品的定义和确定原则

1. 危险化学品的定义

2015版《危险化学品目录》所称的危险化学品是指具有毒害、腐蚀、爆炸、燃烧、助燃等性质，对人体、设施、环境具有危害的剧毒化学品和其他化学品。

2. 危险化学品确定原则

2015版《危险化学品目录》中的危险化学品的品种是依据化学品分类和标签国家标准，从表2-1所示的危险和危害特性类别中确定的。

表2-1　　　　　　　　　　　化学品的危险和危害特性类别

危险和危害特性	类　别
1. 物理危险	（1）爆炸物：不稳定爆炸物、1.1、1.2、1.3、1.4。 （2）易燃气体：类别1、类别2、化学不稳定性气体类别A、化学不稳定性气体类别B。 （3）气溶胶（又称气雾剂）：类别1。 （4）氧化性气体：类别1。 （5）加压气体：压缩气体、液化气体、冷冻液化气体、溶解气体。 （6）易燃液体：类别1、类别2、类别3。 （7）易燃固体：类别1、类别2。 （8）自反应物质和混合物：A型、B型、C型、D型、E型。 （9）自燃液体：类别1。 （10）自燃固体：类别1。 （11）自热物质和混合物：类别1、类别2。 （12）遇水放出易燃气体的物质和混合物：类别1、类别2、类别3。 （13）氧化性液体：类别1、类别2、类别3。 （14）氧化性固体：类别1、类别2、类别3。 （15）有机过氧化物：A型、B型、C型、D型、E型、F型。 （16）金属腐蚀物：类别1

危险和危害特性	类　别
2. 健康危害	（1）急性毒性：类别1、类别2、类别3。 （2）皮肤腐蚀/刺激：类别1A、类别1B、类别1C、类别2。 （3）严重眼损伤/眼刺激：类别1、类别2A、类别2B。 （4）呼吸道或皮肤致敏：呼吸道致敏物1A、呼吸道致敏物1B、皮肤致敏物1A、皮肤致敏物1B。 （5）生殖细胞致突变性：类别1A、类别1B、类别2。 （6）致癌性：类别1A、类别1B、类别2。 （7）生殖毒性：类别1A、类别1B、类别2、附加类别。 （8）特异性靶器官毒性——一次接触：类别1、类别2、类别3。 （9）特异性靶器官毒性——反复接触：类别1、类别2。 （10）吸入危害：类别1
3. 环境危害	（1）危害水生环境——急性危害：类别1、类别2；危害水生环境–长期危害：类别1、类别2、类别3。 （2）危害臭氧层：类别1

二、剧毒化学品的定义和判定界限

1. 剧毒化学品的定义

具有剧烈急性毒性危害的化学品，包括人工合成的化学品及其混合物和天然毒素，还包括具有急性毒性易造成公共安全危害的化学品。

2. 剧毒化学品的剧烈急性毒性判定界限

急性毒性类别1，即满足下列条件之一：大鼠实验，经口LD50≤5mg/kg，经皮LD50≤50mg/kg，吸入（4h）LC50≤100mL/m³（气体）或0.5mg/L（蒸气）或0.05mg/L（尘、雾）。经皮LD50的实验数据，也可使用兔实验数据。

三、2015版《危险化学品目录》有关说明

1. 表头各栏目的含义

（1）"序号"是指《危险化学品目录》中化学品的顺序号。

（2）"品名"是指根据《化学品命名通则》（GB/T 23955—2009）确定的名称。

（3）"别名"是指除"品名"以外的其他名称，包括通用名、俗名等。

（4）"CAS号"是指美国化学文摘社对化学品的唯一登记号。

（5）"备注"是对剧毒化学品的特别注明。

2. 其他事项

（1）《危险化学品目录》按"品名"汉字的汉语拼音排序。

（2）《危险化学品目录》中除列明的条目外，无机盐类同时包括无水和含有结晶水的化合物。

（3）序号2828是类属条目，《危险化学品目录》中除列明的条目外，符合相应条件

的，属于危险化学品。

（4）《危险化学品目录》中除混合物之外无含量说明的条目，是指该条目的工业产品或者纯度高于工业产品的化学品，用作农药用途时，是指其原药。

（5）《危险化学品目录》中的农药条目结合其物理危险性、健康危害、环境危害及农药管理情况综合确定。

（6）《危险化学品目录》共列有2827个危险化学品品名。

四、2015版《危险化学品目录》摘录

2015版《危险化学品目名》摘录，见表2-2。

表2-2　　　　　　　　危险化学品目录（2015版）（摘录）

序号	品　名	别　名	CAS号	备注
1	阿片	鸦片	8008-60-4	
2	氨	液氨；氨气	7664-41-7	
3	5-氨基-1，3，3-三甲基环己甲胺	异佛尔酮二胺；3，3，5-三甲基-4，6-二氨基-2-烯环己酮；1-氨基-3-氨基甲基-3，5，5-三甲基环己烷	2855-13-2	
4	5-氨基-3-苯基-1-[双（N，N-二甲基氨基氧膦基）]-1，2，4-三唑[含量>20%]	威菌磷	1031-47-6	剧毒
5	4-[3-氨基-5-（1-甲基胍基）戊酰氨基]-1-[4-氨基-2-氧代-1（2H）-嘧啶基]-1，2，3，4-四脱氧-β，D赤己-2-烯吡喃糖醛酸	灰瘟磷	2079-00-7	
6	4-氨基-N，N-二甲苯胺	N，N二甲基对苯二胺；对氨基-N，N-二甲基苯胺	99-98-9	
7	2-氨基苯酚	邻氨基苯酚	95-55-6	
8	3-氨基苯酚	间氨基苯酚	591-27-5	
9	4-氨基苯酚	对氨基苯酚	123-30-8	
10	3-氨基苯甲腈	间氨基苯甲腈；氰化氨基苯	2237-30-1	
11	2-氨基苯胂酸	邻氨基苯胂酸	2045-00-3	
12	3-氨基苯胂酸	间氨基苯胂酸	2038-72-4	
13	4-氨基苯胂酸	对氨基苯胂酸	98-50-0	
14	4-氨基苯胂酸钠	对氨基苯胂酸钠	127-85-5	
15	2-氨基吡啶	邻氨基吡啶	504-29-0	
16	3-氨基吡啶	间氨基吡啶	462-08-8	
17	4-氨基吡啶	对氨基吡啶；4-氨基氮杂苯；对氨基氮苯；γ-吡啶胺	504-24-5	

续表

序号	品 名	别 名	CAS 号	备注
18	1-氨基丙烷	正丙胺	107-10-8	
19	2-氨基丙烷	异丙胺	75-31-0	
20	3-氨基丙烯	烯丙胺	107-11-9	剧毒
21	4-氨基二苯胺	对氨基二苯胺	101-54-2	
22	氨基胍重碳酸盐		2582-30-1	
23	氨基化钙	氨基钙	23321-74-6	
24	氨基化锂	氨基锂	7782-89-0	
25	氨基磺酸		5329-14-6	
26	5-（氨基甲基）-3-异噁唑醇	3-羟基-5-氨基甲基异噁唑；蝇蕈醇	2763-96-4	
27	氨基甲酸胺		1111-78-0	
28	（2-氨基甲酰氧乙基）三甲基氯化铵	氯化氨甲酰胆碱；卡巴考	51-83-2	
29	3-氨基喹啉		580-17-6	
30	2-氨基联苯	邻氨基联苯；邻苯基苯胺	90-41-5	
2822	重铬酸铜		13675-47-3	
2823	重铬酸锌		14018-95-2	
2824	重铬酸银		7784-02-3	
2825	重质苯			
2826	D-苎烯		5989-27-5	
2827	左旋溶肉瘤素	左旋苯丙氨酸氮芥；米尔法兰	148-82-3	
2828[③]	含易燃溶剂的合成树脂、油漆、辅助材料、涂料等制品（闭杯闪点≤60℃）			

注 1. A型稀释剂是指与有机过氧化物相容、沸点不低于150℃的有机液体。A型稀释剂可用来对所有有机过氧化物进行退敏。

2. B型稀释剂是指与有机过氧化物相容、沸点低于150℃但不低于60℃、闪点不低于5℃的有机液体。B型稀释剂可用来对所有有机过氧化物进行退敏，但沸点必须至少比50kg包件的自加速分解温度高60℃。

3. 闪点高于35℃，但不超过60℃的液体如果在持续燃烧性试验中得到否定结果，则可将其视为易燃液体，不作为易燃液体管理。

五、首批重点监管的危险化学品名录

2011年6月21日，国家安全生产监督管理总局公布《首批重点监管的危险化学品名录》（安监总管三〔2011〕95号）。重点监管的危险化学品是指列入《危险化学品名录》的危险化学品以及在温度20℃和标准大气压101.3kPa条件下属于以下类别的危险化

学品。

（1）易燃气体类别1（爆炸下限≤13℃或爆炸极限范围≥12%的气体）。

（2）易燃液体类别1（闭杯闪点＜23℃并初沸点≤35℃的液体）。

（3）自燃液体类别1（与空气接触不到5min便燃烧的液体）。

（4）自燃固体类别1（与空气接触不到5min便燃烧的固体）。

（5）遇水放出易燃气体的物质类别1（在环境温度下与水剧烈反应所产生的气体通常显示自燃的倾向，或释放易燃气体的速度等于或大于每千克物质在任何1min内释放10L的任何物质或混合物）。

（6）三光气等光气类化学品。

首批重点监管的危险化学品共有60种，如表2-3所示。

表2-3　　　　　　　　　首批重点监管的危险化学品名录

（安全监管总局，安监总管三〔2011〕95号，2011年6月21日）

序号	化学品名称	别　名	CAS号
1	氯	液氯、氯气	7782-50-5
2	氨	液氨、氨气	7664-41-7
3	液化石油气		68476-85-7
4	硫化氢		7783-06-4
5	甲烷、天然气		74-82-8（甲烷）
6	原油		
7	汽油（含甲醇汽油、乙醇汽油）、石脑油		8006-61-9（汽油）
8	氢	氢气	1333-74-0
9	苯（含粗苯）		71-43-2
10	碳酰氯	光气	75-44-5
11	二氧化硫		7446-09-5
12	一氧化碳		630-08-0
13	甲醇	木醇、木精	67-56-1
14	丙烯腈	氰基乙烯、乙烯基氰	107-13-1
15	环氧乙烷	氧化乙烯	75-21-8
16	乙炔	电石气	74-86-2
17	氟化氢、氢氟酸		7664-39-3
18	氯乙烯		75-01-4
19	甲苯	甲基苯、苯基甲烷	108-88-3
20	氰化氢、氢氰酸		74-90-8
21	乙烯		74-85-1
22	三氯化磷		7719-12-2

续表

序号	化学品名称	别　名	CAS 号
23	硝基苯		98−95−3
24	苯乙烯		100−42−5
25	环氧丙烷		75−56−9
26	一氯甲烷		74−87−3
27	1，3−丁二烯		106−99−0
28	硫酸二甲酯		77−78−1
29	氰化钠		143−33−9
30	1−丙烯、丙烯		115−07−1
31	苯胺		62−53−3
32	甲醚		115−10−6
33	丙烯醛、2−丙烯醛		107−02−8
34	氯苯		108−90−7
35	乙酸乙烯酯		108−05−4
36	二甲胺		124−40−3
37	苯酚	石炭酸	108−95−2
38	四氯化钛		7550−45−0
39	甲苯二异氰酸酯	TDI	584−84−9
40	过氧乙酸	过乙酸、过醋酸	79−21−0
41	六氧环戊二烯		77−47−4
42	二硫化碳		75−15−0
43	乙烷		74−84−0
44	环氧氯丙烷	3−氯气−1，2−环氧丙烷	106−89−8
45	丙酮氰醇	2−甲基−2−羟基丙腈	75−86−5
46	磷化氢	膦	7803−51−2
47	氯甲基甲醚		107−30−2
48	三氟化硼		7637−07−2
49	烯丙胺	3−氨基丙烯	107−11−9
50	异氰酸甲酯	甲基异氰酸酯	624−83−9
51	甲基叔丁基醚		1634−04−4
52	乙酸乙酯		141−78−6
53	丙烯酸		79−10−7
54	硝酸铵		6484−52−2
55	三氧化硫	硫酸酐	7446−11−9
56	三氯甲烷	氯仿	67−66−3
57	甲基肼		60−34−4

序号	化学品名称	别名	CAS 号
58	一甲胺		74-89-5
59	乙醛		75-07-0
60	氯甲酸三氯甲酯	双光气	503-38-8

六、第二批重点监管的危险化学品名录

2013年2月5日，国家安全生产监督管理总局公布《第二批重点监管的危险化学品名录》（安监总管三〔2013〕12号），并要求：

（1）生产、储存、使用重点监管的危险化学品的企业，应当积极开展涉及重点监管危险化学品的生产、储存设施自动化监控系统改造提升工作，高度危险和大型装置要依法装备安全仪表系统（紧急停车或安全连锁），并确保于2014年底前完成。

（2）地方各级安全监管部门应当按照有关法律法规和本通知的要求，对生产、储存、使用、经营重点监管的危险化学品的企业实施重点监管。

（3）各省级安全监管部门可以根据本辖区危险化学品安全生产状况，补充和确定本辖区内实施重点监管的危险化学品类项及具体品种。

第二批重点监管的危险化学品共有14种，如表2-4所示。

表2-4　　　　　　　第二批重点监管的危险化学品名录

（安全监管总局，安监总管三〔2013〕12号，2013年2月5日）

序号	化学品品名	CAS 号
1	氯酸钠	7775-9-9
2	氯酸钾	3811-4-9
3	过氧化甲乙酮	1388-23-4
4	过氧化（二）苯甲酰	94-36-0
5	硝化纤维素	9004-70-0
6	硝酸胍	506-93-4
7	高氯酸铵	7790-98-9
8	过氧化苯甲酸叔丁酯	614-45-9
9	N，N′-二亚硝基五亚甲基四胺	101-25-7
10	硝基胍	556-88-7
11	2，2′-偶氮二异丁腈	78-67-1
12	2，2′-偶氮-二-（2，4二甲基戊腈）（即偶氮二异庚腈）	4419-11-8
13	硝化甘油	55-63-0
14	乙醚	60-29-7

七、易制爆危险化学品名录

公安部于2011年11月25日公布了《易制爆危险化学品名录（2011年版）》，该名录是公安部根据《危险化学品安全管理条例》（国务院令第591号）第23条规定编制的。表头栏目分别为序号、中文名称，英文名称、主要的燃爆危险性分类、CAS号和联合国危险货物编号。"主要的燃爆危险性分类"栏列出的化学品分类，是根据《化学品分类、警示标签和警示性说明安全规范（GB 20576~GB 20591）》等国家标准，对某种化学品燃烧爆炸危险性进行的分类，第一类由一个或多个类别组成。如，"氧化性液体"类，按照氧化性大小分为类别1、类别2、类别3三个类别。

《易爆危险化学品名录（2011年版）》将易制爆危险化学品列为六大类，即：高氯酸、高氯酸盐及氯酸盐；硝酸及硝酸盐类；硝基类化合物；过氧化物与超氧化物；燃料还原剂类；其他。

《易制爆危险化学品名录（2011年版）》如表2-5所示。

表2-5　　　　　　　　易制爆危险化学品名录（2011年版）

（公安部，2011年11月25日）

序号	中文名称	英文名称	主要的燃爆危险性分类	CAS号	联合国危险货物编号
1　高氯酸、高氯酸盐及氯酸盐					
1.1	高氯酸[含酸50%~72%]	Perchloric acid	氧化性液体，类别1	7601-90-3	1873
1.2	氯酸钾	Potassium chlorate	氧化性固体，类别1	3811-04-9	1485
1.3	氯酸钠	Sodium chlorate	氧化性固体，类别1	7775-09-9	1495
1.4	高氯酸钾	Potassium perchlorate	氧化性固体，类别1	7778-74-7	1489
1.5	高氯酸锂	Lithium perchlorate	氧化性固体，类别1	7791-03-9	
1.6	高氯酸铵	Ammonium perchlorate	爆炸物，1.1项氧化性固体，类别1	7790-98-9	1442
1.7	高氯酸钠	Sodium perchlorate	氧化性固体，类别1	7601-89-0	1502
2　硝酸及硝酸盐类					
2.1	硝酸[含硝酸≥70%]	Nitric acid	金属腐蚀物，类别1氧化性液体，类别1	7697-37-2	2031
2.2	硝酸钾	Potassium nitrate	氧化固体，类别3	7757-79-1	1486
2.3	硝酸钡	Barium nitrate	氧化性固体，类别2	10022-31-8	1446
2.4	硝酸锶	Strontium nitrate	氧化性固体，类别3	10042-76-9	1507
2.5	硝酸钠	Sodium nitrate	氧化性固体，类别3	7631-99-4	1498
2.6	硝酸银	Silver nitrate	氧化性固体，类别2	7761-88-8	1493
2.7	硝酸铅	Lead nitrate	氧化性固体，类别2	10099-74-8	1469
2.8	硝酸镍	Nickel nitrate	氧化性固体，类别2	14216-75-2	2725

序号	中文名称	英文	主要的燃爆危险性分类	CAS 号	联合国危险货物编号
2.9	硝酸镁	Magnesium nitrate	氧化性固体，类别3	10377-60-3	1474
2.10	硝酸钙	Calcium nitrate	氧化性固体，类别3	10124-37-5	1454
2.11	硝酸锌	Zinc nitrate	氧化性固体，类别2	7779-88-6	1514
2.12	硝酸铯	Caesium nitrate	氧化性固体，类别3	7789-18-6	1451
3　硝基类化合物					
3.1	硝基甲烷	Nitromethane	易燃液体，类别3	75-52-5	1261
3.2	硝基乙烷	Nitroethane	易燃液体，类别3	79-24-3	2842
3.3	硝化纤维素				
3.3.1	硝化纤维素[干的或含水（或乙醇）<25%]	Nitrocellulose, dry or wetted with watet（or alcohol）	爆炸物，1.1项	9004-70-0	0340
3.3.2	硝化纤维素[含增塑剂<18%]	Nitrocellulose with plasticizing substance	爆炸物，1.1项	9004-70-0	0341
3.3.3	硝化纤维素[含乙醇≥25%]	Nitrocellulose with alcohol	爆炸物，1.3项	9004-70-0	0342
3.3.4	硝化纤维素[含水≥25%]	Nitrocellulose with water	易燃固体，类别1		2555
3.3.5	硝化纤维素[含氮≤12.6%，含乙醇≥25%]	Nitrocellulose with alcohol, not morethan 12.6% nitrogen	易燃固体，类别1		2556
3.3.6	硝化纤维素[含氮≤12.6%，含增塑剂≥18%]	Nitrocellulose with plasticizing substance, not morethan12.6% nitrogen	易燃固体，类别1		2557
3.4	硝基萘类化合物	Nitrinaphthalenes			
3.5	硝基苯类化合物	Nitrobenzenes			
3.6	硝基苯酚（邻、间、对）类化合物	Nitrophenols（o-, m-, p-）			
3.7	硝基苯胺类化合物	Nitroanilines			
3.8	2，4-二硝基甲苯	2，4-Dinitrotoluene		121-14-2	2038
	2，6-二硝基甲苯	2，6-Dinitrotoluene		606-20-2	1600
3.9	二硝基（苯）酚[干的或含水<15%]	Dinitrophenol	爆炸物，1.1项	25550-58-7	0076
3.10	二硝基（苯）酚碱金属盐[干的或含水<15%]	Dinitrophenolates	爆炸物，1.3项		0077
3.11	二硝基间苯二酚[干的或含水<15%]	Dinitroressorcinol	爆炸物，1.1项	519-44-8	0078
4　过氧化物与超氧化物					
4.1	过氧化氢溶液				
4.1.1	过氧化氢溶液[含量≥70%]	Hydrogen peroxide solution	氧化性液体，类别1	7722-84-1	2015

续表

序号	中文名称	英文	主要的燃爆危险性分类	CAS 号	联合国危险货物编号
4.1.2	过氧化氢溶液 [70%＞含量≥50%]	Hydrogen peroxide solution	氧化性液体，类别2	7722–84–1	2014
4.1.3	过氧化氢溶液 [50%＞含量≥27.5%]	Hydrogen peroxide solution	氧化性液体，类别3	7722–84–1	2014
4.2	过氧乙酸	Peroxyacetic acid	易燃液体，类别3有机过氧化物D型	79–21–0	
4.3	过氧化钾	Potassium peroxide	氧化性固体，类别1	17014–71–0	1491
4.4	过氧化钠	Sodium peroxide	氧化性固体，类别1	1313–60–6	1504
4.5	过氧化锂	Lithium peroxide	氧化性固体，类别2	12031–80–0	1472
4.6	过氧化钙	Calcium peroxide	氧化性固体，类别2	1305–79–9	1457
4.7	过氧化镁	Magnesium peroxide	氧化性固体，类别2	1335–26–8	1476
4.8	过氧化锌	Zinc peroxide	氧化性固体，类别2	1314–22–3	1516
4.9	过氧化钡	Barium peroxide	氧化性固体，类别2	1304–29–6	1449
4.10	过氧化锶	Strontium peroxide	氧化性固体，类别2	1314–18–7	1509
4.11	过氧化氢尿素	Urea hydrogen peroxide	氧化性固体，类别3	124–43–6	1511
4.12	过氧化二异丙苯 [工业纯]	Dicumyl peroxide	有机过氧化物F型	80–43–3	3109 液态 3110 固态
4.13	超氧化钾	Potassium superoxide	氧化性固体，类别1	12030–88–5	2466
4.14	超氧化钠	Sodium superoxide	氧化性固体，类别1	12034–12–7	2547
5　燃料还原剂类					
5.1	环六亚甲基四胺 [乌洛托品]	Hexamethylenete tramine	易燃固体，类别3	100–97–0	1328
5.2	甲胺[无水]	Methylamine	易燃气体，类别1	74–89–5	1061
5.3	乙二胺	Ethylene diamine	易燃液体，类别3	107–15–3	1604
5.4	硫磺	Sulphur	易燃固体，类别2	7704–34–9	1350
5.5	铝粉[未涂层的]	Aluminium powder uncoated	遇水放出易燃气体的物质，类别3	7429–90–5	1396
5.6	金属锂	Lithium	遇水放出易燃气体的物质，类别1	7439–93–2	1415
5.7	金属钠	Sodium	遇水放出易燃气体的物质，类别1	7440–23–5	1428
5.8	金属钾	Potassium	遇水放出易燃气体的物质，类别1	7440–09–7	2257
5.9	金属锆粉[干燥的]	Zirconium powder，dry	1. 发火的：自燃固体，类别1；遇水放出易燃气体的物质，类别1。 2. 非发火的：自热物质，类别1	7440–67–7	2008

序号	中文名称	英文	主要的燃爆危险性分类	CAS号	联合国危险货物编号
5.10	锑粉	Antimony powder		7440-36-0	2871
5.11	镁粉（发火的）	Magnesium powder（pyrophoric）	自燃固体，类别1；遇水放出易燃气体的物质，类别1	7439-95-4	
5.12	镁合金粉	Magnesium alloys powder	遇水放出易燃气体的物质，类别1		
5.13	锌粉或锌尘（发火的）	Zinc powder or zinc dust（pyrophoric）	自燃固体，类别1；遇水放出易燃气体的物质，类别1	7440-66-6	1436
5.14	硅铝粉	Aluminium silicon powder	遇水放出易燃气体的物质，类别3		1398
5.15	硼氢化钠	Sodium borohydride	遇水放出易燃气体的物质，类别1	16940-66-2	1426
5.16	硼氢化锂	Lithium borohydride	遇水放出易燃气体的物质，类别1	16949-15-8	1413
5.17	硼氢化钾	Potassium borohydride	遇水放出易燃气体的物质，类别1	13762-51-1	1870
6 其他					
6.1	苦氨酸钠[含水≥20%]	Sodium picramate	易燃固体，类别1	831-52-7	1349
6.2	高锰酸钠	Sodium permanganate	氧化性固体，类别2	10101-50-5	1503
6.3	高锰酸钾	Potassium permanganate	氧化性固体，类别2	7722-64-7	1490

八、重点环境管理危险化学品名录

环境保护部于2014年4月3日以环办〔2014〕33号文公布《重点环境管理危险化学品名录》，如表2-6所示。

1. 重点环境管理危险化学品的范围

符合下列条件之一的化学品，列入《重点环境管理危险化学品目录》（简称《重点目录》）：

（1）具有持久性、生物累积性和毒性的。

（2）生产使用量大或者用途广泛，且同时具有高的环境危害性和（或）健康危害性。

（3）属于需要实施重点环境管理的其他危险化学品，包括《关于持久性有机污染物的斯德哥尔摩公约》、《关于汞的水俣公约》管制的化学品等。

2.《重点目录》的制修订原则

环境保护部将根据危险化学品环境管理的需要，组织专家，根据《危险化学品环境管理登记办法（试行）》相关要求，对《重点目录》进行适时调整并公布，公布的化学品共有84种。

3.《重点目录》各栏目的含义

（1）"编号"是指《重点目录》赋予每种危险化学品的唯一编号。

（2）"品名"是指根据《化学命名通则》确定的名称。

（3）"别名"是指除"品名"以外的其他名称，包括通用名、俗名等。

（4）"CAS号"是指美国化学文摘社对化学品的唯一登记号。

表2-6　　　　　　　　重点环境管理危险化学品目录

（环境保护部，环办〔2014〕33号，2014年4月3日）

编号	品名	别名	CAS 号
PHC001	1，2，3-三氯代苯	1，2，3-三氯苯	87-61-6
PHC002	1，2，4-三氯化苯	1，2，4-三氯苯	120-82-1
PHC003	1，2，4，5-四氯代苯		95-94-3
PHC004	1，2-二硝基苯	邻二硝基苯	528-29-0
PHC005	1，3-二硝基苯	间二硝基苯	99-65-0
PHC006	1-氯-2，4-二硝基苯	2，4-二硝基氯苯	97-00-7
PHC007	5-叔丁基-2，4，6-三硝基间二甲苯	二甲苯麝香；1-（1，1-二甲基乙基）-3，5-二甲基-2，4，6-三硝基苯	81-15-2
PHC008	五氯硝基苯	硝基五氯苯	82-68-8
PHC009	2-甲基苯胺	邻甲苯胺；2-氨基甲苯；邻氨基甲苯	95-53-4
PHC010	2-氯苯胺	邻氯苯胺；邻氨基氯苯	95-51-2
PHC011	壬基酚	壬基苯酚	25154-52-3
PHC012	支链-4-壬基酚		84852-15-3
PHC013	苯	纯苯	71-43-2
PHC014	六氯-1，3-丁二烯	六氯丁二烯；全氯-1，3-丁二烯	87-68-3
PHC015	氯乙烯[稳定的]	乙烯基氯	75-01-4
PHC016	萤蒽		206-44-0
PHC017	丙酮氰醇	丙酮合氰化氢；2-羟基异丁腈；氰丙醇	75-86-5
PHC018	精蒽		120-12-7
PHC019	粗蒽		
PHC020	环氧乙烷	氧化乙烯	75-21-8
PHC021	甲基肼	一甲肼；甲基联氨	60-34-4
PHC022	萘	粗萘；精萘；萘饼	91-20-3
PHC023	一氯丙酮	氯丙酮；氯化丙酮	78-95-5
PHC024	全氟辛基磺酸		1763-23-1

编号	品名	别名	CAS 号
PHC025	全氟辛基磺酸铵		29081-56-9
PHC026	全氟辛基磺酸二癸二甲基铵		251099-16-8
PHC027	全氟辛基磺酸二乙醇铵		70225-14-8
PHC028	全氟辛基磺酸钾		2795-39-3
PHC029	全氟辛基磺酸锂		29457-72-5
PHC030	全氟辛基磺酸四乙基铵		56773-42-3
PHC031	全氟辛基磺酰氟		307-35-7
PHC032	六溴环十二烷		25637-99-4；3194-55-6；134237-50-6；134237-51-7；134237-52-8
PHC033	氰化钾	山萘钾	151-50-8
PHC034	氰化钠	山萘	143-33-9
PHC035	氰化镍钾	氰化钾镍	14220-17-8
PHC036	氯化氰	氰化氯；氯甲腈	506-77-4
PHC037	氰化银钾	银氰化钾	506-61-6
PHC038	氰化亚铜		544-92-3
PHC039	砷		7440-38-2
PHC040	砷化氢	砷化三氢；胂	7784-42-1
PHC041	砷酸		7778-39-4
PHC042	三氧化二砷	白砒；砒霜；亚砷酸酐	1327-53-3
PHC043	五氧化二砷	砷酸酐；五氧化砷；氧化砷	1303-28-2
PHC044	亚砷酸钠		7784-46-5
PHC045	硝酸钴	硝酸亚钴	10141-05-6
PHC046	硝酸镍	二硝酸镍	13138-45-9
PHC047	汞	水银	7439-97-6
PHC048	氯化汞	氯化高汞；二氧化汞；升汞	7487-94-7
PHC049	氯化铵汞	白降汞，氯化汞铵	10124-48-8
PHC050	硝酸汞	硝酸高汞	10045-94-0
PHC051	乙化汞	乙酸高汞；醋酸汞	1600-27-7
PHC052	氧化汞	一氧化汞；黄降汞；红降汞	21908-53-2
PHC053	溴化亚汞	一溴化汞	10031-18-2
PHC054	乙酸苯汞		62-38-4
PHC055	硝酸苯汞		55-68-5
PHC056	重铬酸铵	红矾铵	7789-09-5
PHC057	重铬酸钾	红矾钾	7778-50-9

续表

编号	品名	别名	CAS 号
PHC058	重铬酸钠	红矾钠	10588-01-9
PHC059	三氧化铬[无水]	铬酸酐	1333-82-0
PHC060	四甲基铅		75-74-1
PHC061	四乙基铅	发动机燃料抗爆混合物	78-00-2
PHC062	乙酸铅	醋酸铅	301-04-2
PHC063	硅酸铅		10099-76-0; 11120-22-2
PHC064	氟化铅	二氟化铅	7783-46-2
PHC065	四氧化三铅	红丹；铅丹；铅橙	1314-41-6
PHC066	一氧化铅	氧化铅；黄丹	1317-36-8
PHC067	硫酸铅[含游离酸＞3%]		7446-14-2
PHC068	硝酸铅		10099-74-8
PHC069	二丁基二（十二酸）锡	二丁基二月桂酸锡；月桂酸二丁基锡	77-58-7
PHC070	二丁基氧化锡	氧化二丁基锡	818-08-6
PHC071	二氧化硒	亚硒酐	7446-08-4
PHC072	硒化镉		1306-24-7
PHC073	硒化铅		12069-00-0
PHC074	氟硼酸镉		14486-19-2
PHC075	碲化镉		1306-25-8
PHC076	1-1′-二甲基本4，4′-联吡啶阳离子	百草枯	4685-14-7
PHC077	O-O-二甲基-S-[1，2-双（乙氧基甲酰）乙基]二硫代磷酸酯	马拉硫磷	121-75-5
PHC078	双（N，N-二甲基甲硫酰）二硫化物	四甲基二硫代秋兰姆；四甲基硫代过氧化二碳二酰胺；福美双	137-26-8
PHC079	双（二甲基二硫代氨基甲酸）锌	福美锌	137-30-4
PHC080	N-（2，6-二乙基苯基）-N-甲氧甲基-氯乙酰胺	甲草胺	15972-60-8
PHC081	N-（2-乙基-6-甲基苯基）-N-乙氧基甲基-氯乙酰胺	乙草胺	34256-82-1
PHC082	（1，4，5，6，7，7-六氯气8，9，10-三降冰片-5-烯-2，3-亚基双亚甲基）亚硫酸脂	1，2，3，4，7，7-六氯双环[2，2，1]庚烯-（2）-双羟甲基-5，6-亚硫酸酯；硫丹	115-29-7
PHC083	（RS）-α-氰基-3-苯氧基苄基（SR）-3-（2，2-二氯乙烯基）-2，2-二甲基环丙烷羧酸酯	氯氰菊酯	52315-07-8
PHC084	三苯基氢氧化锡	三苯基羟基锡	76-87-9

第二节 电力生产现场常用危险化学品的种类和特性

一、危险化学品在电力生产中的应用

危险化学品在电力生产中的应用情况如表2-7所示。

表2-7 危险化学品在电力生产中的应用情况

序号	危险化学品名称	使用设备场合以及所起的作用
1	氢气	发电厂氢冷发电机组利用氢气传热能力和散热能力等良好特性，将氢气作为发电机的冷却介质
2	氨水、液氨、联氨	发电厂在锅炉补水处理中，利用氨水调节给水pH值、加入联氨等除氧剂进行化学除氧，从而防止给水系统发生腐蚀
3	氯气、液氯	发电厂通常向循环水中加氯杀死水中微生物，防止微生物在凝汽器内繁殖，形成黏垢引起传热效率的降低和腐蚀。有的电厂在生活水中加氯进行杀菌
4	工业盐酸和氢氧化钠	发电厂在水处理设备再生过程中多使用盐酸（HCl）及氢氧化钠（NaOH）
5	盐酸、氢氟酸、亚硝酸钠	在锅炉本体及灰管道、汽轮机凝汽器等的化学清洗中多采用盐酸（HCl）、氢氟酸、亚硝酸钠等。在化学清洗过程中，除了用到酸、碱还有钝化剂和缓蚀剂，亚硝酸钠常用作清洗过程中的钝化剂
6	磷酸酯	发电厂电液控制系统所用抗燃油是一种抗燃性的纯乙磷酸脂液体，难燃性是磷酸酯最突出特性之一，在极高温度下也能燃烧，但它不传播火焰，或着火后能很快自灭。磷酸酯具有高的热氧化稳定性
7	化学分析药品、试剂	发电厂在分析化验水、煤、油、气等试验过程中，不同程度地使用并接触到一些危险化学分析药品：如遇到高温、摩擦引起剧烈化学反应和硝酸铵等爆炸品，氢气、乙炔、甲烷等易燃气体，丙酮、乙醚、甲醇、苯等易燃液体，高锰酸钾、过氧化氢、氯酸钾等强氧化剂，强酸、强碱等腐蚀性药品，氰化钾、三氧化二砷、氯化钡等剧毒品。在化学水处理设备、管道及某些主设备防腐工作中，使用并经常接触到苯类、酮类、树脂尖、橡胶类等易燃、易爆、有毒的试剂
8	六氟化硫（SF_6）	在电力工业的开关设备中，SF_6是一种重要的绝缘和灭弧介质。它用作封闭的中、高压断路器的灭弧和绝缘气体。SF_6气体的卓越性能实现了装置经济化、低维护化的操作，与普通装置相比，可以节省最多90%的空间
9	重油	在发电厂的燃煤锅炉点燃煤粉前，往往需要先点燃喷入炉膛的重油，然后再逐渐喷入煤粉
10	氧、乙炔	在电力生产现场主要用于设备检修，氧炔焊割作业
11	汽油、柴油	在电力生产中需要汽车运输物资和人员，电力企业往往都建有自己的加油站

二、电力生产用危险化学品的理化特性

1. 氨

名称	氨	别名	液氨、氨气	分子式	NH₃	分子量 ❶	17.03
编号	危险货物	23003	UN	1005	CAS	7664-41-7	
理化特性	常温常压下为无色气体，有强烈的刺激性气味。20℃、891kPa下即可液化，并放出大量的热。液氨在温度变化时，体积变化的系数很大。溶于水、乙醇和乙醚。熔点−77.7℃，沸点−33.5℃，气体密度0.7708g/L，相对蒸气密度（空气=1）0.59，相对密度（水=1）0.7（−33℃），临界压力11.40MPa，临界温度132.5℃，饱和蒸气压1013kPa（26℃），爆炸极限15%~30.2%（体积比），自燃温度630℃，最大爆炸压力0.580MPa。 极易燃，能与空气形成爆炸性混合物，遇明火、高热引起燃烧爆炸。与氟、氯等接触会发生剧烈的化学反应						
主要用途	主要用作致冷剂及制取铵盐和氮肥						

2. 苯

名称	苯	别名		分子式	C₆H₆	分子量	78.11
编号	危险货物	32050	UN	1114	CAS	71-43-2	
理化特性	无色透明液体，有强烈芳香味。微溶于水，与乙醇、乙醚、丙酮、四氯化碳、二硫化碳和乙酸混溶。熔点5.51℃，沸点80.1℃，相对密度（水=1）0.88，相对蒸气密度（空气=1）2.77，临界压力4.92MPa，临界温度288.9℃，饱和蒸气压10kPa（20℃），折射率1.4979（25℃），闪点−11℃，爆炸极限1.2%~8.0%（体积比），自燃温度560℃，最小点火能0.20mJ，最大爆炸压力0.88MPa。 中闪点易燃液体，蒸气与空气能形成爆炸性混合物，遇明火，高热能引起燃烧爆炸。蒸气比空气重，能在较低处扩散到相当远的地方，遇火源会着火回燃和爆炸						
主要用途	是基本的有机化工原料，是制造醋酐、双丙酮醇、氯仿、碘方、环氧树脂、聚异戊二烯橡胶等的重要原料；是低沸点溶剂，如无烟火药、赛璐珞、醋酐纤维、涂料等工业中用作溶剂						

3. 丙酮

名称	丙酮	别名	二甲（基）酮	分子式	C₃H₆O	分子量	58.88
编号	危险货物	31025	UN	1090	CAS	67-64-1	
理化特性	一种无色、透明、易流动、易燃液体、极易挥发，有芳香气味。工业制造方法有多种，如淀粉发酵法、丙烯水合成异丙醇再催化脱氢法、异丙苯氧化水解法、丙烯用钯催化剂液相氧化法等。熔点−94.6℃，沸点56.5℃，饱和蒸气压53.32kPa（39.5℃），闪点−20℃，自燃温度465℃，临界温度235.5℃，临界压力4.72MPa，相对密度（水=1）0.79，相对密度（空气=1）2.00。溶解性：与水混溶，可混溶于乙醇、乙醚、氯仿、油类、烃类等多数有机溶剂。 化学性质较活泼，能起卤代、加成、缩合等反应。其蒸气与空气能形成爆炸性混合物，遇明火、高热能引起燃烧爆炸。爆炸极限为2.5%~12.8%（体积比）。与氧化剂能发生强烈反应。其蒸气比空气重，能在较低处扩散相当远的地方，遇火源引着回燃。燃烧产物：一氧化碳、二氧化碳						
主要用途	主要用作溶剂及合成苯的衍生物、香料、染料、塑料、医药、炸药、橡胶等						

---

❶　相对分子质量的简称，全书同。

4. 高氯酸钾

名称	高氯酸钾	别名	过氯酸钾	分子式	KClO$_4$	分子量	138.55
编号	危险货物	51019	UN	1489	CAS	7778-74-7	
理化特性	本品具有强氧化性。与有机物、还原物、易燃物如硫、磷等接触或混合时有引起燃烧爆炸的危险。急剧加热时，可发生爆炸。分解产物：氯化物。 无色晶体或白色结晶粉末。由氯酸钾在高温灼烧生成高氯酸钾和氯化钾，再利用二者溶解度的不同使之分离。熔点610℃（可分解），相对密度（水=1）2.52。溶解性：溶于水，不溶于乙醇						
主要用途	用作分析试剂、氧化剂；在医药上用作解热、利尿等药剂；也用于制焰火、炸药等						

5. 高锰酸钾

名称	高氯酸钾	别名	过锰酸钾、灰锰氧	分子式	KMnO$_4$	分子量	158.03
编号	危险货物	51048	UN	1490	CAS	7722-64-7	
理化特性	深紫色细长柱状斜方状晶体，有金属光泽，味甜而涩。它由氢氧化钾、二氧化锰和氯酸钾作用，然后能氯气或二氧化碳或臭氧于其溶液中而制得。熔点240℃（分解），相对密度（水=1）2.7。溶解性：溶于水、碱液，微溶于甲醇、丙酮、硫酸。本品具有强氧化性。与有机物、还原剂、易燃物如硫、磷等接触或混合有引起燃烧爆炸的危险。遇甘油立即分解而强烈燃烧						
主要用途	用作消毒剂、氧化剂、漂白剂、毒气吸收剂、二氧化碳精制剂、水净化剂等，也用于有机合成、油脂工业、医药等						

6. 汞

名称	汞	别名	水银	元素符号	Hg	原子量	200.59
编号	危险货物	83505	UN	2809	CAS	7439-97-6	
理化特性	周期表系第Ⅱ副族（锌族）元素。原子序数80。稳定同位素：196、198、199、200、201、202、204。银白色液态金属，在常温下是唯一的液体金属。易流动，易挥发。洒落后可形成小水珠，增大了挥发面积。在自然界主要以辰砂（HgS）而存在，也有少量自然汞。可将辰砂加少许碳在空气中加热而制得。 熔点-38.9℃，沸点356.72℃，饱和蒸气压0.13kPa（126.2℃）。临界温度＞1550℃，临界压力＞20.26MPa。相对密度（水=1）13.55，相对密度（空气=1）7.0。溶解性：不溶于水、盐酸、稀硫酸，溶于浓硝酸，易溶于王水及浓硫酸。 本品在常温下不被空气氧化，加热时氧化成氧化汞。汞的蒸气有剧毒。常温下即能挥发，高温下即能挥发，高温下能迅速挥发。与氯酸盐、硝酸盐、热硫酸等混合可发生爆炸。汞有溶解许多金属的能力，所构成的合金统称汞齐						
主要用途	用于制造汞盐，制造物理仪器（如气压计、温度计、流量计等），制药业，制造汞蒸气灯、汞整流器、汞齐、电极、催化剂、金和银提取、补牙的银汞齐、农药和雷酸汞等						

7. 次氯酸钙

名称	次氯酸钙	别名	漂白粉	分子式	Ca(ClO)$_2$	分子量	142.99
编号	危险货物	51043	UN	1748	CAS	7778-54-3	
理化特性	白色粉末，有极强的氯臭。其溶液为黄绿色半透明液体。它由氯气通入石灰浆，过滤后干燥而制得。熔点100℃（分解），相对密度（水=1）2.35。溶解性：溶于水。 本品能助燃。接触有机物有引起燃烧的危险。急剧加热时可发生爆炸。能与浓硫酸、发烟硝酸猛烈反应，甚至发生爆炸。分解产物：氯化物、氧化钙						
主要用途	用作消毒剂、杀菌剂、漂白剂、祛臭剂等						

8. 二氯甲烷

名称	二氯甲烷	别名	亚甲基氯	分子式	CH_2Cl_2	分子量	89.94
编号	危险货物	61552	UN	1593	CAS	75-09-2	
理化特性	无色透明易挥发液体，有芳香气味。可由天然气氯化或氯甲烷氯化而制得。熔点-96.7℃，沸点39.8℃，饱和蒸气压30.55kPa（10℃），自燃温度615℃。相对密度（水=1）1.33，相对密度（空气=1）2.93。临界温度245℃，临界压力6.08MPa。溶解性：微溶于水，溶于乙醇、乙醚。本品与苛性钠作用可生成甲醛。 其蒸气与空气混合不爆炸。遇明火、高热可燃烧。受热分解能放出剧毒的光气							
主要用途	用作脂肪和油的萃取剂，也用作冷冻剂、树脂及塑料工业的溶剂，也是色谱分离的常用洗脱剂等							

9. 过氧化氢

名称	过氧化氢	别名	双氧水	分子式	H_2O_2	分子量	34.01
编号	危险货物	51001	UN	2015	CAS	7722-84-1	
理化特性	无色透明液体，有微弱的特殊气味。它可由硫酸作用于过氧化钡，或电解氧化硫酸生成过硫酸，或用硫酸制成过硫酸盐再经水解而制得，也可由2-乙基蒽醌经氢化再经氧化而制得。熔点-0.4℃，沸点151.4℃，饱和蒸气压0.13kPa（15.3℃）。临界温度459℃，临界压力21.68MPa。相对密度（水=1）1.46。溶解性：溶于水、乙醇、乙醚和酮类，不溶于石油醚、苯、甲苯、四氯化碳、三氯甲烷。市售商品一般为27.5%和35%的水溶液。 受热或遇有机物易分解放出氧。它本身不能燃烧，但它分解放出氧能强烈地助燃。当受热到100℃以上时急剧分解。遇铬酸、高锰酸钾、金属粉末等会发生剧烈的化学反应，甚至爆炸。若遇高热发生剧烈分解时，引起容器破裂或爆炸事故。分解产物：氧、水							
主要用途	用作氧化剂、漂白剂、消毒剂、脱氯剂、发色剂。高浓度的过氧化氢可用作火箭动力燃料							

10. 甲醇

名称	甲醇	别名	木醇、木精	分子式	CH_4O	分子量	32.04
编号	危险货物	32058	UN	1230	CAS	67-56-1	
理化特性	无色透明的易挥发液体，有刺激性气味。溶于水，可混溶于乙醇、乙醚、酮类、苯等有机溶剂。熔点-97.8℃，沸点64.7℃，相对密度（水=1）0.79，相对蒸气密度（空气=1）1.1，临界压力7.95MPa，临界温度240℃，饱和蒸气压12.26kPa（20℃），折射率1.3288，闪点11℃，爆炸极限5.5%~44.0%（体积比），自燃温度464℃，最小点火能0.215mJ。 本品是中闪点易燃液体，其蒸气与空气能形成爆炸性混合物，遇明火、高热能引起燃烧爆炸。蒸气比空气重，能在较低处扩散到相当远的地方，遇火源会着火回燃和爆炸							
主要用途	主要用于制甲醛、香精、染料、医药、火药、防冻剂、溶剂等。也用作有机物的萃取剂							

11. 甲烷

名称	甲烷	别名	天然气	分子式	CH_4	分子量	16.04
编号	危险货物	21007	UN	1971	CAS	74-82-8	
理化特性	极易燃气体。无色、无臭、无味气体，微溶于水，溶于醇、乙醚等有机溶剂。熔点-182.5℃，沸点-161.5℃，气体密度0.7163g/L，相对蒸气密度（空气=1）0.6，相对密度（水=1）0.42（-164℃），临界压力4.59MPa，临界温度-82.6℃，饱和蒸气压53.32kPa（-168.8℃），爆炸极限5.0%~16%（体积比），自燃温度537℃，最小点火能0.28mJ，最大爆炸压力0.717MPa。 燃烧和爆炸危险性　极易燃，与空气混合能形成爆炸性混合物，遇热源和明火有燃烧爆炸危险。 活性反应　与五氧化溴、氯气、次氯酸、三氟化氮、液氧、二氟化氧及其他强氧化剂剧烈反应							
主要用途	主要用作燃料和用于炭黑、氢、乙炔、甲醛等的制造							

12. 氯

名称	氯	别名	液氯、氯气	分子式	Cl₂	分子量	70.91
编号	危险货物	23002	UN	1017	CAS		7782-50-5
理化特性	常温常压下为黄绿色、有刺激性气味的气体。常温下、709kPa以上压力时为液体，液氯为金黄色。微溶于水，易溶于二硫化碳和四氯化碳。熔点-101℃，沸点-34.5℃，气体密度3.21g/L，相对蒸气密度（空气=1）2.5，相对密度（水=1）1.41（20℃），临界压力7.7MPa，临界温度144℃，饱和蒸气压673kPa（20℃），辛醇/水分配系数0.85。 本品不燃，但可助燃。一般可燃物大都能在氯气中燃烧，一般易燃气体或蒸气也都能与氯气形成爆炸性混合物。受热后容器或储罐内压增大，泄漏物质可导致中毒。 强氧化剂，与水反应，生成有毒的次氯酸和盐酸。与氢氧化钠、氢氧化钾等碱反应生成次氯酸盐和氯化物，可利用此反应对氯气进行无害化处理。液氯与可燃物、还原剂接触会发生剧烈反应。与汽油等石油产品、烃、氨、醚、松节油、醇、乙炔、二硫化碳、氢气、金属粉末和磷接触能形成爆炸性混合物。接触烃基膦、铝、锑、胂、铋、硼、黄铜、碳、二乙基锌等物质会导致燃烧、爆炸，释放出有毒烟雾。潮湿环境下，严重腐蚀铁、钢、铜和锌						
主要用途	用于制造氯乙烯、环氧氯丙烷、环氧氯丙烷、氯丙烯、氯化石蜡等；用作氯化试剂，也用作水处理过程的消毒剂						

13. 氯酸钾

名称	氯酸钾	别名	白药粉	分子式	KClO₃	分子量	122.55
编号	危险货物	51031	UN	1485	CAS		3811-4-9
理化特性	无色片状结晶或白色颗料粉末，味咸而凉。溶于水，不溶于醇、甘油。熔点357℃，沸点400℃（分解），相对密度（水=1）2.34。 助燃。与易（可）燃物混合或急剧加热会发生爆炸。如被有机物等污染，对撞击敏感。 强氧化剂，与还原剂、铵盐、硫化物、有机物、易燃物如硫、磷或金属粉末等混合可形成爆炸性混合物						
主要用途	用于火柴、焰火、炸药、冶金、医药行业中的氧化剂及制造其他氯酸盐						

14. 汽油

名称	汽油	别名		分子式		分子量	
编号	危险货物	31001	UN	1257	CAS		8006-61-9
理化特性	无色到浅黄色的透明液体。 依据《车用无铅汽油》（GB 17930）生产的车用无铅汽油，按研究法辛烷值（RON）一般分为90号、93号和97号等牌号，相对密度（水=1）0.70~0.80，相对蒸气密度（空气=1）3~4，闪点-46℃，爆炸极限1.4~7.6%（体积比），自燃温度415~530℃，最大爆炸压力0.813MPa；石脑油主要成分为C4~C6的烷烃，相对密度0.78~0.97，闪点-2℃，爆炸极限1.1%~8.7%（体积比）。 高度易燃，蒸气与空气能形成爆炸性混合物，遇明火、高热能引起燃烧爆炸。高速冲击、流动、激药后可因产生静电火花放电引起燃烧爆炸。蒸气比空气重，能在较低处扩散到相当远的地方，遇火源会着火回燃和爆炸						
主要用途	主要用作汽油机的燃料，可用于橡胶、制鞋、印刷、制革、颜料等行业，也可用作机械零件的去污剂；石脑油主要用作裂解、催化重整和制氨原料，也可作为化工原料或一般溶剂，在石油炼制方面是制作清洁汽油的主要原料						

15. 氢

名称	氢	别名	氢气	分子式	H₂	分子量	2
编号	危险货物	21002	UN	1966	CAS	1333-74-0	

理化特性	无色、无臭的气体。很难液化。液态氢无色透明。极易扩散和渗透。微溶于水，不溶于乙醇、乙醚。分子量2.02，熔点-259.2℃，沸点-252.8℃，气体密度0.0899g/L，相对密度（水=1）0.07（-252℃），相对蒸气密度（空气=1）0.07，临界压力1.30MPa，临界温度-240℃，饱和蒸气压13.33kPa（-257.9℃），爆炸极限4%~75%（体积比），自燃温度500℃，最小点火能0.019mJ，最大爆炸压力0.720MPa。 极易燃，与空气混合能形成爆炸性混合物，遇热或明火即发生爆炸。比空气轻，在室内使用和储存时，漏气上升滞留屋顶不易排出，遇火星会引起爆炸。在空气中燃烧时，火焰呈蓝色，不易被发现。 与氟、氯、溴等卤素会剧烈反应
主要用途	主要用于合成氨和甲醇等，石油精制，有机物氢化及作火箭燃料

16. 氢氧化钠

名称	氢氧化钠	别名	苛性钠、烧碱	分子式	NaOH	分子量	40.01
编号	危险货物	82001	UN	1823	CAS	1310-73-2	

理化特性	白色不透明固体，易潮解。制法有电解法和化学法两种。化学法又有石灰苛化法和亚铁酸盐法等。电解食盐法是制取烧碱、氯气、氢气的重要方法。使净制的食盐饱和溶液流入电解槽，当直流电通过时，即发生电解反应，产生了离子的迁移和放电。正离子Na⁺或H⁺移向阴极而放电，在阴极生成烧碱溶液和氢气。烧碱溶液经蒸发后可制得液体或固体烧碱。熔点318.4℃，沸点1390℃，饱和蒸气压0.13kPa（729℃），相对密度2.12。溶解性：易溶于水，乙醇、甘油，不溶于丙酮。 是强碱，易从空气中吸收二氧化碳而逐渐变成碳酸钠。遇水能强烈放热，形成腐蚀性溶液。与酸发生中和反应并放热。具有强腐蚀性
主要用途	用于肥皂工业、精炼石油、提炼煤焦油、造纸业、人造丝、印染、制革、医药、有机合成等工业

17. 氢氧化钾

名称	氢氧化钾	别名	苛性钾	分子式	KOH	分子量	56.11
编号	危险货物	82002	UN	1813	CAS	1310-58-3	

理化特性	白色半透明晶体。商品有片状、块状、条状或粒状。易潮解。由电解浓氯化钾或碳酸钾溶液，或以碳酸钾与石灰乳制作而制得。溶点360.4℃，沸点1320℃，饱和蒸气压0.13kPa（719℃），相对密度2.04。溶解性：易溶于水、乙醇，微溶于乙醚。 极易从空气中吸收水分和二氧化碳（生成碳酸钾而变质）。不燃烧。遇水与水蒸气大量放热，形成腐蚀性溶液。与酸发生中和反应，并放热。有强腐蚀性
主要用途	用于制作钾肥、肥皂、草酸，并用于电镀、雕刻、石印术等，也用于医药、染料等工业

18. 砷及无机砷化合物

名称	砷及无机砷化合物		别名	
理化特性	砷的元素符号为As，相对原子质量74.92。溶点817℃（3.6MPa），在615℃升华，相对密度5.72。溶解性：不溶于水、碱液，溶于硝酸、热碱液。主要用作制取合金的添加物、特种玻璃、涂料、医药和农药等工业。危险货物编号61006，UN编号1558，CAS号7440-38-2。 元素砷有灰色、黄色和黑色三种同素异形体。其中，灰色晶体具有金属性，但脆而硬。元素砷不溶于水，其本身毒性极低。但砷化合物，如氧化物、盐类等都有毒性，而且属高毒、剧毒类。常见的无机砷化合物有三氧化二砷、五氧化二砷（砷酐）、三氯化砷、砷酸、砷酸钠、砷酸盐类等。 三氧化二砷别名砒霜，是无臭、无味的白色粉末。分子式As_2O_3，相对分子质量197.84。溶点315℃，沸点457.3℃，饱和蒸气压13.33kPa（332.5℃），相对密度3.86。溶解性：微溶于水，溶于酸、碱。主要用于玻璃工业、搪瓷、颜料工业和杀虫剂、皮革保存剂等。危险货物编号61007，UN编号1561，CAS号1327-53-3。 五氧化二砷别名砷酐，白色无定形固体。分子式As_2O_5，相对分子质量229.84，相对密度4.086。在315℃时分解成三氧化二砷和氧。溶于成砷酸，也溶于乙醇。用于制药物、杀虫剂等。主要用于制造有色金属玻璃、金属焊接剂、杀菌剂等。危险货物编号61010，UN编号1559，CAS号1303-28-2。 砷酸钠是白色或灰白色粉末。分子式$Na_2HAsO_4·2H_2O$，相对分子质量402.09，溶点28℃，沸点100℃（失去$2H_2O$），相对密度1.74，溶解性：溶于水、甘油，不溶于乙醚，微溶于乙醇，主要用作杀虫剂、防腐剂等。危险货物编号61012，UN编号1685，CAS号7631-89-2 三氯化砷是无色或淡黄色发烟油状液体。分子式$AsCl_3$，相对分子质量181.28，溶点-8.5℃，沸点130.2℃，饱和蒸气压1.33kPa（23.5℃），相对密度2.16。溶解性：溶于浓盐酸、乙醇、乙醚。遇水反应发热放出有毒的腐蚀性气体。分解产物：氯化氢、氧化砷。主要用于制造杀虫剂。危险货物编号61013，UN编号1560，CAS号7784-34-1

19. 硝酸汞（无机汞化合物）

名称	硝酸汞	别名	硝酸高汞	分子式	$Hg(NO_3)_2$	分子量	324.63
编号	危险货物	61030	UN	1625	CAS	10045-94-0	
理化特性	无色或白色透明结晶，有潮解性。能助燃。由汞与过量的硝酸作用而制得。溶点79℃，沸点180℃（分解），相对密度（水=1）4.39。溶解性：易溶于水，不溶于乙醇，溶于硝酸。 受热分解产生有毒的烟气。与还原剂，有机物，易燃物如硫、磷或金属粉末等混合可形成爆炸性混合物，经摩擦、震动或撞击可引起燃烧或爆炸						
主要用途	用作分析试剂，还用于有机合成，药品和雷汞的制造						

注　常用的无机汞化合物有硝酸汞［$HG(NO_3)_2$］、硫酸汞（$HgSO_4$）、氯化汞（$HgCl_2$）、雷汞［$Hg(CNO)_2·5H_2O$］、砷酸汞（$HgHAsO_4$）、氰化汞［$Hg(CN)_2$］等。各种无机汞的用途有所不同。如：硝酸汞用于有机合成、毛毡制造；雷汞用作雷管和炸药；砷酸汞用于制造防火、防腐涂料；氰化汞用于照相、医药等工业；氯化汞用于医药、冶金、木材保存、印染、鞣革、电池等；硫酸汞用于化工催化剂等。但这些无机汞对人体的危害基本相同，其急救措施和预防措施也很相似，只是在不同工业的预防措施稍有不同。

20. 硝酸铵

名称	硝酸铵	别名	硝铵	分子式	NH_4NO_3	分子量	80.05
编号	危险化物	51069	UN	1942	CAS	6484-52-2	
理化特性	无色无臭的透明结晶或呈白色的小颗粒，有潮解性。易溶于水、乙醇、丙酮、氨水，不溶于乙醚。熔点169.6℃，沸点210℃（分解），相对密度（水=1）1.72。能助燃。与易（可）燃物混合或急剧加热会发生爆炸。受强烈震动也会起爆。强氧化剂，与还原剂、有机物、易燃物如硫、磷或金属粉末等混合可形成爆炸性混合物						
主要用途	主要用作化肥、分析试剂、氧化剂、致冷剂、烟火和炸药原料						

21. 硝酸胍

名称	硝酸胍	别名	硝酸亚氨脲	分子式	$CH_5N_3 \cdot HNO_3$	分子量	122.11
编号	危险货物	51068	UN	1467	CAS	506-93-4	
理化特性	白色晶体粉末或颗粒。溶于水、乙醇，微溶于丙酮，不溶于苯、乙醚。沸点212~217℃，低于沸点分解。 受热、接触明火、或受到摩擦、震动、撞击时可发生爆炸。加热至150℃时分解并爆炸。 强氧化剂，与硝基化合物和氯酸盐组成的混合物对振动和摩擦敏感并可能爆炸						
主要用途	用于制造炸药、消毒剂、照相化学品等						

22. 盐酸

名称	盐酸	别名	氢氯酸	分子式	HCl	分子量	36.46
编号	危险货物	81013	UN	1789	CAS	7647-01-0	
理化特性	氯化氢的水溶液。纯品无色，工业品含杂质呈黄色有刺鼻酸味。由用水吸收氯化氢而制得。溶点-114.8℃。含有20%氯化氢的有恒定沸点，为108.6℃。商品盐酸含37%~38%氯化氢，相对密度1.19。饱和蒸气压30.66kPa（21℃）。溶于水，易溶于碱液，生成盐。 盐酸是一种强酸，能与许多金属发生反应，放出氢气。遇氰化物能产生剧毒的氰化氢气体。与碱发生中和反应，并放出大量的热。具有较强的腐蚀性						
主要用途	重要的无机化工原料，广泛应用于染料、医药、食品、印染、皮革、冶金、石油等工业						

23. 液化石油气

名称	液化石油气	别名	原油气、石油气（液化的）	分子式		分子量	
编号	危险货物	21053	UN	1075	CAS	68476-85-7	
理化特性	极易燃气体。由石油加工过程中得到的一种无色挥发性液体，主要组分为丙烷、丙烯、丁烷，丁烯并含有少量戊烷、戊烯和微量硫化氢等杂质。 不溶于水。溶点-160~-107℃，沸点-12~-4℃，闪点-80~-60℃，相对密度（水=1）0.5~0.6，相对蒸气密度（空气=1）1.5~2.0，爆炸极限5%~33%（体积比），自燃温度426~537℃。 极易燃，与空气混合能形成爆炸性混合物，遇热源或明火有燃烧爆炸危险。比空气重，能在较低处扩散到相当远的地方，遇点火源会着火回燃。 与氟、氯等接触会发生剧烈的化学反应						
主要用途	主要用作民用燃料、发动机燃料、制氢原料、加热炉燃料以及打火机的气体燃料等，也可用作石油化工的原料						

24. 乙醚

名称	乙醚	别名	二乙（基）醚	分子式	$CH_3CH_2OCH_2CH_3$	分子量	74.1
编号	危险货物	31026	UN	1155	CAS	60-29-7	
理化特性	无色透明液体，有芳香气味，极易挥发。微溶于水，溶于乙醇、苯、氯仿、等多数有机溶剂。熔点-116℃，沸点35℃，相对密度（水=1）0.7，相对蒸气密度（空气=1）2.6，临界压力3.61MPa，临界温度192.7℃，闪点-45℃（闭杯），爆炸极限1.7%~48%（体积比），自燃温度160~180℃，燃烧热2748.4kJ/mol。 极易燃，与空气可形成爆炸性混合物，遇明火、高热有燃烧爆炸的危险。蒸气比空气重，能在较低处扩散到相当远的地方，遇火源会着火回燃和爆炸。 与过氯酸、氯气、氧气、臭氧等氧化剂强烈反应，有发生燃烧爆炸的危险						
主要用途	工业上用作溶剂、萃取剂，医药上用作麻醉剂						

25. 乙炔

名称	乙炔	别名	电石气	分子式	C$_2$H$_2$	分子量	26.04
编号	危险货物	21024	UN	1001	CAS		74-86-2

理化特性	无色无臭气体，工业品有使人不愉快的大蒜气味。微溶于水，溶于乙醇、丙酮、氯仿、苯。熔点-80.8℃，沸点-83.8℃，气体密度1.17g/L，相对密度（水=1）0.62，相对蒸气密度（空气=1）0.91，临界压力6.19MPa，临界温度35.2℃，饱和蒸气压4460kPa（20℃），爆炸极限2.1%~80%（体积比），自燃温度305℃，最小点火能0.02mJ。 易燃烧爆炸。能与空气形成爆炸性混合物，爆炸范围非常宽，遇明火、高热和氧化剂有燃烧、爆炸危险。 与氧化剂接触猛烈反应。与氟、氯等接触会发生剧烈的化学反应。能与铜、银、汞等的化合物生成爆炸性物质
主要用途	主要是有机合成的重要原料之一。亦是合成橡胶、合成纤维和塑料的原料，也用于氧炔焊割。为了储运方便，目前用于氧炔焊割的乙炔都是桶装溶解乙炔

26. 原油

名称	原油		别名		石油	
编号	危险货物	32003	UN	1203	CAS	8002-05-9

理化特性	易燃黏稠液体。一种黏稠的、深褐色（有时有点绿色的）流动或半流动黏稠液，略轻于水。原油相对密度一般在0.75~0.95之间，少数大于0.95或小于0.75，相对密度在0.9~1.0之间的称为重质原油，小于0.9的称为轻质原油。原油黏度范围很宽，凝固点差别很大（-60~30℃），沸点范围为常温到500℃以上。它由不同的碳氢化合物混合组成，其主要组成成分是烷烃，还含有硫、氧、氮、磷、钒等元素。可溶于多种有机溶剂，不溶于水，但可与水形成乳状液。不同油田的石油成分和外观可以有很大差别。 燃烧和爆炸危险性。易燃，遇明火或热源有燃烧爆炸危险
主要用途	原油主要被用来作为燃油和生产各种油品等，也是许多化学工业产品，如溶剂、化肥、杀虫剂和塑料等的原料

27. 六氟化硫

六氟化硫，分子式SF$_6$，为无色、无味、无臭、无毒的惰性非燃烧气体。纯净的六氟化硫气体是无毒的，但不能维持生命。尽管纯SF$_6$气体是无毒无害的，但在其生产过程中或在高能因子作用下，则会分解产生若干有毒甚至剧毒、强腐蚀性有害杂质，如SF$_4$、SOF$_2$、SF$_2$、SO$_2$F$_2$、HF等，均为毒性和腐蚀性极强的化合物，对人体危害极大。

28. 氢氟酸

氢氟酸是氟化氢气体的水溶液，为无色透明至淡黄色冒烟液体，有刺激性气味，可经皮肤吸收，对皮肤有强烈刺激性和腐蚀性。氢氟酸中的氢离子对人体组织有脱水和腐蚀作用，皮肤与氢氟酸接触后，氟离子不断解离而渗透到深层组织，溶解细胞膜，造成表皮、真皮、皮下组织乃至肌层液化坏死。氟离子还可干扰烯醇化酶的活性，使皮肤细胞摄氧能力受到抑制。吸入高浓度的氢氟酸酸雾，会引起支气管炎和出血性肺水肿。在锅炉等化学清洗中，还有可能用到氢氟酸等。

29. 硫化氢

硫化氢，分子式H_2S，分子量34.08，无色有恶臭的气体，危险性类别为第2.1类易燃气体，主要用于化学分析如鉴定金属离子。很少直接产生于工业生产之中，一般是某化学反应和蛋白质自然分解过程中的产物，如采矿和矿石中提炼铜、镍、钴、煤，低温焦化的含硫石油的开采和提炼，橡胶、人造丝、鞣革、硫化染料、颜料、甜菜制糖、动物胶的制作工艺中，开挖和整治泽地、沟渠、水井、下水道、潜涵、隧道、清除垃圾、污物、粪便的作业以及化学分析实验室的实验等，都可能接触到硫化氢。天然气、矿泉水、火山喷发气体中也带有硫化氢。

硫化氢易燃，引燃温度260℃，爆炸极限4.0%~46.0%，最小点火能0.077mJ，最大爆炸压力0.49MPa，与空气混合能形成爆炸性混合物，遇明火、高热能引起燃烧爆炸，与浓硝酸、发烟硝酸或其他氧化剂会剧烈反应发生爆炸。气体比空气重，能在较低处扩散到相当远的地方，遇明火会引着回燃。

硫化氢侵入途径一般为吸入，接触限值为MAC10mg/m³。硫化氢是强烈的神经性毒物，对黏膜和呼吸道有强烈的刺激作用。硫化氢随空气经呼吸道和消化道很快吸收而引起中毒。体内达到较高浓度时，首先对呼吸中枢和运动中枢产生兴奋作用，然后转为抑制，当高浓度时，则引起颈动脉窦的反射作用使呼吸停止，更高浓度时，也可直接麻痹呼吸中枢，立即引起窒息造成死亡。

急性中毒的表现为：短期内吸入高浓度硫化氢后出现流泪、眼痛、眼内异物感、畏光、视物模糊、流涕、咽喉部灼热感、咳嗽、胸闷、头痛、头晕、乏力、意识模糊等，部分患者可有心肌损害。重者可出现脑水肿、肺水肿，很快处于昏迷状态。极高浓度（1000mg/m³以上）时可在数秒钟内突然昏迷，呼吸和心跳骤停，发生闪击型死亡。长期低浓度接触硫化氢，引起神经衰弱综合征和植物神经功能紊乱。

人对硫化氢的嗅觉阈为0.035mg/m³，远低于引起危害的最低浓度。起初，臭味的增强与浓度的升高成正比，但当浓度超过10mg/m³后，浓度继续增高而臭味反而减弱，在高浓度时因很快引起嗅觉疲劳而不能察觉硫化氢的存在，故不能依靠其臭味强烈与否来判断有无危险浓度的出现。

30. 煤气

煤气是指有多种气体成分组成的可燃性混合气体，有特殊臭味气体。由于煤气的生产、回收方法不同，各种煤气的组成成分也不同，主要由烃类（甲烷）、氢和一氧化碳及硫化氢、二氧化碳、氮、氧等组成。民用煤气中含5%~10%一氧化碳，工业煤气中含有30%~60%一氧化碳。主要在工业炉窑和民用加热中用作气体燃料。

煤气易燃，自燃点648.9℃，爆炸极限为6.6%~55.2%，与空气混合能形成爆炸性混合物，遇明火、高热有燃烧爆炸危险，遇氧化剂剧烈反应。

煤气侵入途径为吸入。接触限值为：一氧化碳PC-TWA20mg/m^3，PC-STEL30mg/m^3。吸入高浓度能造成一氧化碳中毒和缺氧，一氧化碳经呼吸道吸入后，能迅速通过肺泡膜进入血液循环，与血液中的血红蛋白进行可逆性结合，形成碳氧血红蛋白，由于一氧化碳与血红蛋白的亲和力要比氧与血红蛋白的亲和力大300倍，碳氧血红蛋白的存在使血液中的携氧功能发生障碍，造成人体低氧血症，导致组织缺氧，严重者可致死。

31. 重油

重油又称燃料油，呈暗黑色液体，主要是以原油加工过程中的常压油、减压渣油，裂化渣油、裂化柴油和催化柴油等为原料调合而成。重油为可持久性油类，比较黏稠，难挥发，黏附力强，其硫含量、金属含量、酸含量和氮含量也比较高。作为火力发电厂的点火、助燃和稳燃用油。抽油汞把重油从储油罐中抽出，经粗、细分离器除去机械杂质，经预热到70~120℃（预热后的重油黏度降低），再经过调节阀在8~20个大气压下，由喷油嘴喷入炉膛，雾状的重油与热空气混合后燃烧，燃烧废气通过除硫塔，通过烟囱排入大气。

32. 乙烯基磷酸酯

名称	乙烯基磷酸酯		别名	乙烯磷酸酯、抗燃油
分子式	C$_2$H$_5$O$_3$P；CH$_2$=CHP[O][OH]$_2$		分子量	108.0300
CAS	1746-03-8			
理化特性	熔点36℃，闪点113℃；折射率（24℃）1.473。外形：20℃时为液体，透明，有极淡的黄色、浅黄色。溶于水。 稳定性：在热、光影响下或与聚合引发剂比如过氧化物等接触可能发生聚合。 反应性：未报道有特殊反应性。 须避免接触的物质：氧化剂、强碱、粉末金属。 危险的分解物：一氧化碳、二氧化碳、磷氧化物			
主要用途	用作喷墨用油墨的添加剂，可以降低表面张力，起到分散剂的作用。用作拔染染料的助剂。 本品的共聚物可用作电泳涂料。 本品的一个重要的用途是用作口腔医护品，防止牙垢生成，防治牙龈炎			

第三节　电力生产现场常用危险化学品执行导则

一、建立安全制度

危险化学品使用单位应当建立健全安全管理制度。安全管理制度具有指导和推动安全工作开展的重要作用，是使用单位安全活动的重要手段，也是每个职工在使用过程中必须遵循的行动准则。

使用单位建立并严格贯彻执行的安全制度一般有3个方面：安全管理方面，包括安全生产责任制、安全生产教育制度、安全生产检查制度等；安全技术方面，包括禁火区动火制度、危险化学品安全管理制度、压力容器安全管理制度、气瓶安全管理制度、安全检修制度、罐内作业制度等以及各工种、各岗位的安全操作规程；安全卫生方面，有尘毒安全卫生管理制度、尘毒浓度监测制度、职工健康监护制度、化学事故应急救援制度等。贯彻执行制度需要领导重视，组织落实，宣传教育，人人遵章守纪，防止违章指挥、违章作业。

二、加强设备管理

做好设备管理特别是盛装危险化学品的压力容器和气瓶及其安全附件的安全管理，对于防止危险化学品事故是至关重要的。管好、用好危险化学品使用的包括压力容器在内的设备，应当抓好10个环节：设计制造；竣工验收；立卡建档；培训教育；精心操作；维护保养；定期检验；科学检修；事故调查；判废处理。操作中做到平衡操作，禁止超压、超温、超负荷，勤于检查、及时发现和消除缺陷，掌握紧急停运程序。使用气瓶要做到正确操作、禁止撞击、远离明火、防止受热、专瓶专用、留有余压、维护保养、定期检验等。

三、认真谨慎操作

危险化学品使用人员应具有化学品安全方面的专业知识，接受过专业培训，能看懂安全标签和安全技术说明书内容，了解所接触的化学品的危险特性，熟悉使用过程和防火、防爆、防毒的控制要点。生产所使用的原料要经过质量检验合格，在投入使用前对所用危险化学品、设备和安全装置进行可靠性检查，掌握工艺参数控制技术，并按工艺要求将物料配比、温度、压力、流量酸碱度（pH值）等工艺参数严格控制在安全限值内。工作人员应遵守安全操作规程，随时做好使用记录，经常检查仪表的精确灵敏程度，确保应急设施处于适用完好状态，掌握异常现象的处理方法等。

四、科学安全检修

危险化学品使用设施的检修作业大都在现场接触易燃有毒危险化学品，需要从事动火、拆装、罐内等作业，稍有疏忽可能造成重大事故。因此，要了解必须遵守的检修安全规则，懂得必须落实的检修安全措施，做到科学检修、安全检修。检修前的准备，包括制订施工方案办理检修作业证以及消除危险因素的落实安全措施，通常措施有停车、卸压、排放、降温、置换、吹扫、清洗和铲除、堵盲板、清理场地和通道等，另外须认真检查、合理使用检修器具。检修过程中，通常动火作业安全措施有拆迁、隔离、移去可燃物、清洗和置换、动火分析、敞开和通风、监护和准备消除器材；罐内作业安全措施有安全隔离、清洗和置换、通风、加强检测、防护用具、应急措施和罐外监护。检修工作结束，须清理现场、试车、验收后才能交付使用。

五、防毒综合管理

遵守和执行岗位安全卫生制度，对使用剧毒品实行"五双"制度。应正确使用排风设施和个体防护用品，操作前应先开排风再投料，并根据毒物侵入人体的途径，佩戴合适、有效的个人防护用品；班前禁止饮酒，饭前、饮水前洗水，工作结束后必须洗澡；避免直接接触能引起过敏的化学品，时刻防止自我污染；定期进行健康检查和监护；制订应急预案，现场备好急救药品和器材。

六、做好培训教育

培训教育在控制化学品危害中起着重要作用。通过培训，使作业人员能正确识别、使用安全标签和安全技术说明书，了解所使用的化学器的燃爆危害、健康危害，掌握必要的应急处理方法和自救、互救措施，掌握个体防护用品的选择、使用维护和保养，掌握特定设备和器材如急救、消防、泄漏控制设备的使用，从而达到安全使用化学品的目的。使用单位有责任对作业人员进行上岗前培训，考核合格方可上岗，并根据岗位的变动和使用工艺的变化，及时对作业人员进行重新培训。

七、设置安全标志

安全标志是指在操作人员容易产生错误而造成事故的场所，为了确保安全，提醒操作人员注意所采用的一种用以表达特定安全信息的标志。设置安全标志属于提示性技术措施，其目的是引起人们对不安全因素的注意，预防事故的发生。

根据国家标准《安全标志及其使用导则》（GB 2894—2008），安全标志分为禁止标志、警告标志、指令标志和提示标志几种：禁止标志的含义是禁止人们不安全行为；警告标志的含义是提醒人们对周围环境引起注意，以避免可能发生危险；指令标志的含义是强制人们必须做出某种动作或采用防范措施；提示标志的含义是向人们提供某种信息（如标明安全设施或场所等）。

根据国家标准《安全色》（GB 2893—2008），安全色是表达安全信息含义的颜色，有红、蓝、黄、绿4种颜色：红色表示禁止、停止，也表示防火；蓝色表示指令或必须遵守的规定；黄色表示警告、注意；绿色表示提示、安全状态、通行。

八、急救防护用具

对一些易发生急性中毒的作业现场应设置急救防护用具，以保证发生紧急情况时可以随时使用急救防护用具，争取最短时间内抢救中毒者；发现有毒物质泄漏，在佩戴好防毒面具、做好自我保护情况下安全进行处置。例如，根据《氯气安全规程》（GB 11984—2008）规定，使用氯气岗位必须配备两套以上的隔离式面具，操作人员必须每人配备一套过滤式面具。急救防护用具要专人保管，存放在便于取用地点，定期进行检查，保持完好适用状态。

第三章
电力生产现场危险化学品安全管理措施

第一节　电力生产现场危险化学品包装

一、危险化学品包装的作用和分类

1. 危险化学品包装的作用

通常所说的包装是指盛装商品的容器，一般分运输包装和销售包装。危险化学品包装主要指用来盛装危险化学品并保证其安全运输的容器，它的主要作用为：

（1）防止危险化学品因不利气候或环境影响造成变质或发生反应。

（2）减少运输中各种外力的直接作用。

（3）防止危险化学品洒漏、挥发和不当接触。

2. 按流通中的作用分类

危险化学品包装按其在流通中的作用可以分为内包装、中包装和外包装。内包装指和物品一起配装才能保证物品出厂的小型包装容器，是随物品一起售予消费者的，如化学试剂瓶、油漆桶等；中包装是指在物品的内包装之外，再加1~2层包装物的包装；外包装则指比内包装、中包装的体积大很多的包装容器，用于保护物品的安全，方便装卸、运输和储存。

3. 按用途分类

危险化学品包装按其用途可以分为只能用于某一种物品的专用包装和适宜盛装多种物品的调用包装。

4. 按制作形式分类

危险化学品包装按其制作形式可以分为桶、箱、袋、瓶、坛等；按其制作方式可以分为只用一种材质制作的、没有内外包装之分的单一包装，由一个以上内包装合装在一个外包装内组成一个整体的组合包装和由一个外包装和一个内容器组成一个整体的复合包装。

5. 按结构强度和保护性能分类

根据国家标准《危险货物运输包装通用技术条件》（GB 12463—2009）的规定，除了压缩气体和液化气体、放射性物品外，其他危险货物按其呈现的危险程度，按包装结构强度和保护性能，可将危险货物运输包装分为三类：

（1）Ⅰ类包装，货物具有较大危险性，包装强度要求高。

（2）Ⅱ类包装，货物具有中等危险性，包装强度要求较高。

（3）Ⅲ类包装，货物具有的危险性小，包装强度要求一般。

物质的包装类别决定了包装物或接受容器的质量要求。Ⅰ类包装表示包装物的最高标准；Ⅱ类包装可以在材料坚固性稍差的装载系统中安全运输；而使用最为广泛的Ⅲ类包装可以在包装标准进一步降低的情况下安全运输。由于《危险货物品名表》对所列危险品都具体指明了应采用的包装等级，实质上即表明危险品的危险等级。

二、危险化学品包装的管理要求和技术要求

1. 国家对危险化学品包装物、容器的管理要求

《中华人民共和国安全生产法》第三十规定，生产经营单位使用的涉及生命安全、危险性较大的特种设备，以及危险物品的容器、运输工具，必须按照国家有关规定，由专业生产单位生产，并经取得专业资质的检测、检验机构检测、检验合格，取得安全使用证或者安全标志，方可投入使用。检测、检验机构对检测、检验结果负责。

《危险化学品安全管理条件》明确规定，危险化学品的包装应当符合法律、行政法规、规章的规定以及国家标准、行业标准的要求。

危险化学品包装物、容器的材质以及危险化学品包装的形式、规格、方法和单件质量（重量），应当与所包装的危险化学品的性质和用途相适应。

生产列入国家实行生产许可证制度的工业产品目录的危险化学品包装物、容器的企业，应当依照《中华人民共和国工业产品生产许可证管理条例》的规定，取得工业产品的生产许可证；其生产的危险化学品包装物、容器经国务院质量监督检验检疫部门认定的检验机构检验合格，方可出厂销售。

运输危险化学品的船舶及其配载的容器，应当按照国家船舶检验规范进行生产，并经海事管理机构认定的船舶检验机构检验合格，方可投入使用。

对重复使用的危险化学品包装物、容器，使用单位在重复使用前应当进行检查；发现存在安全隐患的，应当维修或者更换。使用单位应当对检查情况做出记录，记录的保存期限不得少于2年。

2. 危险化学品包装的安全技术要求

《危险货物运输包装通用技术条件》（GB 12463—2009）规定了危险化学品包装的安全技术要求。

（1）危险货物运输包装应结构合理，具有足够强度，防护性能好。包装的材质、

形式、规格、方法和内装货物重量应与所装危险货物的性质和用途相适应，并便于装卸、运输和储存。

（2）运输包装应质量良好，其构造和封闭形式应能承受正常运输条件下的各种作业风险，不应因温度、湿度或压力的变化而发生任何渗（撒）漏，运输包装表面应清洁，不允许黏附有害的危险物质。

（3）运输包装与内装物直接接触部分，必要时应有内涂层或进行防护处理，运输包装材质不得与内装物发生化学反应而形成危险产物或导致削弱包装强度。

（4）内容器应予固定。如内容器易碎且盛装易撒漏货物，应使用与内装物性质相适应的衬垫材料或吸附材料衬垫妥实。

（5）盛装液体的容器，应能经受在正常运输条件下产生的内部压力。灌装时应留有足够的膨胀裕量（预留容积），除另有规定外，并应保证在温度55℃时，内装液体不致完全充满容器。

（6）运输包装封口应根据内装物性质采用严密封口、液密封口或气密封口。严密封口，即容器经过封口后，封口处不外漏液体的封闭形式；液密封口，即容器经过封口后，封口处不渗漏液体的封闭形式；气密封口，即容器经过封口后，封口处不外泄气体的封闭形式。

（7）盛装需浸湿或加有稳定剂的物质时，其容器封闭形式应能有效保证内装液体（水、溶剂和稳定剂）的百分比，在储运期间保持在规定的范围以内。

（8）运输包装有降压装置时，其排气孔设计和安装应能防止内装物泄漏和外界杂质进入，排出的气体量不得造成危险和污染环境。

（9）复合包装的内容器和外包装应紧密贴合，外包装不得有擦伤内容器的凸出物。

（10）包装容器基本结构应符合《一般货物运输包装通用技术条件》（GB/T 9174—2008）的规定。

三、各类危险化学品的具体包装要求

1. 爆炸品的包装

爆炸品包装的材料应与所装爆炸品的性质不相抵触，严密不漏、耐压、防震、衬垫妥实，并有良好的隔热作用，单件包装应符合有关包装的规定，具体要求有如下：

（1）盛装液体爆炸品容器的封闭形式，应具有防止渗漏的双重保护。

（2）除内包装能充分防止爆炸品与金属物接触外，铁钉和其他没有防护涂料的金属部件不得穿透外包装。

（3）双重卷边接合的钢桶、金属桶或以金属做衬里的运输包装，应能防止爆炸物进入隙缝。钢桶或铝桶的封闭装置必须有合适的垫圈。

（4）包装内的爆炸物质和物品，包括内容器，必须衬垫妥实，在运输中不得发生危险性移动。

（5）盛装有对外部电磁辐射敏感的电引发装置的爆炸物品，包装应具备防止所装物品受外部电磁辐射源影响的功能。

2. 压缩气体和液化气体的包装

（1）盛装此类货物的钢瓶必须按规定达到安全标准，通常应以耐压的气瓶装运，部分沸点高于常温的气体可用安瓿瓶或质量良好的玻璃、塑料、金属容器盛装，个别气体亦可采用特殊容器盛装。

（2）盛装液化气体的容器属压力容器的必须有压力表、安全阀、紧急切断装置，并定期检查。在向容器、气瓶内充装时，要注意极限温度和压力，严格控制充装装置，严禁超量灌装、超温、超压造成事故。

（3）各种钢瓶必须严格按照国家规定进行定期技术检验。钢瓶在使用过程中，如发现严重腐蚀或其他严重损伤，应提前进行检验。

（4）在储运钢瓶时应检查：

1）钢瓶上的漆色及标志与各种单据上的品名是否相符，包装、标志、防震胶圈是否齐备，钢瓶上的钢印是否在有效期内。

不论盛装何种气体的气瓶，在其肩部刻钢印的位置上一律涂上白色薄漆。气瓶漆色后不得任意涂改、增添其他图案或标记。气瓶的颜色必须完好，如脱落必须及时补漆。气瓶的日常漆色工作由气体制造厂负责。

2）安全帽是否完整、拧紧，瓶壁是否有腐蚀、损坏、结疤、凹陷、鼓泡和伤痕等。

3）检查钢瓶是否漏气，可采用的方法有：感官检查有无漏气和有无异味，注意有毒气体不能用鼻子闻，可以在瓶口接缝处涂抹肥皂水，如果有气泡发生，则说明有漏气现象，但必须注意，对于氧气瓶严禁用肥皂水检查是否漏气，以防因肥皂水含油脂而发生爆炸。

3. 易燃液体的包装

（1）容器应气密或液密封口，并留有不小于5%的膨胀空间，以防液体受热体积膨胀而致容器破裂。

（2）容器应安装可靠的呼吸阀，防止温度变化导致容器内部的气压过高或过低。

（3）易燃液体的包装必须完好。瓶装的易燃液体的内外包装要求牢固，内外封口严密有效。

4. 易燃固体、自燃物品和遇湿易燃物品的包装

（1）盛装遇空气或潮气能引起反应的物质，其容器必须气密封口，如忌水的三乙

基铝等包装必须严密，不得受潮。

（2）对缓慢氧化能自燃的物品，包装应易于散热。

（3）活泼金属除少数使用安瓿熔封外，绝大多数是用玻璃瓶或铁桶盛装。为了防止与潮湿空气或水接触，活泼金属一般都用不含水分的液体石蜡或煤油作稳定剂。钾、钠等化学性质活泼的金属绝对不允许暴露在空气中，必须浸没在煤油或密封于石蜡中，容器不得渗漏。由于金属锂的相对密度比石蜡和煤油小，所以只能用固体蜡来熔封。金属氢化物一般不加稳定剂，但包装封口要求密封，不洒不漏。如果包装破损，应及时修补或串倒。铁桶包装可用摇动听声的方法检查，发现稳定剂不足，要及时添加充足。

（4）黄磷应始终浸没在水中保存。

（5）有些自反应物质应在控制温度下，加入退敏物质或用适当的包装运输。

（6）对含有水分或乙醇作稳定剂的硝化棉等，应经常检查包装是否完好，发现损坏要及时修理；要经常检查稳定剂的存在情况，必要时添加稳定剂，润湿必须均匀。

（7）对于用水或其他液体将爆炸品浸湿后包装的固体退敏爆炸品，应确保包装完好、封口严实、无液体渗漏损失。

（8）电石等碳化物类受潮后会放出恶臭的气体，所以在检查包装密封时，要在远离库房的安全地点进行放气，以防爆破发生。等放气后，再用沥青或浓硅酸钠糊毛头纸封闭，防止吸水变质，并开辟专地存放。

（9）保险粉吸潮后易结块，且放出有毒和强烈刺激性气体，所以储存时要仔细检查包装有无破损，如有破损要及时用修补剂修补。

（10）发现硝酸纤维素发热时，要立即搬出库房散热，不要在库内拆包。

（11）桐油配料制品的包装应该是花格木箱，以便散发内部热量。

5. 氧化剂和有机过氧化物的包装

（1）包装和衬垫材料应与所装物性质不相抵触。

（2）封口要严密，包装要防潮，内外包装不得沾有杂质。

（3）日常要注意检查包装封口是否严密，有无吸潮溶化、变色变质；有机过氧化物，含稳定剂的稳定剂要足量，封口严密有效。

6. 有毒品的包装

（1）有毒品的包装封口必须严密，易挥发的液态有毒品容器应气密封口，其他的应液密封口；固态有毒品应严密封口，以防止包装破损。

（2）有毒品的包装发现破漏时，必须修好或串倒、改装后才能出库。无论整修、串倒、改装、分装必须在分装室内，在专业人员指导下进行，操作时认真执行操作规程和个人防护措施。用木箱或铁桶装固体有毒品可以用水玻璃涂抹后，再粘牛皮纸条等。如果是液体，可以参考有关糊补剂配方修补包装。撒落在地面上的有毒品，可以用潮湿的锯末清扫干净，必要时可用清水冲刷。对于替换下来的仍然有使用价值的废旧包装，必须洗净后才能使用，不能修补的应集中存放、统一处理或销毁。

（3）无论瓶装、盒装、箱装或其他包装，外面均应贴（印）有明显名称和标志。

7. 放射性物品的包装

（1）放射性物品包装分为：可按普通货物运输的包装、工业型包装、A型包装和B型包装。

（2）放射性包装件按其外表辐射水平和运输指数分为3个运输等级，包装件的运输指数和表面辐射水平等级不一致时，按较高一级确定运输等级。

（3）放射性物品一般采用以下4层包装：

1）内容器放射性同位素制剂如为液体，一般使用玻璃安瓿瓶或有金属封口的小玻璃瓶。如为固体，则用带橡皮塞的小玻璃瓶或磨砂口瓶。若是气体，则用密封安瓿瓶。

2）内层辅助包装指防震衬垫物，如纸、棉絮、泡沫塑料等。

3）外容器放射 α 射线和 β 射线的物品，用几毫米厚的塑料或铝制罐；若系主要放射 γ 射线的物品，可按其能量大小、放射性强度的不同而采用不同厚度的铅罐、铁罐或铅铁组合罐。

4）外层辅助包装，如木箱、铁桶、金属箱等小包袋不得破损，不得有放射性污染。

8. 腐蚀品的包装

（1）腐蚀品的内包装绝大多数是陶瓷或者玻璃容器，外包装为木箱或花格木箱，内有衬垫物。

（2）储存容器必须按不同的腐蚀性合理使用。盐酸可用耐酸陶坛；硝酸可用铝制容器；磷酸、冰乙酸、氢氟酸用塑料容器；浓硫酸、烧碱、液碱可用铁制容器，但不可用镀锌铁桶，因为锌是两性金属，与酸、强碱均起化学反应生成易燃氢气，并使铁桶爆炸。

（3）硝酸、溴素等氧化性强的物品，其衬垫应该使用不燃材料。发烟硝酸和溴素的玻璃容器，还必须另加一层包装。

（4）硫化碱等的包装应采用不燃物作为包装材料。

（5）容器要按所装物品状态采用气密封口、液密封口或严密封口，防止泄漏、潮解或洒漏。

（6）外包装必须坚固。

四、危险化学品包装储运图示标志

《包装储运图示标志》（GB/T 191—2008）规定了运输包装件上提醒人员注意的一些图示符号（见表3-1），以供操作人员在装卸时能针对不同情况进行相应的操作。

表3-1　　　　　　　　　　包装储运图示标志名称与含义

序号	图　示	标志名称	标志含义
1		易碎物品	表明运输包装件内装易碎物品，搬运时应小心轻放
2		禁用手钩	表明搬运运输包装件时禁用手钩
3		向上	表明该运输包装件在运输时应竖直向上
4		怕晒	表明该运输包装件不能直接照晒
5		怕辐射	表明该物品一旦受辐射会变质或损坏
6		怕雨	表明该运输包装件怕雨淋
7		重心	表明该包装件的重心位置，便于起吊
8		禁止翻滚	表明搬运时不能翻滚该运输包装件
9		此面禁用手推车	表明搬运货物时此面禁止放在手推车上
10		禁用叉车	表明不能用升降叉车搬运的包装件

续表

序号	图　示	标志名称	标志含义
11		由此夹起	表明搬运货物时可用夹持的面
12		此处不能卡夹	表明搬运货物时不能夹持的面
13	$\cdots kg_{max}$	堆码质量极限	表明该运输包装件所能承受的最大质量极限
14	n	堆码层数极限	表明可堆码相同运输包装件的最大层数
15		禁止堆码	表明该包装件只能单层放置
16		由此吊起	表明起吊货物时挂绳索的位置
17		温度极限	表明该运输包装件应该保持的温度范围

第二节　电力生产现场危险化学品储存

一、储存场所的地理位置要求

危险化学品生产装置或者储存数量构成重大危险源的危险化学品储存设施（运输工具加油站、加气站除外），与下列场所、设施、区域的距离应当符合国家有关规定：

（1）居住区以及商业中心、公园等人员密集场所。

（2）学校、医院、影剧院、体育场（馆）等公共设施。

（3）饮用水源、水厂以及水源保护区。

（4）车站、码头（依法经许可从事危险化学品装卸作业的除外）、机场以及通信干线、通信枢纽、铁路线路、道路交通干线、水路交通干线、地铁风亭以及地铁站出入口。

（5）基本农田保护区、基本草原、畜禽遗传资源保护区、畜禽规模化养殖场（养殖小区）、渔业水域以及种子、种畜禽、水产苗种生产基地。

（6）河流、湖泊、风景名胜区、自然保护区。

（7）军事禁区、军事管理区。

（8）法律、行政法规规定的其他场所、设施、区域。

已建的危险化学品生产装置或者储存数量构成重大危险源的危险化学品储存设施不符合上述规定的，由所在地设区的市级人民政府安全生产监督管理部门会同有关部门监督其所属单位在规定期限内进行整改；需要转产、停产、搬迁、关闭的，由本级人民政府决定并组织实施。

储存数量构成重大危险源的危险化学品储存设施的选址，应当避开地震活动断层和容易发生洪灾、地质灾害的区域。

二、危险品储存仓库应满足的防火间距

（1）甲类仓库之间及与其他建筑、明火或散发火花地点、铁路、道路等的防火间距，见表3-2。

表3-2　甲类仓库之间及与其他建筑、明火或散发火花地点、铁路、
　　　　道路等的防火间距（引自GB 50016—2014中表3.5.1）　　　（m）

名　称		甲类仓库（储量/t）			
		甲类储存物品第3、4项		甲类储存物品第1、2、5、6项	
		≤ 5	> 3	≤ 10	> 10
高层民用建筑、重要公共建筑		50			
裙房、其他民用建筑、明火或散发火花地点		30	40	25	30
甲类仓库		20	20	20	20
厂房和乙、丙、丁、戊类仓库	一、二级	15	20	12	15
	三级	20	25	15	20
	四级	25	30	20	25
电力系统电压为35~500kV且每台变压器容量不小于10MV·A的室外变、配电站，工业企业的变压器总油量大于5t的室外降压变电站		30	40	25	30
厂外铁路线中心线		40			
厂内铁路线中心线		30			
厂外道路路边		20			
厂内道路路边	主要	10			
	次要	5			

注　甲类仓库之间的防火间距，当第3、4项物品储量不大于2t，第1、2、5、6项物品储量不大于5t时，不应小于12m，甲类仓库与高层仓库的防火间距不应小于13m。

（2）乙、丙、丁、戊类仓库之间与民用建筑的防火间距，见表3-3。

表3-3　　乙、丙、丁、戊类仓库之间及与民用建筑的防火间距

（引自 GB 50016—2014中表3.5.2）　　　　　　（m）

名称			乙类仓库			丙类仓库				丁、戊类仓库			
			单、多层		高层	单、多层			高层	单、多层			高层
			一、二级	三级	一、二级	一、二级	三级	四级	一、二级	一、二级	三级	四级	一、二级
乙、丙、丁、戊类仓库	单、多层	一、二级	10	12	13	10	12	14	13	10	12	14	13
		三级	12	14	15	12	14	16	15	12	14	16	15
		四级	14	16	17	14	16	18	17	14	16	18	17
	高层	一、二级	13	15	13	13	15	17	13	13	15	17	13
民用建筑	裙房，单、多层	一、二级	25			10	12	14	13	10	12	14	13
		三级	25			12	14	16	15	12	14	16	15
		四级	25			14	16	18	17	14	16	18	17
	高层	一类	50			20	25	25	20	15	18	18	15
		二类	50			15	20	20	15	13	15	15	13

注 1. 单、多层戊类仓库之间的防火间距，可按本表的规定减少2m。

2. 两座仓库的相邻外墙均为防火墙时，防火间距可以减小，但丙类仓库，不应小于6m；丁、戊类仓库，不应小于4m。两座仓库相邻较离一面外墙为防火墙，且总占地面积不大于GB 50016—2014第3.3.2条一座仓库的最大允许占地面积规定时，其防火间距不限。

3. 除乙类第6项物品外的乙类仓库，与民用建筑的防火间距不宜小于25m，与重要公共建筑的防火间钜不应小于50m，与铁路、道路等的防火间距不宜小于表3-2中甲类仓库与铁路、道路等的防火间距。

（3）液体储罐之间以及与其他物件的防火间距，见表3-4~表3-9。

表3-4　　甲、乙、丙类液体储罐（区）、乙、丙类液体桶装堆场与

其他建筑的防火间距（引自GB 50016—2014表4.2.1）　　　（m）

类别	一个罐区或堆场的总容量 V（m³）	建筑物				室外变、配电站
		一、二级		三级	四级	
		高层民用建筑	裙房，其他建筑			
甲、乙类液体储罐（区）	$1 \leq V < 50$	40	12	15	20	30
	$50 \leq V < 200$	50	15	20	25	35
	$200 \leq V < 1000$	60	20	25	30	40
	$1000 \leq V < 5000$	70	25	30	40	50
丙类液体储罐（区）	$5 \leq V < 250$	40	12	15	20	24
	$250 \leq V < 1000$	50	15	20	25	28

类别	一个罐区或堆场的总容量 $V(m^3)$	建筑物				室外变、配电站
		一、二级		三级	四级	
		高层民用建筑	裙房，其他建筑			
丙类液体储罐（区）	$1000 \leqslant V < 5000$	60	20	25	30	32
	$5000 \leqslant V < 25000$	70	25	30	40	40

注　1. 当甲、乙类液体储罐和丙类液体储罐布置在同一储罐区时，罐区的总容量可按1m³甲、乙类液体相当于5m³丙类液体折算。

2. 储罐防火堤外侧基脚线至相邻建筑的距离不应小于10m。

3. 甲、乙、丙类液体的固定顶储罐区或半露天堆场、乙、丙类液体桶装堆场与甲类厂房（仓库）、民用建筑的防火间距，应按本表的规定增加25%，且甲、乙类液体的固定顶储罐区或半露天堆场，乙、丙类液体桶装堆场与甲类厂房（仓库）、裙房、单、多层民用建筑的防火间距不应小于25m，与明火或散发火花地点的防火间距应按本表有关四级耐火等级建筑物的规定增加25%。

4. 浮顶储罐区或闪点大于120℃的液体储罐区与其他建筑的防火间距，可按本表的规定减少25%。

5. 当数个储罐区布置在同一库区内时，储罐区之间的防火间距不应小于本表相应容量的储罐区与四级耐火等级建筑物防火间距的较大值。

6. 直埋地下的甲、乙、丙类液体卧式罐，当单罐容量不大于50m³，总容量不大于200m³时，与建筑物的防火间距可按本表规定减少50%。

7. 室外变、配电站指电力系统电压为35~500kV且每台变压器容量不小于10MV·A的室外变、配电站和工业企业的变压器总油量大于5t的室外降压变电站。

表3-5　　　　　　　甲、乙、丙类液体储罐之间的防火间距

（引自GB 50016—2014中表4.2.2）　　　　　（m）

类别			储罐形式				
			固定顶罐			浮顶储罐	卧式储罐
			地上式	半地下式	地下式		
甲、乙类液体	单罐容量（V/m^3）	$V \leqslant 1000$	0.75D	0.5D	0.4D	0.4D	$\geqslant 0.8m$
		$V > 1000$	0.6D				
丙类液体		不论容量大小	0.4D	不限	不限	—	

注　1. D为相邻较大立式储罐的直径（m）；矩形储罐的直径为长边与短边之和的一半。

2. 不同液体、不同形式储罐之间的防火间距不应小于本表规定的较大值。

3. 两排卧式储罐之间的防火间距不应小于3m。

4. 当单罐容量小于等于1000m³且采用固定冷却消防方式时，甲、乙类液体的地上式固定顶罐之间的防火间距不应小于0.6D。

5. 地上式储罐同时设有液下喷射泡沫灭火设备、固定冷却水设备和扑救防火堤内液体火灾的泡沫灭火设备时，储罐之间的防火间距可适当减小，但不宜小于0.4D。

6. 闪点大于120℃的液体，当储罐容量大于1000m³时，其储罐之间的防火间距不应小于5m；当储罐容量不大于1000m³时，其储罐之间的防火间距不应小于2m。

表3-6　　　　甲、乙、丙类液体储罐与其泵房、装卸鹤管的防火间距

（引自GB 50016—2014中表4.2.7）　　　　　（m）

液体类别和储罐形式		泵房	铁路装卸鹤管、汽车装卸鹤管
甲、乙类液体储罐	拱顶罐	15	20
	浮顶罐	12	15
丙类液体储罐		10	12

注　1. 总储量小于等于1000m³的甲、乙类液体储罐，总储量小于等于5000m³的丙类液体储罐，其防火间距可按本表的规定减少25%。

2. 泵房、装卸鹤管与储罐防火堤外侧基脚线的距离不应小于5m。

表3-7　甲、乙、丙类液体装卸鹤管与建筑物、厂内铁路线的防火间距

（引自GB 50016—2014中表4.2.8）　　　　　　　（m）

名称	建筑物的耐火等级			厂内铁路线	泵房
	一、二级	三级	四级		
甲、乙类液体装卸鹤管	14	16	18	20	8
丙类液体装卸鹤管	10	12	14	10	

注　装卸鹤管与其直接装卸用的甲、乙、丙类液体装卸铁路线的防火间距不限。

表3-8　　　　　甲、乙、丙类液体储罐与铁路、道路的防火间距

（引自GB 50016—2014中表4.2.9）　　　　　　　（m）

名称	厂外铁路线中心线	厂内铁路线中心线	厂外道路路边	厂内道路路边	
				主要	次要
甲、乙类液体储罐	35	25	20	15	10
丙类液体储罐	30	20	15	10	5

表3-9　　　　　甲、乙、丙类液体储罐分组布置的限量

（引自GB 50016—2014中表4.2.3）　　　　　　　（m³）

名称	单罐最大储量	一组罐最大储量
甲、乙类液体	200	1000
丙类液体	500	3000

（4）氧气站、氢气站、氧气罐、氢气罐与建筑物之间的防火间距，见表3-10~表3-12。

表3-10　　　　湿式氧气储罐与建筑物、储罐、堆场之间的防火间距

（引自GB 50016—2014中表4.3.1）　　　　　　　（m）

名称			湿式氧气储罐总容积 V		
			≤ 1000m³	1001<V≤ 50000m³	> 50000m³
甲、乙、丙类液体储罐，可燃材料堆场，甲类物品仓库，室外变、配电站			20	25	30
民用建筑			18	20	25
其他建筑	耐火等级	一、二级	10	12	14
		三级	12	14	16
		四级	14	16	18

表3-11 　　　氧气站等乙类生产建筑物与各类建筑物之间的最小防火间距

（引自GB 50030—2013） （m）

氧气站等建筑物名称　　最小防火间距　　项目名称			氧气站等的一、二耐火等级的乙类生产建筑物	氧气储罐		
				≤1000m³	1001~50000m³	>50000m³
其他各类建筑物	耐火等级	一、二级	10	10	12	14
		三级	12	12	14	16
		四级	14	14	16	18
民用建筑、明火或散发火花地点			25	25	30	25
重要公共建筑			50	50		
室外变、配电站（35~500kV且每台变压器为10000kV·A以上）以及油量超过5t的总降压站			25	25	30	35
厂外铁路（中心线）	非电力牵引机车 电力牵引机车		25 20	25 20		
厂内铁路（中心线）	非电力牵引机车 电力牵引机车		20 15	20 15		
厂外道路（路边）			15 10	15 10		
厂内道路（路边）	主要		5	5		
	次要					
电力架空线			≥1.5倍电杆高度	≥1.5倍电杆高度		

表3-12 　　　　氢气站、氢气罐与建筑物、构筑物的防火间距

（引自GB 50177—2005） （m）

建筑物、构筑物		氢气站或供氢站	氢气罐总容积			
			≤1000m³	1001~10000m³	10001~50000m³	>50000m³
其他各类建筑物耐火等级	一、二级	12	12	15	20	25
	三级	14	15	20	25	30
	四级	16	20	25	30	35
民用建筑		25	25	30	35	40
重要公共建筑		50	50			
室外变、配电站（35~500kV且每台变压器为10000kV·A以上）以及油量超过5t的总降压站		25	25	30	35	40
明火或散发火花地点		30	25	30	35	40
电力架空线		≥1.5倍电杆高度	≥1.5倍电杆高度			
厂外铁路（中心线）	非电力牵引机车	30	25			

续表

建筑物、构筑物		氢气站或供氢站	氢气罐总容积			
			≤ 1000m³	1001~10000m³	10001~50000m³	> 50000m³
厂内铁路（中心线）	电力牵引机车	20	20			
	非电力牵引机车	20	20			
	电力牵引机车	20	15			
厂外道路（路边）		15	15			
厂内道路（路边）	主要道路	10	10			
	次要道路	5	5			
围墙		5	5			

（5）加油站设备与站外建（构）筑物的安全间距，见表3-13和表3-14。

表3-13 汽油设备与站外建（构）筑物的安全间距

（引自GB 50156—2012） （m）

站外建（构）筑物	站内汽油设备									加油机、通气管管口		
	埋地油罐											
	一级站			二级站			三级站					
	无油气回收系统	有卸油油气回收系统	有卸油和加油油气回收系统	无油气回收系统	有卸油油气回收系统	有卸油和加油油气回收系统	无油气回收系统	有卸油油气回收系统	有卸油和加油油气回收系统	无油气回收系统	有卸油油气回收系统	有卸油和加油油气回收系统
重要公共建筑物	50	40	35	50	40	35	50	40	35	50	40	35
明火地点或散发火花地点	30	24	21	25	20	17.5	18	14.5	12.5	18	14.5	12.5
民用建筑物保护类别 一类保护物	25	20	17.5	20	16	14	16	13	11	16	13	11
二类保护物	20	16	14	16	13	11	12	9.5	8.5	12	9.5	8.5
三类保护物	16	13	11	12	9.5	8.5	10	8	7	10	8	7
甲、乙类物品生产厂房、库房和甲、乙类液体储罐	25	20	17.5	22	17.5	15.5	18	14.5	12.5	18	14.5	12.5
丙、丁、戊类物品生产厂房、库房和丙类液体物罐以及容器不大于50m³的埋地甲、乙类液体储罐	18	14.5	12.5	16	13	11	15	12	10.5	15	12	10.5
室外变、配电站	25	20	17.5	22	18	15.5	18	14.5	12.5	18	14.5	12.5

站外建（构）筑物		站内汽油设备									加油机、通气管管口		
		埋地油罐											
		一级站			二级站			三级站					
		无油气回收系统	有卸油油气回收系统	有卸油和加油油气回收系统	无油气回收系统	有卸油油气回收系统	有卸油和加油油气回收系统	无油气回收系统	有卸油油气回收系统	有卸油和加油油气回收系统	无油气回收系统	有卸油油气回收系统	有卸油和加油油气回收系统
铁路		22	17.5	15.5	22	17.5	15.5	22	17.5	15.5	22	17.5	15.5
城市道路	快速路、主干路	10	8	7	8	6.5	5.5	8	6.5	5.5	6	5	5
	次干路、支路	8	6.5	5.5	6	5	5	6	5	5	5	5	5
架空通信线和通信发射塔		1倍杆（塔）高，且不应小于5m		5			5			5			
架空电力线路	无绝缘层	1.5倍杆（塔）高，且不应小于6.5m		1倍杆（塔）高，且不应小于6.5m			6.5			6.5			
	有绝缘层	1倍杆（塔）高，且不应小于5m		0.75倍杆（塔）高，且不应小于5m			5			5			

注 1. 室外变、配电站指电力系统电压为35~500kV，且每台变压器容量在10MV·A以上的室外变、配电站，以及工业企业的变压器总油最大于5t的室外降压变电站。其他规格的室外变、配电站或变压器应按丙类物品生产厂房确定。

2. 表中道路系指机车道路。油罐、加油机和油罐通气管与郊区公路的安全间距应按道路确定，高速公路、一级和二级公路应按城市快速路、主干路确定；三级和四级公路应按城市次干路、支路确定。

3. 与重要公共建筑物的主要出入口（包括铁路、地铁和二级经上公路的隧道出入口）尚不应小于50m。

4. 一、二级耐火等级民用建筑面向加油站一侧的墙为无门的实体墙时，油罐、加油机和通气管管口与该民用建筑物的距离，不应低地本表规定的安全间距的70%，并不得小于6m。

表3-14 柴油设备与站外建（构）筑物的安全间距

（引自GB 50156—2012）   （m）

站外建筑物		站内柴油设备			加油机、通气管管口
		埋地油罐			
		一级站	二级站	三级站	
重要公共建筑物		25	25	25	25
明火地点或散发火花地点		12.5	12.5	10	10
民用建筑物保护类别	一类保护物	6	6	6	6
	二类保护物	6	6	6	6
	三类保护物	6	6	6	6
甲、乙类物品生产厂房库房和甲、乙类液体储罐		12.5	11	9	9

续表

站外建筑物	站内柴油设备			加油机、通气管管口
	埋地油罐			
	一级站	二级站	三级站	
丙、丁、戊类物品生产厂房、库房和丙类液体储罐，以及容积不大于50m³的埋地甲、乙类液体储罐	9	9	9	9
室外变、配电站	15	15	15	15
铁路	15	15	15	15
城市道路　快速路、主干路	3	3	3	3
城市道路　次干路	3	3	3	3
架空通信和通信发射塔	0.75倍杆（塔）高，且不应小于5m	5	5	5
架空电力线路　无绝缘层	0.75倍杆（塔）高，且不应小于6.5m	0.75倍杆（塔）高，且不应小于6.5m	6.5	6.5
架空电力线路　有绝缘层	0.5倍杆（塔）高，且不应小于5m	0.5倍杆（塔）高，且不应小于5m	5	5

注　1. 室外变、配电站指电力系统电压为35~500kV，且每台变压器容量在10MV·A以上的室外变、配电站，以及工业企业的变压器总油置大于51的室外降压变电站。其他规格的室外变、配电站或变压器应按丙类物品生厂房确定。

2. 表中道路指机动车道路。油罐、加油机和油罐通气管管口与郊区公路的安全间距应按城市道路确定，高速公路、一级和二级公路应按城市快速路、主干路确定；三级和四级公路应按城市次干路、支路确定。

三、危险化学品储存的安全要求

（1）危险化学品应当储存在专用仓库、专用场地或专用储存室（以下统称专用仓库）内，并由专人负责管理；剧毒化学品以及储存数量构成重大危险源的其他危险化学品，应当在专用仓库内单独存放，并实行双人收发、双人保管制度。仓管人员必须具备相应的专业管理知识，穿戴好个人安全防护用品。

（2）危险化学品专用仓库应当符合国家标准、行业标准的要求，并设置明显的标志。标志应符合《化学品分类和危险性公示通则》（GB 13690—2009）的规定。储存剧毒化学品、易制爆危险化学品的专用仓库，应当按照国家有关规定设置相应的技术防范设施，危险化学品专用仓库的储存设备和安全设施应当定期检测。

（3）储存危险化学品的单位应当建立危险化学品出入库核查、登记制度。对剧毒化学品以及储存数量构成重大危险源的其他危险化学品，储存单位应当将其储存数量、储存地点以及管理人员的情况，报所在地县级人民政府安全生产监督管理部门（在港区内储存的，报港口行政管理部门）和公安机关备案。

（4）储存危险化学品的单位，应当根据储存的危险化学品的种类和危险特性，在储存场所设置相应的监测、监控、通风、防晒、调温、防火、灭火、防爆、泄压、防毒、中和、防潮、防雷、防静电、防腐、防泄漏以及防护围堤或者隔离操作等安全设施、设备，并按照国家标准、行业标准或者国家有关规定对安全设施、设备进行经常性维护、保养，保证安全设施、设备的正常使用。

（5）储存危险化学品的单位，应当在其储存场所和安全设施、设备上设置明显的安全警示标志。

（6）储存危险化学品的单位，应当在其储存场所设置通信、报警装置，并保证处于适用状态。

（7）危险化学品露天堆放，应符合防火、防爆的安全要求，爆炸物品、一级易燃物品、遇湿易燃物品和剧毒品不得露天堆放。

（8）根据危险化学品危险特性，实施隔离储存、隔开储存和分离储存；根据危险化学品性能分区、分类和分库储存；各类危险化学品不得与禁忌物料混合储存。

（9）储存危险化学品的建筑物、区域内严禁吸烟和使用明火。

（10）储存危险化学品应当制定本单位事故应急救援预案，配备应急救援人员和必要的应急救援器材、设备，并定期组织演练。危险化学品应急救援预案应报安全生产监督管理部门备案。

储存剧毒化学品或者国务院公安部门规定的可用于制造爆炸物品的危险化学品（以下简称易制爆危险化学品）的单位，应当如实记录其储存的剧毒化学品、易制爆危险化学品的数量、流向，并采取必要的安全防范措施，防止剧毒化学品、易制爆危险化学品丢失或者被盗；发现剧毒化学品、易制爆危险化学品丢失或者被盗的，应当立即向当地公安机关报告。

储存剧毒化学品、易制爆危险化学品的单位，应当设置治安保卫机构，配备专职治安保卫人员。

（11）储存条件应满足各类危险化学品的温度、湿度条件，见表3-15。

表3-15　　　　　　　　各类危险化学品温、湿度条件

（引自GB 17914—2013、GB 17915—2013、GB 17916—2013）

类别	品名	温度（℃）	相对湿度（%）
爆炸品	黑火药、化合物	≤32	≤80
	水作稳定剂的	≥1	<80
压缩气体和液化气体	易燃、不燃、有毒	≤30	
易燃液体	低闪点	≤29	
	中高闪点	≤37	

续表

类别	品名	温度（℃）	相对湿度（%）
易燃固体	易燃固体	≤35	
	硝酸纤维素酯	≤25	≤80
	安全火柴	≤35	≤80
	红磷、硫化磷、铝粉	≤35	<80
自燃物品	黄磷	>1	
	烃基金属化合物	≤30	≤80
	含油制品	≤32	≤80
遇湿易燃物品	遇湿易燃物品	≤32	≤75
氧化剂和有机过氧化物	氧化剂和有机过氧化物	≤30	≤80
	过氧化钠、过氧化镁、过氧化钙等	≤30	≤75
	硝酸锌、硝酸钙、硝酸镁等	≤28	≤75
	硝酸锌、亚硝酸钠	≤30	≤75
	盐的水溶液	>1	
	结晶硝酸链	<25	
	过氧化苯甲酰	2~25	
	过氧化丁酮等有机氧化剂	≤25	
酸性腐蚀品	发烟硫酸、亚硫酸	0~30	≤80
	硝酸、盐酸及氢卤酸、氟硅（硼）酸、氯化硫、磷酸等	≤30	≤80
	磺酰氯、氯化亚砜、氧氯化磷、氯磺酸、溴乙酰、三氯化磷等多卤化物	≤30	≤75
	发烟硝酸	≤25	≤80
	溴素、溴水	0~28	
	甲酸、乙酸、乙酸酐等有机酸类	≤32	≤80
碱性腐蚀品	氢氧化钾（钠）、硫化钾（钠）	≤30	≤80
其他腐蚀品	甲醛溶液	0~30	
易挥发有毒品	三氯甲烷、四氯化碳、苯胺、苯甲腈等	≤32	≤85
易潮解有毒品	五氧化砷、亚砷酸钾、氟化氢铵、氰化钾等	≤35	≤80

（12）混存危险化学品的仓库，应注意其性能是否会互抵，见表3-16。

表3-16　　　　常用危险化学品储存混存性能互抵表

（引自 GB 17914—2013）

化学危险物品分类	小类	爆炸性物品				氧化剂				压缩气体和液化气体				自燃物品		遇水燃烧物品		易燃液体		易燃固体		有毒性物品				腐蚀性物品（酸性）		腐蚀性物品（碱性）		放射性物品
		点火器材	起爆器材	爆炸及爆炸性药品	其他爆炸品	一级无机	一级有机	二级无机	二级有机	剧毒	易燃	助燃	不燃	一级	二级	一级	二级	一级	二级	一级	二级	剧毒无机	剧毒有机	有毒无机	有毒有机	无机	有机	无机	有机	
爆炸性物品	点火器材	○																												
	起爆器材	○	○																											
	爆炸及爆炸性药品	○	×	○																										
	其他爆炸品	○	×	×	○																									
氧化剂	一级无机	×	×	×	×	①																								
	一级有机	×	×	×	×	×	○																							
	二级无机	×	×	×	×	○	×	②																						
	二级有机	×	×	×	×	×	○	×	○																					
压缩气体和液化气体	剧毒（液氨和液氯有抵触）	×	×	×	×	×	×	×	×	○																				
	易燃	×	×	×	×	×	×	×	×	×	○																			
	助燃	×	×	×	×	×	分	×	×	分	×	○																		
	不燃	×	×	×	×	分	消	分	分	○	○	○	○																	
自燃物品	一级	×	×	×	×	×	×	×	×	×	×	×	×	○																
	二级	×	×	×	×	×	×	×	×	消	×	消	×	消	○															
遇火燃烧物品	一级	×	×	×	×	×	×	×	×	×	×	×	×	×	×	○														
	二级	×	×	×	×	×	×	×	×	消	×	消	×	消	×	×	○													
易燃液体	一级	×	×	×	×	×	×	×	×	×	×	×	×	×	×	×	×	○												
	二级	×	×	×	×	×	×	×	×	×	×	×	×	×	×	×	×	○	○											
易燃固体	一级	×	×	×	×	×	×	×	×	×	×	×	×	×	×	×	×	消	消	○										
	二级	×	×	×	×	×	×	×	×	×	×	×	×	×	×	×	×	消	消	○	○									
毒害性物品	剧毒无机	×	×	×	×	分	×	分	消	分	分	分	分	×	分	消	消	消	消	分	分	○								
	剧毒有机	×	×	×	×	×	×	×	×	×	×	×	×	×	×	×	×	×	×	×	×	×	○							
	有毒无机	×	×	×	×	分	×	分	分	分	分	分	×	分	消	消	消	消	分	分	×	○	×	○						
	有毒有机	×	×	×	×	×	×	×	×	×	×	×	×	×	×	×	×	×	分	分	消	消	○	○	○					

续表

化学危险物品分类			爆炸性物品				氧化剂				压缩气体和液化气体				自燃物品		遇水燃烧物品	易燃液体		易燃固体		有毒性物品				腐蚀性物品·酸性		腐蚀性物品·碱性		放射性物品
			点火器材	起爆器材	爆炸及爆炸性药品	其他爆炸品	一级无机	一级有机	二级无机	二级有机	剧毒	易燃	助燃	不燃	一级	二级	二级	一级	二级	一级	二级	剧毒无机	剧毒有机	有毒无机	有毒有机	无机	有机	无机	有机	放射性物品
腐蚀性物品	酸性	无机	×	×	×	×	×	×	×	×	×	×	×	×	×	×	×	×	×	×	×	×	×	×	×	○				
		有机	×	×	×	×	×	×	×	×	×	×	×	×	×	×	×	消	消	×	×	×	×	×	×	○	○			
	碱性	无机	×	×	×	×	分	消	分	消	分	分	分	分	分	分	消	消	消	消	分	分	×	×	×	×	×	○		
		有机	×	×	×	×	×	×	×	×	×	×	×	×	×	×	×	消	消	消	消	×	×	×	×	×	×	○	○	
放射性物品			×	×	×	×	×	×	×	×	×	×	×	×	×	×	×	×	×	×	×	×	×	×	×	×	×	×	×	○

注　"○"符号表示可以混存。

　　"×"符号表示不可以混存。

　　"分"指应按化学危险品的分类进行分区类储存。如果物品不多或仓位不够时，因其性能不互相抵触，也可以混存。

　　"消"指两种物品性能并不互相抵触，但消防施救方法不同，条件许可时最好分存。

　　1. 说明过氧化钠等过氧化物不宜和无机氧化剂混存。

　　2. 说明具有还原性的亚硝酸盐类，不宜和其他无机氧化剂混存。

　　凡混存物品，应留有1m以上的距离，并要求包装容器完整，不使两种物品发生接触。

四、危险化学品出入库管理

（1）储存危险化学品的仓库，必须建立严格的出入库管理制度。

危险化学品出入库，必须进行核查登记。库存危险化学品应当定期检查。

剧毒化学品储存单位，应当对剧毒化学品的流向、储存量和用途如实记录，并采取必要的保安措施，防止剧毒化学品被盗、丢失或者误售、误用；发现剧毒品被盗、丢失或者误售、误用时，必须立即向当地公安部门报告。

（2）危险化学品出入库前，均应按合同进行检查验收、登记，验收内容包括以下方面：

1）商品数量。

2）危险化学品的包装必须符合国家法律、法规、规章的规定和国家标准的要求。

危险化学品的材质、形式、规格、方法和单件质量（重量），应当与所包装的危险化学品的性质和用途相适应，便于装卸、运输和储存。

危险化学品的包装物、容器必须由省、自治区、直辖市人民政府经济贸易部门审查合格的专业生产企业定点生产，并经国务院质检部门认可的专业检测、检验机构检测，检验合格，方可使用。

重复使用的危险化学品包装物、容器在使用前，应当进行检查，并做出记录，检查记录应当至少保存2年。

3）危险标志包括"一书一签"，即产品安全技术说明书和安全标签，经核对后方可入库、出库，当物品性质弄不清时不得入库。

（3）进入危险化学品储存区域的人员、机动车辆和作业车辆，必须采取防火措施。

进入危险化学品库区的机动车辆应安装防火罩。机动车装卸货物后，不准在库区、库房、货场内停放和修理。

汽车和拖拉机不准进入甲、乙和丙类物品库房；进入甲、乙和丙类物品库房的电瓶车、铲车应该是防爆型的；进入丙类物品库房的电瓶车、铲车，应装有防止火花溅出的安全装置。

（4）装卸、搬运危险化学品时应按有关规定进行，做到轻装、轻卸，严禁摔、碰、撞、击、拖拉、倾倒和滚动。

（5）装卸对人身有毒害及腐蚀性的物品时，操作人员应根据危险性，穿戴相应的防护用品。

装卸毒害品人员应具有操作毒害品的一般知识，操作时轻拿轻放，不得碰撞、倒置，防止包装破损，商品外溢。作业人员应佩戴手套和相应的防毒口罩和面具，穿防护服。

作业中不得饮食，不得用手揩嘴、脸和眼睛。每次作业完毕，必须及时用肥皂（或专用洗涤剂）清洗面部、手部，用清水漱口，防护用具应及时清洗，集中存放。

装卸腐蚀品人员必须穿工作服，戴护目镜、胶皮手套、胶皮围裙等必要的防护用具。操作时，必须轻搬轻放，严禁背负肩扛，防止摩擦震动和撞击。

（6）装卸易燃易爆物料时，作业人员应穿工作服，戴手套、口罩等必要的防护用具。操作时，轻搬轻放，防止摩擦震动和撞击。

操作易燃液体需穿防静电工作服，禁止穿带钉鞋。大桶不得直接在水泥地面滚动。桶装各种氧化剂不得在水泥地面滚动。

各项操作不得使用能产生火花的工具，作业现场应远离热源与火源。

（7）各类危险化学品分装、改装、开箱、开桶、验收和质量检查等需在库房外进行。

（8）不得用同一车辆运输互为禁忌的物料。

（9）在操作各类危险化学品时，企业应在经营店面和仓库，针对各类危险化学品性质，准备相应的急救药品和制定急救预案。

五、危险化学品的储存限量

危险化学品的储存量及储存要求见表3-17。

表3-17　　　　　　　　危险化学品的储存量及储存要求

储存类别	露天储存	隔离储存	隔开储存	分离储存
平均单位面积储存量（t/m²）	1.0~1.5	0.5	0.7	0.7
单一储存区最大储量（t）	2000~2400	200~300	200~300	400~600
垛距限制（m）	2	0.3~0.5	0.3~0.5	0.3~0.5
通道宽度（m）	4~6	1~2	1~2	5
墙距宽度（m）	2	0.3~0.5	0.3~0.5	0.3~0.5
与禁忌品距离（m）	10	不得同库储存	不得同库储存	7~10

六、危险化学品在仓库的养护措施

（1）危险品化学入库后，应采取适当的养护措施，定期检查。

1）日常巡查。每天至少检查2次，检查的内容包括：查码垛是否牢固，查包装有无渗漏，查库房内有无异味，查稳定剂是否足量；对于低沸点液体，查挥发损耗；对于低熔点物资，查熔融黏结；对易吸潮物资，查潮解溶化；对含结晶水的物资，查风化变质；对遇水燃烧的物资，查雨雪天是否有遇水的危险；对怕热的物资，在炎热天是否鼓气，防止发生胀破容器；对怕冻物资，查寒冷气候是否凝结冰冻，以至引起冻破容器等。应严格做到勤检查、勤联系、勤处理，对特殊物资和特殊气候更要注意，增加检查次数。

2）安全大检查。每年都要根据不同季节安全生产的特点，组织大检查，检查内容是防火、防爆、防暑、防冻、防霉变、防虫蛀等。在防台风、防汛季节，应有组织、有部署地及时采取预防措施。

如检查发现其品质变化、包装破损、渗漏、稳定剂短缺等，必须及时处理。

（2）严格控制库房温度、湿度，经常检查，发现变化及时调整。

危险化学品库房、料棚、料场都应设置温度计、湿度计，有专人负责记录并采取相应措施，以保持适当的温度、湿度，防止发生质量下降及自燃、爆炸等事故。温度计、湿度计的位置要合理，库内宜悬挂在库房的中部，避免靠墙，高度1.5m左右；库外挂在百叶箱内，防止日光直射。

（3）危险化学品入库，必须保持包装完好，封口密闭。如有破损包装，应及时修理。维修作业必须在库外安全地点进行。

（4）对两种有抵触性的危险化学品，不得同时同地进行操作。对易燃、爆炸性物品要避免晒在日光下，必须隔绝火种与热源；在搬运操作中，防止撞击、摩擦而引起火星，发生事故。

（5）对换包装危险品的空容器，在使用前，必须进行彻底检查、彻底清洗，以防遗留物品与新装物品发生抵触引起燃烧、爆炸和中毒。在工作过程中，对遗留在地上和垫仓板上的散漏物资，必须及时清除处理，如没有利用价值的废物，应挖深坑埋掉，防止发生意外事故。

（6）由于自然环境的影响（因突发事故如火灾、水灾、风灾等）所造成的亏损或变质等报废物品，应先行鉴定，编制鉴定证件，确定损失数量和残值，注明原因，按规定进行废弃处理。

七、危险化学品仓库防火管理

1. 严格控制火源

（1）库房内一般不允许动火，确需动火作业时，必须办理动火审批手续。库房内动火，必须撤离库内和附近可燃物品，在指定地点，按指定项目进行，并有专人监护。

（2）进入化学危险品储存区域的人员、机动车辆和作业车辆，必须采取有效的防火措施。进入库区的汽车，其排气管应装火星熄灭器；汽车与库房之间，应划定安全停车线（一般为5m）；严禁在库区内检修汽车；拖拉机不准进入库存区。蒸汽机车必须与装载危险化学品的货车隔离开，并在烟囱上设火星熄灭装置；在库区内不准清炉，且要关闭灰箱上部两侧风门。

2. 严禁混存

必须严格遵守危险性物品共同储存的规则，性能上或灭火方法相互抵触的物品，严禁混存。

3. 控制库房的温度和湿度

对于储存氧化剂、自燃物品、遇水燃烧物品等物品的库房，应设有温度计、湿度计，定时进行观测记录，发现偏离即应采取整库密封、分垛密封、自然通风以及翻桩倒垛等方法进行调节。当不能采取通风措施时，应采用吸潮和人工降温的方法进行控制。一般氧化剂的库温均不宜超过35℃，相对湿度宜保持80%以下；一级自燃物品库温一般不应超过28℃，相对湿度低于80%。每种物品的储存温度、湿度都有具体要求，必须认真执行。

4. 防止超期量储存

氧化剂、自燃物品、遇水燃烧物品等超过储存期或储量超过规定要求，极易发生变质、积热自燃或压坏包装引发事故，故应严格控制存量和储存期限。

5. 加强管理，严禁违章操作

（1）严禁在库房内或堆垛附近进行试验、分装、打包和进行其他可能引起火灾的任何不安全操作。

（2）改装危险化学品或封焊修理，必须在专门的单独房间内进行，并应采用不产生火花的工具。

（3）装卸时，必须轻拿轻放，严防振动、摩擦撞击或重压、倾倒。仓库进出货物后，对遗留或散装在操作现场的危险品要及时清扫和处理。

6. 加强安全检查和保养

（1）危险化学品的安全检查，每天至少进行2次。对性质活泼、易分解变质或积热自燃的物品，应有专人定期进行测温、化验，并做好记录。

（2）进出库的物品应该核实品名、数量、包装规格，如发现不符，必须立即移至安全地点处置，不得进库或转运。

（3）每年夏季高温、雷雨或梅雨季节以及冬季寒冷季节，要加强巡回检查，发现漏雨进水、包装破损、积热升温等，都要及时处理。

此外，还要经常进行电气设备、灭火器材、建筑设备的维护保养和检查。

7. 加强消防教育训练

（1）建立消防组织。位于偏远地区远离消防站的大型危险化学品仓库，应建立专职消防队；中型仓库有条件的也应建立专职消防队，或建立义务消防组织，配备专职的防火干部；小型仓库要设置专人保卫和防火工作。

（2）建立健全各种规章制度。加强防火宣传教育和灭火训练。仓库工作人员必须经消防培训合格，能熟练掌握所储存化学品的性质及其灭火方法，能熟练使用各种灭火器材。

（3）加强消防灭火演练。制定切实可用的消防灭火预案，定期组织演练。

8. 储存物品的火灾危险性分类和举例

储存物品的火灾危险性分类及举例，见表3-18和表3-19。

表3-18　　　　　　　　储存物品的火灾危险性分类

（引自GB 50016—2014）

仓库类别	项别	储存物品的火灾危险性特征
甲	1	闪点小于28℃的液体
	2	爆炸下限小于10%的气体，以及受到水或空气中水蒸气的作用，能产生爆炸下限小于10%气体的固体物质
	3	常温下能自行分解或在空气中氧化能导致迅速自燃或爆炸的物质
	4	常温下受到不或空气中水蒸气的作用，能产生可燃气体并引起燃烧或爆炸的物质
	5	遇酸、受热、撞击、摩擦以及遇有机物或硫磺等易燃的无机物，极易引起燃烧或爆炸的强氧化剂
	6	受撞击、摩擦或与氧化剂、有机物接触时能引起燃烧或爆炸的物质

续表

仓库类别	项别	储存物品的火灾危险性特征
乙	1	闪点大于等于28℃，但小于60℃的液体
	2	爆炸下限大于等于10%的气体
	3	不属于甲类的氧化剂
	4	不属于甲类的化学易燃危险固体
	5	助燃气体
	6	常温下与空气接触能缓慢氧化，积热不散引起自燃的物品
丙	1	闪点大于等于60℃的液体
	2	可燃固体
丁		难燃烧物品
戊		不燃烧物品

表3-19 常见储存物品的火灾危险性分类别及举例

（引自DB 11/T 833—2011）

火灾危险性类别	举 例
甲	已烷，戊烷，环戊烷，石脑油，二硫化碳，苯，甲苯，甲醇，乙醇，乙醚，蚁酸甲酯，醋酸甲酯，硝酸乙酯，汽油，丙酮，丙烯，60°及以上的白酒； 乙炔，氢，甲烷，环氧乙烷，水煤气，液化石油气，乙烯，丙烯，丁二烯，硫化氢，氯乙烯，电石，碳化铝； 硝化棉，硝化纤维胶片，喷漆棉，火棉胶，赛璐珞棉，黄磷； 金属钾、钠、锂、钙、锶，氢化锂、氢化钠、四氢化锂铝； 氯酸钾，氯酸钠，过氧化钾，过氧化钠，硝酸铵； 赤磷，五硫化磷，三硫化磷
乙	煤油，松节油，丁烯醇，异戊醇，丁醚，醋酸丁酯，硝酸戊酯，乙酰丙酮，环己胺，溶剂油，冰醋酸，樟脑油，蚁酸； 氨气，液氯； 硝酸铜，铬酸，亚硝酸钾，重铬酸钠，铬酸钾，硝酸，硝酸汞，硝酸钴，发烟硫酸，漂白粉； 硫磺，镁粉，铝粉，赛璐珞板（片），樟脑，萘，生松香，硝化纤维漆布，硝化纤维色片； 氧气，氟气； 漆布及其制品，油布及其制品，油纸及其制品，油绸及其制品
丙	动物油，植物油，沥青，蜡，润滑油，机油，重油，闪点大于等于60℃的柴油，糖醛，大于50°至小于60°的白酒； 化学、人造纤维及其织物，纸张，棉、毛、丝、麻及其织物，谷物，面粉，天然橡胶及其制品，竹、木及其制品，中药材，电视机、收录机等电子产品，计算机房记录数据的磁盘储存间，冷库中的鱼、肉间
丁	自熄性塑料及其制品，酚醛泡沫塑料及其制品，水泥刨花板
戊	钢材、铝材、玻璃及其制品，搪瓷制品，陶瓷制品，不燃气体，玻璃棉、岩棉、陶瓷棉、硅酸铝纤维、矿棉，石膏及其无纸制品，水泥、石、膨胀珍珠岩

八、危险化学品防火安全柜

1. 危险化学品防火安全柜设计要求和特点

防火安全柜是为危险化学品提供安全储存、分装以及分类管理的、采用防静电设计、具有有防火功能的储存柜，如图3-1所示。

图3-1　存放危险化学品的防火安全柜（示例）

危险化学品防火安全柜应达到以下要求：

（1）柜体全身均为双层防火设计，采用进口镀锌钢结构。

（2）柜体底部有可调节镀锌钢平衡脚。

（3）柜外喷环氧树脂，厚度不小于1.2mm。

（4）柜体两侧配有2个通风口，可供连接通风系统。

（5）三点式自动门锁，钢琴式门铰，并配有带锁把手。

（6）镀锌钢层板带防漏挡边，外喷环氧树脂，可上下调节。

危险化学品防火安全柜具有以下特点：

（1）具有耐强酸、强碱与抗腐蚀的特性。

（2）柜体顶部特殊设计，可兼做工作台使用。

（3）挂锁设计，提供更高的安全保障。

（4）降低环境污染，保护操作者的安全。

（5）柜内层板可根据需要取消，也可在标配基础上增配层板，以增强空间使用率。

2. 防火安全柜的颜色分类

储存危险化学品的防火安全柜分为黄色、红色和蓝色，如图3-2所示。3种颜色的防火安全柜储放化学品类型不同：黄色安全储存柜，用于存储各类易燃物品；红色安全储存柜，用于存储各类可燃物品，闪点在45℃以上；蓝色安全储存柜，用于存储各类弱腐蚀性物品或弱酸弱碱。

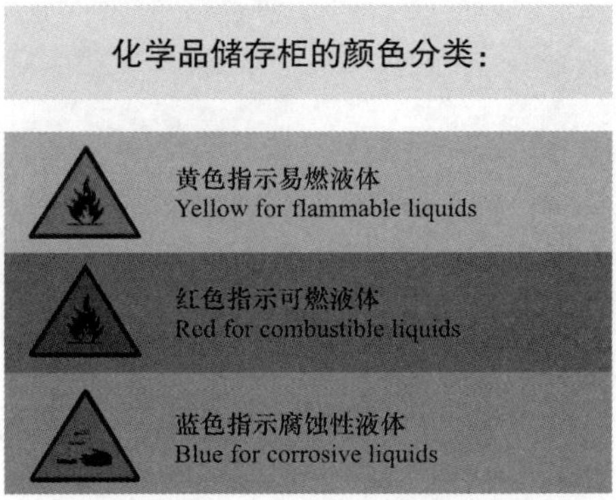

图3-2　储存危险化学品的防火安全柜颜色分类

3. 使用危险化学品防火安全柜的目的

（1）预防火灾发生，防火安全柜中的漏液槽可使意外流出的液体不外溢。

（2）保护人员的生命安全、保护财产、环境。

（3）减少成本，提高工作效率，因为体积小，可以摆放在工作场所存放易燃易爆品，不用频繁往返危险品储藏室，省时省力。

（4）实现各种危险化学品的有效管理，不同颜色的安全柜功能不一样，可存放的化学用品也不同，分门别类存储，一目了然便于管理。

（5）在储存化学品的过程中，使用有色标签来识别、整理、分开各种易燃或危险液体，同时又能在发生火灾时方便消防人员识别危险。

4. 危险化学品防火安全柜使用注意事项

（1）防火安全柜必须水平安装放置，为了保持安全柜在某些不平坦位置的水平摆放，可以通过调节底部的支脚来达到要求。

（2）防火孔，带有防火消焰装置的通风口，分别位于柜身的两侧，更好地保持通风和排气。这个孔在平时还是通风的，但在发生火灾的情况下，高温熔断熔线后，孔盖里的零件会自动撑开，然后密闭柜子。在特别要求时，还要为安全柜增加通风系统。

（3）安全柜必须接地，防火安全柜采用防静电设计，里面配有一根防静电导线，其作用是消除与导走静电，防止静电火花造成的火灾。安全柜的接地包括内部接地和外部接地。

　1）外部接地，在安全柜专门设置的接地点安装接地螺栓和接地线，接地线另一端连接在接地母线或者接地棒上。

　2）内部接地，当在安全柜内分装液体时，确保金属之间的电流导通性是很重要的。对于涂了漆的产品，需要刮掉点漆露出金属部分以供连接。有些接地夹设计有锥形尖端，以供刺破涂料。摇动接地夹，直到接地夹的尖端刺破了涂料与金属部分接触。

（4）确保防火柜三点联动式的自锁装置门锁完好。采用双人双锁管理。

（5）柜内易燃液体始终保持密封。

（6）柜外应张贴明显的、能反光或者夜光的标签。

第三节　电力生产现场危险化学品搬运与装卸

一、危险化学品搬运和装卸的基本要求

（1）装卸搬运现场应有统一指挥，有明确固定的指挥信号，以防作业混乱发生事故。作业现场装卸搬运人员和机具操作人员，应严格遵守劳动纪律，服从指挥，非装卸搬运人员不准在作业现场逗留。

（2）车辆进入危险货物装卸作业区，应按该区有关安全规定驶入装卸货区。进入库区的机动车辆必须符合安全规定，汽车要戴好防护罩，排气管不得直接对准库门。车辆停靠货垛时，应听从作业区指定人员的指挥，车辆与货垛之间要留有安全距离；待装、待卸车辆与装卸货物的车辆应保持足够的安全距离并不准堵塞安全通道。装卸过程中，车辆的发动机必须熄灭并切断总电源。在有坡度的场地装卸货物时，必须采取防止车辆溜坡的有效措施。驾驶员不准离开车辆。在装卸过程中，驾驶员负责监装监卸，办理货物交接签证手续时要点交。装车完毕，驾驶员必须对货物的堆码、遮盖、捆扎等安全措施及对影响车辆启动的不安全因素进行检查。装卸过程中需要移动车辆时，应先关上车厢门或栏板。若原地关不上时，必须有人监护，在保证安全情况下才能移动车辆，起步要慢，停车要稳。汽车、拖拉机不准进入甲、乙、丙类物品库房，进入甲、乙类物品库房的电瓶车、铲车必须是防爆型的。蒸汽机车驶入库区时，应当关闭灰箱和送风器，不得在库区内清炉。危险货物运达卸货地点后，因故不能及时卸货，在待卸期间，行车人员应会同押运人员负责看管货物。各种机动车辆装卸物品后，不可以在库区、货场内停放和检修。

（3）对各种装卸设备，必须制定安全操作规程，并由经过操作训练的专职人员操作以防发生事故。机械装卸作业时，必须按核定负荷量减载25%，装卸人员必须服从现场指挥，防止货物剧烈晃动、碰撞、跌落。在装卸搬运危险品操作时，必须严格执行操作规程和有关规定，预先做好准备工作，认真细致地检查装卸搬运工具及操作设备。工作完毕后，沾染在工具上面的物质必须清除，防止相互抵触的物质引起化学反应。对操作过氧化剂物品的工具，必须清洗后方可使用。作业现场必须远离热源和火源。

（4）人力装卸搬运时，应量力而行，协调配合，不可冒险违章操作。根据不同的危险特性，应分别穿戴相应的防护用具。操作人员不准穿带钉子的鞋。装卸甲、乙类

物品时，操作人员不准穿戴易产生静电的工作服、帽和使用易产生火花的工具。对有毒的腐蚀性物质更要注意，在操作时间后，应适当呼吸新鲜空气，避免发生中毒事故。操作完毕后，应对防护用具进行清洗或消毒，保证人身安全。各种防护用品应有专人负责，专储保管。在操作各类危险化学品时，企业应在经营店面和仓库，针对各类危险化学品的性质，准备相应的急救药品和制定急救预案。

（5）装卸危险品应轻搬轻放，防止震动、撞击、重压、摔碰、摩擦和倒置。液体铁桶包装卸垛，不宜用快速溜放办法，防止包装破损。对破损包装可以修理的，必须移至安全地点，整修后再搬运，整修时不得使用可能发生火花的工具。

（6）不得用同一车辆运输互为禁忌的物料，两种性能相互抵触的物质，不得同时装卸。对怕热、怕潮物资，装卸时要采取隔热、防潮措施。闪点在28℃以下的易燃液体等怕热物品在气温高于28℃时最好在早晚或夜间出入库和运输。

（7）装卸操作时应根据货物包装的类型、体积、重量、件数的情况，并根据包装储运图示标志的要求，轻拿轻放。谨慎操作，严防跌落、摔碰，禁止撞击、拖拉、翻滚、投掷。同时，必须做到：

1）堆码整齐，靠紧妥帖，易于点数。

2）堆码时，桶口、箱盖朝上，允许横倒的桶口及袋装货物的袋口应朝里。

3）装载平衡，高出栏板的最上一层包装件，堆码时应从车厢两面向内错位骑缝堆码，超出车厢前栏板的部分不得大于包装件高度的1/2。

4）装运高出车厢栏板的货物，装车后，必须用绳索捆扎牢固，易滑动的包装件，必须用防散失的网罩覆盖并用绳索捆扎牢固或用苫布覆盖严密，必须用两块苫布覆盖货物时，中间接缝处必须有大于15cm的重叠覆盖，且车厢前半部分苫布需压在后半部分苫布上。

5）装有通气孔的包装件，不准倒置、侧置，防止所装货物泄漏或进入杂质造成危害。

（8）罐（槽）车散装液体装卸前应对罐（槽）进行检查，必须做到罐（槽）体无渗漏现象；罐（槽）内应无与待装货物相抵触的残留物；阀门必须关紧；罐（槽）体与车身必须紧固，罐（槽）盖必须严密；卸料导管必须良好；装运易燃易爆的货物，导除静电装置必须良好；罐（槽）体改装其他液体，必须经过清洗和安全处理，经检验合格后方可使用。其污水应按指定地点排放。

装卸时，操作人员应站在上风处，密切注视进料情况，防止货物溢出。认真核对货物品名后，按车辆核定吨位装载，并留有规定的膨胀余位。装货后，关紧罐（槽）进料口盖，严禁超载。

卸货时，储罐（槽）所标货名应与所卸货物相符，卸料导管应支撑固定，紧固卸料导管与阀门的连接处，阀门要逐渐开启。

装卸货物时，操作人员不得擅离操作岗位。卸货时，罐（槽）内货物必须卸净，然后关紧阀门，收好卸料导管和支撑架。

（9）罐（槽）车液化气体灌装前，必须对罐（槽）体阀门和附件（安全阀、压力计、液位计、温度计）以及冷却、喷淋设施的灵敏度、可靠性进行检查，并确认罐（槽）体内有规定的余压，如无余压者，经化验含氧不超过2%时，方可充灌。

车辆进入储罐区前，必须停车提起导除静电装置，进入充灌车位时再接好导除静电装置。

（10）灌装时要严格控制灌装规定定量，做好灌装量复核、记录，严禁超量、超温、超压，其装卸作业顺序如下：

1）到指定地点开启排放阀，打开30%~50%，放掉残留气体，保持罐（槽）内压力低于罐（阀槽）车压力1~1.5kPa。

2）打开球阀的快速接头盖，并关闭排放阀。

3）接通罐（槽）车与装卸液料管线之间的装卸软管。

4）慢慢开启罐（槽）车的紧急切断阀。

5）观察各零部件和仪表压力、温度、液位指示均正常，再慢慢地按顺时针方向开启气相阀和液相阀，并注意压力表、温度计、液位计变化情况。

6）要认真检查设备运转是否正常，并按时加润滑油，发现异常应立即停泵。

7）装卸作业完毕，先关闭球阀，再关闭紧急切断阀。

8）打开排气阀，排出残留气体，拆下装卸软管，盖上接头盖，关闭排空阀。

（11）发生下列异常情况时，一律不准灌装，操作人员应立即采取紧急措施，并及时报告有关部门：

1）容器工作压力、介质温度或壁温超过许可值，采取各种措施仍不能使之下降。

2）容器的主要受压元件发生裂缝、鼓包、变形、泄漏等缺陷危及安全。

3）安全附件失效，接管端断裂、紧固件损坏难以保证安全运输的。

4）雷击、暴风雨天气或附近发生火灾。

禁止采用蒸汽直接灌入罐（槽）体内升压或直接加热罐（槽）体的方法卸液。卸液后，罐（槽）内必须有规定的余压。操作人员不得离开岗位。

运输途中应严密注视车内压力表的工作情况，发现异常，应立即停车检查，排除故障后，继续运行。

（12）散落在地面上的物品，应及时清除干净。对于清扫起来的没有利用价值的废物，应采用合适的物理或化学方法处置，以确保安全。

（13）装卸作业完毕后，应及时洗手、洗脸、漱口或淋浴。中途不得饮食、吸烟，并且必须保持现场空气流通，防止沾染皮肤、黏膜等。如装卸人员发现头晕、头痛等中毒现象，应按急救知识进行急救，严重者要立即送医院治疗。装卸作业结束后，应对库房、库区进行检查，确认安全后方可离人。

（14）船舶运输危险化学品的装卸应遵守《水路危险货物运输规则》（交通部令第10号，1996年11月4日）的相关规定。

二、各类危险化学品在搬运和装卸过程中应注意的安全问题

1. 爆炸品搬运与装卸的安全要求

（1）在装卸前，要仔细检查运输工具是否符合要求，车厢内、船舱内有无残留与待运爆炸品危险性质相抵触的物品，如果发现易燃物、酸、碱、油污等残迹时，一定要清理干净，必要时用水冲洗，车厢、船舱内如果有金属突出部分，应采用木板遮隔起来，以防与爆炸品撞击发生危险。

（2）爆炸品应专车、专船运输，严禁与易燃物、氧化剂、酸、碱、盐类、金属粉末和钢材料器具等混运。运输爆炸品不得使用易发火花的车和电瓶车、铁轮马车、拖车等。

（3）装卸运输爆炸品应有专人指导，以保证操作安全。在装卸现场应设有"禁止烟火"的明显标志，周围远离火种，禁止无关人员进入现场。禁止携带火柴、打火机等进入装卸现场，禁止吸烟和打手机。

（4）在爆炸品的装卸和搬运过程中，开关车门、车窗不得使用铁撬棍、铁钩等铁质工具，必须使用时，应采取具有防火花涂层等防护措施的工具。装卸搬运时应穿工作服，戴手套、口罩等必需的防护用品，防止吸入蒸气、粉尘或使皮肤受到刺激。不准穿铁钉鞋，使用铁轮、铁铲头推车和叉车应有防火花措施。禁止使用可能发生火花的机具设备。

（5）装卸车、船时，不要在爆炸品包装上踩踏。车辆停放要与库门保持一定的距离，保持道路畅通平坦。在雨后或冬季，地面较滑时，可用沙土、草席、炉灰铺垫，防止人倒车翻引起的爆炸。

（6）作业时应轻拿轻放，避免摔碰、撞击、拖拉、摩擦、颠簸、震荡、翻滚，以防引起爆炸。搬运时最好用双手搬，重量较大的要由两个人抬，或用胶轮小车搬运，禁止背负，可以肩扛，但必须有专人接肩，以防震摔引起爆炸。发现跌落破损的货件不得装车，应另行放置，妥善处理。

（7）爆炸物在车、船装卸时，要堆放平稳，车厢、船底最好铺垫麻袋或草袋，箱

与箱之间要放稳，装完后要用绳索捆牢，防止途中摇动撞击。阴雨天要苫盖周密。整体爆炸物品、抛射爆炸物品和燃烧爆炸物品的装载和堆码高度不得超过1.8m。

（8）对散落的粉状或粒状爆炸品，应先用水润湿后，再用锯末或棉絮等柔软的材料轻轻收集，转到安全地带，勿使残留。车、库内不得残留酸、碱、油脂等物质。

（9）爆炸品搬运装卸作业易在白天进行，如果必须在夜间作业时，照明应使用防爆灯具。

2. 压缩气体和液化气体搬运与装卸的安全要求

（1）搬运气瓶时应检查：气瓶上的漆色及标志与各种单据上的品名是否相符，包装、标志、防震胶圈是否齐备，气瓶钢印标志的有效期，瓶壁是否有腐蚀、损坏、凹陷、鼓泡和伤痕等。同时，凭嗅觉检测现场是否有强烈刺激性臭味或异味。

（2）储存压缩、液化气体的钢瓶属压力容器，装卸搬运作业时，应用抬架或橡胶车轮的专用小车，并将有瓶槽的木架固定在小车上，如果没有专用工具，必须用两个人抬，不能用手持安全帽，更不能用肩扛、背负、怀抱、臂挟、托举、滚动、拖拉，装卸时必须轻装轻卸，防止撞击、摔落、抛掷、溜坡等。不得使用电磁起重机搬运，以防电气系统出现故障或电源中断时气瓶跌落。不得使用金属链绳捆绑后吊运气瓶，也不得使用吊钩吊气瓶瓶帽吊运气瓶。

（3）搬运时应先耳听钢瓶是否有"咝咝"漏气声，检查钢瓶的阀门是否漏气；必须戴好钢瓶上的安全帽并拧紧，不可把钢瓶阀对准人身，安全帽要向上，防止钢瓶安全帽脱落及损坏瓶嘴。每个气瓶要有两个橡胶圈套在瓶上，以防搬运时相互碰撞。气瓶应竖立转动，不准脱手滚瓶或传接，气瓶竖放时必须稳妥。

（4）气瓶装车时要戴好钢瓶上的安全帽，钢瓶平卧横放时，应将瓶口朝向同一方向，不可交叉，空隙处应填塞紧密，以防摇动撞击发生危险；垛高不得超过5层且不得超过车辆的防护栏板，并用三角木垫卡牢，防止滚动。气瓶立放时，车厢高度应在瓶高的2/3以上。

（5）装运大型气瓶（盛装净重在0.5t以上的）或成组集装气瓶时，瓶与瓶、集装架与集装架之间需填牢木塞，集装架的瓶口应朝向行车的右方，在车厢前后栏板和气瓶空隙处必须有固定支撑物，并用紧绳器紧固，严防气瓶滚动，重瓶不准多层装载。

（6）卸车时，要在气瓶落地点铺上铅垫或橡皮垫，必须逐个卸车，严禁溜放。

（7）装卸搬运过程中一定要注意采取有效的防火、防晒、隔热措施。装卸机械工具应有防止产生火花的措施。搬运氧气瓶时，氧气钢瓶、工作服及手套和装卸工具不得沾有油脂，如果瓶体沾着油脂时，应立即用四氯化碳揩净。搬运易燃气体钢瓶时，要严禁接触火种，夏季搬运时应安排在早晚凉爽时进行。

（8）装卸有毒气体时应配备防毒用具，剧毒气体钢瓶要当心漏气，防止吸入有毒气体。必要时使用供氧式防毒面具。有毒气体在运输中一定要与其他可燃气体分开。

（9）车下人员必须待车上人员将瓶放妥后，才能继续往车上装瓶。在同一车厢不准有两人同时单独往车上装瓶。

（10）车船运输时应有遮盖设备，防止日晒。

3. 易燃液体搬运与装卸的安全要求

（1）装卸前应先通风，作业中应采取通风措施以控制蒸气浓度，防止作业人员中毒。

（2）作业时禁止使用易产生火花的铁制工具，装卸机等机械设备必须防爆，有导除静电的接地装置，并应具有防止产生火花的措施。

（3）在运输、泵送、灌装时要有良好的接地装置，防止静电积聚。运输易燃液体的槽车应有接地链，槽内可设有孔隔板以减少由震荡产生的静电。

（4）装卸人员应穿防静电工作服，戴手套、口罩等必需的防护用具，不准穿钉鞋。

（5）装卸和搬运中，应轻搬轻放，防止摩擦和撞击。严禁滚动、拖拉等危及安全的操作。装载钢桶包装的易燃液体要采取防磨措施，不得倒放和卧放。大桶不得在水泥地面滚动。

（6）夏季运输要安排在早晚凉爽时间进行，雨雪天作业要采取防滑措施。

4. 易燃固体、自燃物品和遇湿易燃物品搬运与装卸的安全要求

（1）作业时要注意轻拿轻放，远离火种和热源，不得摔碰、撞击、拖拉、摩擦、翻滚，防止容器或包装破损。特别注意勿使黄磷脱水，引起自燃。

（2）易燃固体不可与氧化剂、强酸、强碱、爆炸品共同搬运、同车混装。搬运时散落在地面上和车厢内的粉末，要随即以湿黄沙抹擦干净。装运时要捆扎牢固，使其不摇晃。

（3）装运自燃物品的车辆要有篷布遮阴，防止阳光暴晒。夏天不宜在中午或下午运输，不能和爆炸品、氧化剂、腐蚀品、易燃物品等混装运输。

（4）遇湿易燃物品搬运、装卸时要注意防水、防潮，运输用车船必须干燥，并有良好的防雨设备。雨雪天没有防雨设施不准作业。若有汗水应及时擦干，绝对不能直接接触遇湿易燃物品。

（5）电石桶搬运前必须先放气，使桶内乙炔气放尽，然后搬动；必须两人抬扛，严禁滚桶、重放、撞击、摩擦，防止引起火花；工作人员必须站在桶身侧面，避免人身冲向电石桶面或底部，以防爆炸伤人；不得与其他类别危险化学品混装混运。

（6）船舶装载时，配装位置应远离机舱、热源、火源、电源等部位；要有良好的

通风设备；通风筒有防火星的装置。三乙基铝、铝铁熔剂严禁配装在甲板上。铁桶包装的自燃物品（黄磷除外），每层之间应用木板等衬垫牢固，防止摩擦、移动。

（7）装卸搬运机具应有防止产生火花的措施，宜使用包铜或铜制工具。

（8）装运时要将储存的场地、库房清扫干净，以免其残留的物品与本类物品相混。

（9）装卸易燃物品时，装卸人员应穿工作服，戴手套、口罩等必需的防护用具，不准穿钉鞋。

5. 氧化剂和有机过氧化物搬运与装卸的安全要求

（1）在运输时，特别要注意它们的氧化性和着火爆炸并存的双重危险性。有些在运输时，为了保证安全，必须加入稳定剂来退敏。有的在运输时还需要控制温度。

（2）氧化剂应单独装运，不得与酸类、有机物、自燃、易燃、遇湿易燃的物品混装混运，一般情况下氧化剂也不得与过氧化物配装。

（3）装车前，车内应打扫干净，保持干燥，不得残留有酸类和粉状可燃物。卸车前，应先通风后作业。

（4）装卸搬运中力求避免摔碰、撞化、拖拉、翻滚、摩擦和剧烈震动，防止引起爆炸，对氯酸盐，有机过氧化物等更应特别注意。

（5）桶装各种氧化剂不得在水泥地面滚动。

（6）搬运工具不得残留或沾有杂质，托盘和手推车尽量专用，装卸机具应有防止产生火花的防护装置。

（7）对于有毒或腐蚀性的氧化剂，操作人员应佩戴相应的防护用具，如防护眼镜、防毒口罩、防毒面具等，以保证装卸人员的人身安全。

6. 有毒品搬运与装卸的安全要求

（1）装卸车等作业前应先行通风，作业区要有良好的通风设施。

（2）装卸易燃毒害品时，机具应有防止发生火花的措施。

（3）装卸有毒品的人员应具有操作有毒品的一般知识。装卸、搬运时严禁肩扛、背负，轻拿轻放，不得撞击、摔碰、翻滚、倒置，以防止包装破损，导致商品外溢。

（4）作业时必须穿戴防护用品。作业人员应佩戴橡胶手套和相应的防毒口罩或面具，穿防护服。特别是搬运容易引起呼吸中毒或者皮肤中毒的挥发性液体毒物时，还要穿紧袖口的布质工作服，外露皮肤要涂防护药膏。用过的工作服、手套等用品必须集中存放在库外安全地点，妥善保管或及时清洗处理。搬运装卸有挥发蒸气或粉尘的有毒品时，工作1~2h，应休息20min，夏季还可以适当延长休息时间。

（5）作业中不得饮食，不得用手擦嘴、脸、眼睛。每次作业完毕，应及时用肥皂或专用洗涤剂洗净面部、手部，用清水漱口，及时清洁身体后方可进食。

（6）装卸高毒农药应有警告标志，不让闲人进入，进入高毒农药存放间的人员要佩戴防毒面具、穿防护服。

（7）装运过有毒品的车辆必须彻底清洗、消毒，否则不能装运其他物品。

（8）剧毒物品在运输过程中必须派专人押运。

（9）船运时，配装位置应远离卧室、厨房。易燃性的有毒品还应与机舱、电源、火源等隔离。卸货时，船边应挂安全网加帆布，防止货物落水污染水源。

7. 放射性物品搬运与装卸的安全要求

（1）运输放射性物品应该有专用车、船，严禁与其他物品混合运输。运输完毕后，应将车船用清水冲洗干净（污水不得流入河道）。装卸放射性物品的车厢和船舱严禁载人。

（2）装卸车前应先行通风。装卸时尽量使用机械作业，要求技术成熟，操作迅速，以减少与人体接触的机会。对采用玻璃瓶包装的放射性物品，一定要注意轻拿轻放。如果没有机械设备时，可以用手推车推或者两个人抬，严禁肩扛、背负、撞击、翻滚。操作时间应根据不同放射剂量而定，不宜过久过累。操作人员必须做好个人防护，工作完毕必须洗澡更衣。防护服应单独清洗。

（3）在搬运Ⅲ级放射性包装件时，应在搬运机械的适当位置上安装屏蔽物或穿防护围裙，以减少人员受照剂量。

（4）皮肤有伤口、孕妇、哺乳妇女和有放射性工作禁忌证（如白血球低于标准浓度）者不能参加放射性货物作业。

（5）装卸、搬运放射性矿石、矿砂时，作业场所应喷水防止飞尘，作业人员应穿戴工作服、工作鞋，戴口罩和手套。

（6）运输过程中，可利用木板、铁板、草席、纸板等吸收遮挡射线，也可用小剂量物品遮挡大剂量物品。

8. 腐蚀性物品搬运与装卸的安全要求

（1）运输车内应保持清洁，不得留有稻草、木屑、煤炭、油脂、纸屑、碎布等可燃物。

（2）装卸一定要在良好的通风环境中进行。作业区要有良好的通风设施，并且要先通风，再作业。作业现场要远离热源和火源。不能使用沾染异物和能产生火花的工具。

木箱、花格木箱等外包装的加固材料有铁钉、铁皮，容易被腐蚀破坏，装卸时，事先必须注意检查。垛底外包装受潮也容易被腐蚀，在搬运操作前，库房管理人员应进行详细的检查，以防止发生事故。

（3）腐蚀性物品多数是液体，一般是用玻璃和陶瓷容器盛装。在搬运装卸时，严禁肩扛、背负、撞击、拖拉、翻滚，防止摩擦震动和撞击，防止容器破碎。

（4）腐蚀性物品装载不宜过高，货物堆码必须平稳牢固，严禁架空堆放；坛装腐蚀品运输时，应套木架或铁架。

（5）硫酸等强酸类的灌酸工作需要特别注意：在工作地点挂上"注意"的标识；打开槽罐的人孔盖时，切忌动作过快过猛，防止里面的气体压力过大而伤害人体，应先将盖的螺栓慢慢松开，使里面的气体放出，待内外气压一致时，再将盖子打开；不要将有机物、水以及其他异物混入槽中；灌酸结束后，将人孔盖、管子盲板法兰等开口部分完全紧密关闭。在运输前仔细检查是否有漏酸或漏气。在整个的安装和拆卸操作中，使用的工具要防止产生火花，严禁用坚硬的东西如锤子、凿子等敲打。装卸硫酸时需要压缩空气，装硫酸时如发现人孔盖的螺栓已紧固，此时还出现漏气，则必须停止压缩空气的送入，检查是否人孔盖的垫片不合适，如不合适则应立即更换垫片。卸硫酸时的压缩空气必须先尽可能除去油、水分及其他杂质，必须保持气密。

（6）作业前应穿戴耐腐蚀的工作服、戴护目镜、胶皮手套、胶皮围裙、长筒胶靴、套袖、套裤等必需的防护用品，对易散发有毒蒸气或烟雾的腐蚀品装卸作业，还应备有防毒面具。严禁作业过程中饮食；作业完毕后必须更衣洗澡；防护用具必须清洗干净后方能再用。

（7）操作人员要站在上风头操作，或者用电风扇通风排毒。操作人员必须随时注意休息，呼吸新鲜空气。装卸现场应备有清水、苏打水和稀硼酸或稀醋酸溶液等救护物品和药水，以备急用。

第四节　电力生产现场废弃危险化学品处置

一、废弃危险化学品属于危险废物

废弃危险化学品，是指未经使用而被所有人抛弃或者放弃的危险化学品，包括淘汰、伪劣、过期、失效的危险化学品，以及由公安、海关、质检、工商、农业、安全监管、环保等主管部门在行政管理活动中依法收缴的危险化学品和接收的公众上交的危险化学品。

废弃危险化学品属于危险废物，列入国家危险废物名录。盛装废弃危险化学品的容器和受废弃危险化学品污染的包装物，按照危险废物进行管理。

废弃危险化学品处理所采用的方法包括物理技术、化学技术、生物技术及其混合技术。部分废弃化学品虽然所含的有毒有害化学品浓度高，常会杀死微生物，但有时仍适宜用生物法处理，由于部分废弃危险化学品的有毒有害性质，生物处理技术应用范围受到了一定的限制。固化/稳定化技术是最常用的物理化学技术之一，将危险废物变成高度不溶性的稳定物质，这就是固化/稳定化。

二、采用物理处理技术处置废弃危险化学品

废弃危险化学品在最终处置之前可以用多种不同的处理技术进行处理，其目的都是改变其物理化学性质，如减容、固定有毒成分和解毒等。处理某种废物应选用何种最佳的实用方法取决于许多因素，这些因素包括处理或处置装置的有效性及适用性、安全标准和成本等因素。例如，可燃性有机溶剂通常是有毒的，其蒸气与空气混合时会发生爆炸，这种废液大多可以回收，实际上经常是在其产生源就应进行回收。如果遇到不能回收的场合，燃烧常常是最合适的处置方法。不可燃的有机溶剂包括由有毒的氯代烃类脱脂剂及油化剥离剂组成的油脂状废弃物，它们虽然是不可燃的，但实际上最佳处置方法是在特殊的高温焚烧炉中添加柴油或其他合适的辅助燃料进行焚烧，焚烧炉配备有洗涤设备，以去除焚烧所产生的氯化氢等有毒有害气体。物理处理技术是通过浓缩或相变化改变危险废物的形态，使之成为便于运输、储存、利用或处置的形态。

物理处理技术涉及的方法包括固化、沉降、分选、吸附、萃取等，主要作为对废物进行资源回收或最终处置前的预处理。

1. 固化技术

固化法或者固定法，是将废物转化成不溶性的坚硬物料，通常用作填埋处理前的预处理，将废弃物与各种反应剂混合，转化成一种水泥状产物。例如，玻璃制造、木材防腐、皮革及毛皮处理等工艺都会产生含砷废物，砷及其化合物具有毒性。因此，其工业加工及处理过程需广泛地加以控制。最理想的处置方法是回收，但在某些场合不能回收时，通常是在最严格的安全措施下将各种含砷废物进行包裹处理，对于大量含砷废物，将废物装入混凝土箱中是符合要求的。

2. 沉降技术

沉降是依靠重力从液体中除去悬浮固体的过程。沉降用于去除相对密度大于液体的悬浮颗粒，只要悬浮物质是可沉降的，可使用包括絮凝剂/凝聚剂在内的化学助剂，使沉降效率得到提高。由于沉降操作比较方便，因而沉降技术用途广泛，几乎可应用于一切含悬浮固体的废水处理，也可以方便地组合成更复杂的处理系统作为预处理或后处理方法，如在化学处理的沉淀法中也通常要用沉降技术。

3. 萃取技术

溶剂萃取，也称液–液萃取，即溶液与对杂质有更高亲和力的另一种互不相溶的液

体相接触，使其中某种成分分离出来的过程。这种分离可以是由于两种溶剂之间溶解度不同或是发生了某种化学反应的结果。

三、采用化学处理技术处置废弃危险化学品

化学处理技术是将危险废弃物通过化学反应，转化成无毒无害的化学成分，或者将其中的有毒有害成分从废弃物中转化分离出来，或者降低其毒害危险性。化学处理技术应用最为广泛、最为有效，如氰化物是一种常见的有毒物质，可以是液态或者固态的，可以用比较简单的方法将氰化物转化成无毒无害的其他物质，这样需要处置的废弃物就大大减少。含氰化物的液体废弃物可用化学氧化法处理。在存在铬酸盐废弃物的场合，这种废物可用作还原剂，可用于将六价铬还原成毒性低得多的三价铬。常用的化学处理技术包括化学沉淀法、氧化法、还原法、中和法、焚烧法等。

1. 化学沉淀法

对废弃化学品中各种有毒有害的重金属化合物，在处理时，可通过将其溶解后，加入氢氧化物、硫化物等沉淀剂，将其中的有毒有害阳离子从液相中沉淀或过滤分离出来；如果能沉降但效果不好时，可通过加入絮凝剂加快沉淀作用。所生成的氢氧化物或硫化物沉淀还可通过煅烧、氧化、酸化等方法对其中的重金属回收利用，实现变废为宝的目的。

2. 氧化法

通过加入氧化剂，使废弃化学品中的有毒有害成分转化为无毒或低毒的物质。常用的氧化剂有过氧化氢、高锰酸钾、氯化物（如次氯酸盐）、臭氧等。如过氧化氢可在很大的温度和浓度范围内用来氧化酚类、氰化物类、硫化物及金属离子；高锰酸钾是一种较强的氧化剂，可与醛类、硫醇类、酚类及不饱和酸类反应，高锰酸钾的还原态是二氧化锰，二氧化锰可用过滤法除去。高锰酸钾主要用于分解酚类化合物，它使酚的芳环结构裂开生成直链脂肪族分子，然后将脂肪族分子氧化成二氧化碳和水；次氯酸盐常被用于处理氰化物，将氰离子氧化成无害的物质，次氯酸盐也能氧化酚类化合物，但若反应过程控制不当会生成有毒的氯酚类，所以此方法通常不被利用；臭氧对处理酚类比较有效，其氧化能力比过氧化氢大，而且没有选择性，因此可以氧化许多物质。其处理低浓度酚类废弃物时，通常的做法是将酚类化合物氧化成有毒但容易降解的有机中间化合物。臭氧处理的最大优点是净化率高，不产生二次污染，但因臭氧的制备能耗大，成本高，同时臭氧的运输储存相对比较困难，因此应用较少，尤其是对中、高浓度的废水处理一般先使用其他方法进行处置。

3. 还原法

当废弃化学品具有氧化性时，可用还原法对其进行无害化或减害化处理。如铬酸

是一种广泛用于金属表面处理及镀铬过程的有腐蚀性的有毒有害化学品，六价铬有很强的毒害性。铬酸在化学上可被还原成三价铬状态。三价铬不但毒害性能降低，而且它的许多化合物的溶解性很小，可在后继的处理过程中转化为沉淀从而得到分离和回收。许多化学品均能作为有效的还原剂，如二氧化硫、亚硫酸盐类、酸式亚硫酸盐类及亚铁盐类等。

4. 中和法

工业企业及化学工业产生大量的酸、碱性水溶液。许多金属处理过程也产生大量酸性废液，废液中含有诸如铁、锌、铜、钡、镍、铬、锡及铅等金属，这类废液腐蚀性极强，在它们的腐蚀性造成危害的场合，需要将其中和。消石灰是便宜又实用的碱性物质，因此常被选用来处理大量废酸，中和所产生的石膏可能是个问题，遇到这种情况，可将石膏过滤后进行填埋。碱性废液也主要来自工业及化工厂，但其组成甚至比酸性废液复杂，在处理时回收有用物质也要困难得多，其中除废黏土、催化剂、金属氢氧化物这些固体物质外，可能还有酚类、环烷酸盐、磺酸盐、氰化物、重金属、脂肪类、油类、焦油状物质、天然或合成树脂类。在需要加酸中和时，最常用的有硫酸及盐酸，硫酸会生成较多的不溶性沉淀物，因此产生的残渣会比加盐酸时多，其优点是成本较低。

中和是将酸性或碱性废液的pH值调至接近中性的过程，许多工业产生酸性或碱性的废水。在诸多情况下，酸碱性较强的废弃物需要进行中和。例如：沉淀可溶性重金属，防止金属腐蚀和对其他建筑材料的损害，预处理以便能进行有效的生物处理。简言之，中和法就是酸和碱的相互作用。溶液呈酸性是由于H^+的原因，同样，溶液呈碱性是由于OH^-的原因。通常情况下，应根据废弃物的特性及后处理步骤或用途来选择合适的中和方法。

5. 焚烧法

焚烧指燃烧危险废弃物使之分解并无害化的过程，焚烧是一种高温热处理技术，即以一定的过剩空气与被处理的有机废弃物在焚烧炉内进行氧化燃烧反应，废弃物中的有毒有害物质在高温下因氧化、热解而破坏，是一种可同时实现废弃物的减量化、无害化、资源化的处置技术。焚烧的主要目的是尽可能地破坏废弃物的化学组成结构，使被焚烧的物质变为无害和最大限度地减容，并尽量减少新的污染物质产生，避免造成二次污染。

废弃物的焚烧和其他处理方式相比，具有下列4个优点：

（1）减量，可以减少废弃物的体积和质量。

（2）消毒，可以去除有毒有机物、可燃性致癌物质或感染性病理废物。

（3）二次污染程度低，而且由于质量大幅减少，残渣经最终处置后所产生的长期性后遗危害及污染低。

（4）能量回收，可以利用产生蒸汽，供制造过程供热或发电所用。

焚烧法不但可以处置固体废弃物，还可以处置液体危险废弃物和气体危险废弃物。焚烧适宜处置有机成分多、热值高的废弃物，当处理可燃有机物组分很少的废弃物时，需要补加大量的燃料，这会使运行费用增高。不适合焚烧的废弃物包括易爆炸的废弃物和放射性废弃物。对于低放射性废弃物，只要严格控制放射性同位素的排放量，也可能安全地焚烧，但焚烧过程不能降低放射量。

四、采用固化／稳定化技术处置废弃危险化学品

1. 固化/稳定化技术应用

早在20世纪50年代初期，欧美等工业发达国家就开始研究用水泥固化和沥青固化的方法处理放射性废物，后来又研究出针对高放射性废物的玻璃固化与塑料固化技术。目前，这些方法已被许多国家采用，并积累了大量的经验。危险废物固化/稳定化处理的目的是使危险废物中的所有污染组分呈现化学惰性或被包容起来，以便运输、利用和处置。固化/稳定化既可以是危险废物的一个单独的处理过程，也可以是最终处置前的一个预处理过程。固化稳定化技术已经被广泛地应用于危险废物管理中，它主要被应用于下列几个方面：

（1）对具有毒性或强反应性等危险性质的废弃物进行处理，可使其满足填埋处置的要求。例如，在填埋处置液态或膏状的危险废弃物时，必须使用物理或化学方法进行固化，使其即使在很大的压力下或者在降雨的淋溶下也不至于扩散污染。

（2）其他处理过程所产生的残渣的无害化处理，例如废弃物焚烧产生的飞灰。焚烧过程可以有效地破坏有机毒性物质，而且具有很好的减容效果，但与此同时，也必然会在飞灰里富集某些化学成分，甚至会富集放射性物质。

（3）对土壤进行去污。在大量土壤被有机或者无机有毒有害物质污染时，需要借助稳定化技术或其他方式使土壤得以恢复。与其他方法（例如封闭与隔离）相比，稳定化技术的作用相对持久，在大量土地遭受较低程度的污染时，稳定化尤其有效。因为在大多数情况下，填埋、焚烧等方法所必需的开挖、运输、装卸等操作会引起污染土壤的飞扬和其中污染物的挥发而导致二次污染，而且通常开挖、运输比填埋、焚烧成本要高得多。

2. 固化/稳定化技术涉及的主要过程

在一般情况下，稳定化过程是选用某种适当的添加剂与废弃物混合，以降低废弃物的毒性和减小污染物自废弃物到生态系统的迁移率。因而它是一种将污染物全部或部分地固定于作为支持介质的黏结剂或其他形式的添加剂上的方法。固化过程是一种利用添加剂改变废弃物的工程特性（例如渗透性、可压缩性和强度等）的过程。固化

可以看作是一种特定的稳定化过程，可以理解为稳定化的一个部分，但从概念上它们又有所区别。无论是稳定化还是固化，其目的都是减小废弃物的毒性和可迁移性，同时改善被处理对象的工程性质。

（1）固化：在危险废弃物中添加固化剂，使其转变为不可流动固体或形成紧密固体的过程。固化的产物是结构完整的整块密实固体，这种旧体可用方便的尺寸进行运输，而无须任何辅助容器。

（2）稳定化：将有毒有害物质转变为低溶解性、低迁移性及低毒性的物质的过程。稳定化一般可分为化学稳定化和物理稳定化。化学稳定化是通过化学反应使有毒有害化学物质变成不溶性化合物，使之在晶格内稳定不动；物理稳定是将废弃物与一种疏松物料（如粉煤灰）混合生成一种粗颗粒的具有土壤状坚实度的固体，这种固体可以用运输机械送至处置场。实际操作中，这两种过程是同时发生的。

虽然有多种固化/稳定化方法得到应用，但是迄今为止尚未研究出一种适用于处理任何类型危险废物的最佳固化/稳定化方法。目前所采用的各种固化稳定化方法，往往只能适用于处理一种或几种类型的危险废物。根据固体基材及固化过程，目前常用的固化稳定化方法主要包括：水泥固化、塑性材料固化、熔融固化（玻璃化）、有机聚合物固化、自胶结固化、陶瓷固化等。

第四章
电力生产现场危险化学品安全使用要求

第一节　电力生产现场危险化学品安全使用要求

一、电力生产现场危险化学品安全使用总要求

（一）对危险化学品使用单位的基本要求

1.《危险化学品安全管理条例》对危险化学品使用的有关规定

（1）使用危险化学品从事生产的单位，其生产条件必须符合国家标准和国家有关规定，并依照国家有关法律、法规的规定取得相应的许可，必须建立健全危险化学品使用的安全管理规章制度，保证危险化学品的安全使用和管理。

（2）危险化学品的使用单位，应当根据危险化学品的种类、特性，在车间、库房等作业场所设置相应的监测、通风、防晒、调温、防火、灭火、防爆、泄压、防毒、消毒、中和、防潮、防雷、防静电、防腐、防渗漏、防护围堤或者隔离操作等安全设施、设备，以及通信、报警装置，并按照国家有关标准、规定进行维护、保养，保证处于良好状态。

（3）使用剧毒化学品的单位，应当对本单位的生产、储存装置每年进行一次安全评价；使用其他危险化学品的单位，应当对本单位的生产、储存装置每两年进行一次安全评价。安全评价报告应当对生产、储存装置存在的安全问题提出整改方案。安全评价中发现生产、储存装置存在现实危险的，应当立即停止使用，予以更换或者修复，并采取相应的安全措施。安全评价报告应当报所在地设区的市级人民政府负责危险化学品安全监督管理综合工作的部门备案。

（4）剧毒化学品的使用单位，应当对剧毒化学品的流向、储存量和用途如实记录，并采取必要的保安措施，防止剧毒化学品被盗、丢失或者误售、误用；发现剧毒化学品被盗、丢失或者误售、误用时，必须立即报告当地公安部门。

（5）任何单位和个人不得使用国家明令禁止的危险化学品，禁止用剧毒化学品生产灭鼠药以及其他可能进入人们日常生活的化学产品和日用化学品。

2. 危险化学品使用单位应履行的职责

（1）应将危险化学品的有关安全卫生资料向员工公开，教育员工识别安全标签、了解安全技术说明书、掌握必需的应急处理方法和自救措施，并经常对员工进行工作场所安全使用危险化学品的教育和培训。

（2）所使用的危险化学品应有标识、安全标签，并向操作人员提供安全技术说明书；在危险化学品工作场所应设有急救设施，并提供应急处理的方法。

（3）购进危险化学品时，必须核对包装（容器）上的安全标签；安全标签若脱落或损坏，经检查确认后应补贴。需要将危险化学品转移或分装到其他容器时，应标明其内容，并在转移或分装后的容器上加贴安全标签；盛装危险化学品的容器在未净化处理前，不得更换原安全标签。

（4）对工作场所使用危险化学品产生的危害应定期进行检测和评估，对检测和评估结果应建立档案。作业人员接触的危险化学品浓度不得高于国家规定的标准；暂时没有规定的，使用单位应在保证安全作业的情况下使用。

（5）使用单位应通过下列方法，消除、减少和控制工作场所危险化学品产生的危害：选用无毒或低毒的化学代替品；选用可将危害消除或减少到最低程度的技术；采用能消除或降低危害的工程控制措施；采用能减少或消除危害的作业制度和作业时间；采用其他的劳动安全卫生措施。

（6）对盛装、输送、储存危险化学品的设备，采用颜色、标牌、标签等形式，标明其危险性。对盛装危险化学品的废旧容器应按国家有关规定清除化学废料和清洗。

（二）作业人员使用危险化学品的基本注意事项

作业人员在使用危险化学品时，必须注意：

（1）必须严格遵守使用危险化学品的安全操作规程。

（2）在使用危险化学品之前，必须仔细阅读危险化学品安全技术说明书，尤其是有关安全注意事项和应急方面的内容。

（3）按照工厂和安全技术说明的要求穿戴好个人防护用品，不能直接接触会引起过敏和会经皮肤吸收引起中毒的危险化学品。

（4）使用作业时精神要集中，严禁打闹嬉戏。

（5）严禁在危险化学品工作场所进食、饮水或喝饮料。

（三）危险化学品使用设施安全控制的基本原则

危险化学品使用设施安全控制的目的是通过采取适当的工程技术措施，消除或降低工作场所的危害，防止操作人员在作业时受到危险化学品的侵害。

（1）消除。通过工艺改革和合理的设计，可以从根本上消除危险化学品的危害，例如使用水基涂料（水溶性乳胶漆等）代替有机溶剂的涂料以消除有机溶剂的危害，采用机械手喷涂代替手工喷涂等。

（2）减弱。通过变更工艺控制化学品的危害，例如采用可燃化学品替代易燃化学品，选用毒性较低化学品替代毒性较高的化学品等。另一类减弱措施是当意外事故发生时，可以使事故损失或职业危害最小化。

（3）预防。采取各种预防性技术措施，防止危险变为事故和职业危害，例如危险化学品的安全泄放设施。

（4）隔离。通过封闭、设置屏障等措施，使作业人员与危险源隔离开的技术措施，避免作业人员直接暴露于危险或有害环境中。

（5）稀释。借助于有效通风，使作业场所空气中有害气体、蒸气的浓度降到安全浓度以下，防止火灾爆炸事故和对作业人员的健康危害。

（6）连锁。当操作失误或设备运行达到危险状态时，能自动终止危险、避免危害发生的一种装置。

（7）警告。当操作过程发生异常或危险性较大的场所产生报警或提示的安全技术措施。

（四）使用易燃危险化学品的安全控制措施

1. 消除着火源或引爆源

使用易燃类危险化学品的单位，应根据规模和使用过程中火灾危险程度，划定禁火区，严格管理火种，杜绝一切可能产生火花的因素。

（1）严格管理明火。禁火区内严禁带入火种和吸烟，因为烟头温度在650~800℃，吸烟引起的火灾约占全部火灾数的17%；禁火区内不准使用电炉、取暖用火炉，这类明火引起的火灾也占到5%；工艺装置中使用明火设备的布置，应尽可能封闭并远离可能泄漏的可燃气体或蒸气的设备；严格动火制度，包括办理动火申请、联系、拆迁、隔离、置换、清洗、移去可燃物、灭火措施、动火分析、检查与监护、现场清理等。

（2）避免摩擦撞击。在危险化学品使用场所，摩擦撞击往往成为火灾爆炸的起因。设备轴承缺油、润滑不均等会发生摩擦发热，可能会引起附着的可燃物着火，因此轴承要及时添油以保持良好润滑；输送易燃气体或液体的管道，应经过试压并定期检查，以防破裂或接头松脱引起喷料、摩擦而发生着火爆炸；盛装易燃气体或液体的气瓶、铁桶或容器，不得用抛、掷、拖、拉、滚的方式搬运，以防相互撞击产生火花，且开桶工具应采用铍铜合金材料制成的防爆工具；在粉碎机、混合机前设置磁铁分离器，防止混入金属异物；使用比空气重、有爆炸危险的化学品的作业场所，应采用不发火花的地面并应禁止穿带钉子的鞋。

（3）隔离高温表面。危险化学品撒落在高温表面会引燃着火。对高温表面主要采取隔热措施，采用绝热材料对热表面进行保温绝热处理（一般对表面温度超过650℃的管线和设备都进行保温层隔热）。

（4）防止电气火花。电气设备引起火灾爆炸在火灾爆炸事故中占有很大的比例，是仅次于明火的第二位原因，电气设备所产生的电弧、电火花或电气线路超负荷、短路、绝缘损坏、接触不良、电线老化等均能产生火花或表面温度过高，引起易燃气体液体或粉尘燃烧爆炸。在易燃易爆危险化学品使用场所，必须按《爆炸危险场所电气安全规程》划定爆炸危险区域等级，并按危险区域等级和爆炸性混合物的级别、组别配置相应的符合国家标准规定的防爆等级的电气设备；防爆电气设备的配置应符合整体防爆要求；防爆电气设备应按规程要求进行施工、安装、维护和检修；严禁在爆炸危险场所使用非防爆电气设备。

（5）消除静电。静电电荷产生的火花，常常导致易燃易爆危险化学品发生火灾爆炸事故，静电荷是由于电介质相互摩擦或电介质与金属摩擦而生成的。防止易燃液体、气体和粉尘产生静电放电的基本措施有接地、增湿、控制流速和加入防静电剂。接地是将设备、管道和容器等全部可靠接地，接地电阻在100Ω以下；增湿就是用水蒸气或雾状水使空气中相对湿度增到75%以上，就有可能防止静电的积聚；液体在管道内流动的速度不应过大，一般不超过2~3m/s，向储罐输送易燃液体的导管应放在液面以下或沿内壁缓慢流下，以免产生静电；加入防静电剂以提高液体的导电率，也可降低静电危险；操作人员不应穿化纤工作服，以免工作服产生静电火花。

（6）避雷装置。雷电是带有足够电荷的云块与云块之间或云块与大地之间的静电放电现象。雷电放电时，电压高达几百万伏，时间仅几十微秒，电流大可达几千安，在易燃易爆危险化学品使用场所往往由此引起严重的火灾爆炸事故。完整的避雷装置应包括接闪器、引下线和接地装置一部分，接闪器又称受雷装置，常用的接闪器有避雷针、避雷线、避雷带和避雷网；引下线为接闪器与接地装置的连接线，一般由金属导体制成；接地装置是向大地泄放雷电流的装置，包括接地体和接地线两部分。

（7）预防发热自燃。化学反应放出的能量，也是引起危险化学品燃烧爆炸的原因之一。浸透干性植物油的纤维或金属锯屑能在空气中进行氧化反应导致自燃，黄磷在常温下即会氧化着火，石油储罐清罐后的活性硫化铁能在空气中氧化而自燃，遇湿易燃物品（如钾、钠、电石）与水作用能生成易燃气体而燃烧爆炸，有机过氧化物在较高气温下能分解自燃。应根据这些物质的特性采取措施，在易燃易爆危险化学品使用场所禁止存放油浸过的棉纱、抹布和工作服，不得积存油浸过的金属碎屑；黄磷不应存放在易燃易爆危险化学品使用场所，为了防止它与空气接触可将其储于水中，盖严并防止水蒸发；遇湿易燃物品应避免与水接触，如钾、钠应浸在石油中储存；清除出的活性硫化铁运到安全地点埋入土中或采取其他安全处理措施；有机过氧化物应在低温下储存。

2. 防止危险化学品混合接触的危险性

有不少危险化学品不仅本身具有易燃烧、易爆炸的危险，往往由于两种或两种以上的危险化学物品混合或互相接触而产生高热、着火、爆炸。混合接触能引起危险的化学品数量很多，重点要防止三类危险化学品的混合接触。

（1）具有强氧化性的物质和具有还原性的物质的混合接触。属于氧化性物质如硝酸盐、氯酸盐、过氯酸盐、高锰酸盐、重铬酸盐、过氧化物、发烟硝酸、浓硫酸、氧、氯、溴等；还原性物质如烃类、胺类、醇类、有机酸、油脂、硫、磷、碳、金属粉等。以上两类化学品混合后成为爆炸性混合物的，如黑色火药（硝酸钾、硫磺、木炭粉）、液氧炸药（液氧、炭粉）硝铵燃料油炸药（硝酸铵、矿物油）等。混合后能立即引起燃烧的，如将甲醇或乙醇浇在铬酐上，将甘油或乙二醇浇在高锰酸钾上，将亚氯酸钠粉末和草酸或硫代硫酸钠的粉末混合等，发烟硝酸与苯胺混合以及润滑油接触氧气时也会立即着火燃烧。

（2）氧化性盐类和强酸混合接触。氧化性盐类和强酸混合会生成游离的酸或酸酐，呈现极强的氧化性，与有机物接触时能发生燃烧爆炸，如氯酸盐、亚氯酸盐、过氯酸盐、高锰酸盐等与浓硫酸等强酸接触，有爆炸危险；假如还存在其他易燃物、有机物就会发生强烈氧化反应而引起猛烈燃烧或爆炸。

（3）两种或两种以上危险化学品混合接触后生成不稳定的物质。例如液氨和液氯混合，在一定条件下会生成极不稳定的三氯化氮，有引起爆炸危险；二乙烯基乙炔吸收了空气中的氧气能蓄积极敏感的过氧化物，稍一摩擦就会爆炸。此外，乙醛与氧、乙苯和氧在一定的条件下能分别生成不稳定的过乙酸和过苯甲酸，属于这一类的危险化学品也很多。

在危险化学品使用过程中，对于危险化学品混合的危险性，预先进行充分研究和评价是十分必要的，混合接触能引起危险的化学品组合数量很多，有些可根据其化学性质的知识进行判断，有些可参考以往发生过的混合接触危险事例，主要的还是要依靠预测评估，日本东京消防厅委托东京大学编制了400种化学品8000个组合的混合接触危险性数据表，美国消防协会研究和编制了3550种化学品组合的《危险化学反应手册》NFPA491M，都是很有参考价值的资料。

3. 泄漏控制和通风措施

（1）设备密闭。为防止易燃气体、蒸气和可燃性粉尘与空气形成爆炸性混合物，易燃类危险化学品的设备应密闭，易燃气体一般以压缩气体和液化气体储存于密闭容器内，这些压力容器更需保持其密闭性，在负压下使用的设备，应防止漏入空气。盛装易燃类危险化学品的容器，其设计制造、安装要符合规范要求，压力容器应经法定检验单位检验合格后才能投入使用；应定期检验设备的密闭性和耐压程度，经常检查设备的连接部位，如有损坏要及时修复。

（2）泄漏控制。造成大量危险化学品泄漏可能由于容器、管道破裂、人为操作失误和工艺条件失控等原因。一些重大事故案例表明，制造、安装质量低劣是容器、管道破裂的主要原因，因此，把好设备制造、安装质量关是控制泄漏的主要措施之一。人为操作失误常常造成溢料、跑料，为了在装置异常时能立即与其他装置隔离，对危险性较大的设备，应设置远距离遥控的断路阀；为了防止误操作，重要的控制阀应设联锁，管道按有关标准涂色，设置安全标志；操作上尽量提高自动化程度，设置报警装置，防止工艺操作失控。

（3）通风措施。尽管设备密闭很严，完全做到一点不泄漏是很困难的，对少量的、经常性的泄漏最难处理，阀门、泵、法兰是主要泄漏点，常常占到总泄漏量的70%~80%，为了降低使用场所空气中易燃危险化学品的含量往往需要借助于通风措施。通风分为机械通风和自然通风，按换气方式又可分为排风和送风；使用易燃类危险品场所的通风，由于空气中含有易燃易爆气体，所以不能循环使用，排风、送风应有独立分开的风机室；如通风机室设在场所内，应有防爆和隔离措施，采用不产生火花的风机。

4. 惰化和稀释

（1）惰化。惰化是以氮气等惰性气体取代氧，也就是用惰性气体稀释可燃气体、蒸气的爆炸性混合物，以抑制燃烧爆炸的方法。常用的惰化气体有氮气、二氧化碳、水蒸气以及卤代烃等燃烧阻止剂。

在易燃类危险化学品使用场所，惰性气体常用于易燃固体的粉碎、研磨、筛分、混合以及粉状物料输送时的惰性介质保护；采用惰性气体（氮气）压送易燃液体；使用易燃类危险化学品的工艺装置、管线、储罐等发生危险时的充氮处理；可燃气体排气系统尾部的氮封；使用易燃类危险化学品的装置、设备停车检修时的氮气置换；易燃类危险化学品泄漏时用惰性介质稀释等。

采用惰化防爆不必用惰性气体全部取代空气中的氧，而只要稀释至一定的程度即可，部分危险化学品最高允许含氧量可参见表4-1。

表4-1 部分危险化学品气体、液体的最高含氧量

物质名称	最高含氧量（%）		物质名称	最高含氧量（%）	
	N_2 作稀释剂	CO_2 作稀释剂		N_2 作稀释剂	CO_2 作稀释剂
一氧化碳	5.6	5.9	丙酮	13.5	15.0
氢	5.0	5.9	苯	11.2	13.9
二硫化碳	—	8.0	甲烷	12.1	14.6
乙炔	6.5	9.0	乙烷	9.0	10.5
乙烯	8.0	9.0	丙烷	9.5	11.5
丙烯	9.0	11.0	丁烷	9.5	11.5
甲醇	8.0	11.0	戊烷	12.1	14.4
乙醇	8.5	10.5	己烷	11.9	14.5
乙醚	—	10.5	汽油	11.6	14.4

使用纯惰性气体（不含氧及可燃物）进行惰化，惰性气体用量按下式进行计算。

$$X = \frac{21-O}{O} \times V \qquad (4-1)$$

式中 X——惰性气体用量，m^3；

O——最高允许氧含量，%；

V——设备中原有空气体积，m^3。

使用装置进行惰化保护时，实际氧含量必须保持比临界氧含量低10%左右，通入惰性气体时，必须注意装置里的气体混合均匀，在实际使用过程中要对惰性气体的流量、压力或氧气浓度进行测试。

（2）稀释。具有分解爆炸危险性的气体（如乙炔），如果超过其分解爆炸的临界压力是危险的。为此，可采用添加惰性气体进行稀释，以抑制爆炸的发生。常把抑制爆炸所必需的稀释气体浓度，作为分解爆炸性气体与稀释气体的临界浓度，此浓度一般由实验求得。

此外，溶解于丙酮溶剂中的乙炔比气相乙炔稳定，即使直接在溶剂中给予点火也不会着火，目前使用的溶解乙炔气瓶安全稳定性要大于气相乙炔。

5. 安全保护设施

（1）阻火。阻火器一般安装在易产生燃烧、爆炸的设备和输送易燃气体、易燃液体蒸气的管道之间，以及易燃气体、易燃液体的容器、管道、设备的排气管上。阻火器有金属网阻火器、波纹金属片阻火器、砾石阻火器等。阻火器的灭火作用是当火焰通过狭小孔隙时，由于冷却作用使热损失突然增大而中止燃烧。影响阻火器性能的因素为阻火层厚度及其孔隙或通道的大小。安装在产生火花设备的排放部位的火花熄灭器也是一种阻火装置，机动车辆排气口的防火帽就属于火花熄灭器。

（2）安全液封。安全液封阻火的基本原理是由于液体封在进出气管之间，在液封两侧的任何一侧着火，火焰都将在液封处被熄灭，从而附止火焰蔓延。常用水作液封，安全液封一般安装在压力低于0.02MPa（表压）的气体管线与设备之间，常用的安全液封有敞开式和封闭式两种。

水封井是安全液封的一种，设置在有可燃气体、易燃液体蒸气或油污的污水管网上，用以防止燃烧爆炸沿污水管网蔓延扩展，水封井的水封高度不宜小于250mm。

（3）过压保护。大多数压缩气体或液化气体容器上装有弹簧安全阀或防爆膜，有些较小的容器上使用易熔塞，旨在将容器压力限制在容器能安全承受的范围内，这些装置的释放起点压力的设定与容器强度有关。正确使用容器的过压保护装置对控制沸液蒸气爆炸和控制压缩气体容器的爆裂事故是很有效的，过压保护装置所释放的易燃类危险化学品应当引向安全地点，避免释放时引起事故。

（4）紧急切断。紧急切断装置是为了防止事故传播到其他设备或管道而配置的安全装置，它可以是联动的，也可以是单独操作。使产生异常状态的装置与其他装置隔开，或停止向泄漏设备供料。通常使用的有低熔点合金阻火闸门、紧急切断阀等。

（5）信号报警、保险装置和安全连锁。在危险化学品使用过程中，可安装信号报警装置，当工艺过程异常时，警告操作人员及时采取措施消除危险状态，发出的信号有声音、光等，它们通常与测量仪表相连。

信号装置只能提醒操作人员注意事故正在形成或即将发生，不能自动排除故障达到安全目的，保险装置就是在发生危险状态时能自动消除的装置。

安全连锁就是利用机械或电气控制依次接通各个仪器及设备，并使彼此按规定程序发生联系，防止误操作。

（6）可燃气体检测。危险化学品使用装置的设备、管道、阀门等，一旦泄漏可燃气体或易燃液体蒸气且达到一定的浓度，就会发生燃烧爆炸的危险，因此在可燃气体泄漏并能导致燃烧爆炸可能发生的场所设置可燃气体检测器，当可燃气体浓度达到危险值时及时报警，以预防燃烧爆炸事故发生。

易燃类危险化学品使用工艺装置为甲类气体压缩机、液化烃泵、甲B类或成组布置的乙类液体泵的动密封，在不正常运行时可能泄漏甲类气体、液化烃或甲B类液体的采样口和液体排液口；在不正常运行时可能泄漏甲类气体、液化烃的设备或管法兰、阀门组等可燃气体释放源，应设检测器。可燃气体检测器的有效覆盖水平平面半径，室内宜为7.5m，室外宜为15m。可燃气体释放源处于封闭或半封闭厂房内，每隔15m设一台检测器，检测器距任一释放源不宜大于7.5m。可燃气体释放源处于露天或半露天时，当检测点位于释放源的最小频率风向的上风侧时，可燃气体检测点与释放源的距离不宜大于15m；当检测点位于释放源的最小频率风向的下风侧时，可燃气体检测点与释放源的距离不宜大于5m。可燃气体的一级报警（高限）设定值小于或等于爆炸下限的25%，可燃气体的二级报警（高高限）设定值小于或等于爆炸下限的50%。

6. 耐燃、抗爆建筑结构

（1）建筑耐火等级。在易燃类危险化学品使用场所的建筑物必须具有一定的耐火等级，建筑耐火等级是由建筑构件的燃烧性能和最低耐火极限决定的，共分为4级，易燃类危险化学品使用场所要求一级或二级耐火等级建筑。一般来说，一级耐火等级建筑是指钢筋混凝土结构或砖墙与钢筋混凝土结构组成的混合结构，结构件全部为非燃烧体；二级耐火等级建筑是钢屋架、钢筋混凝土柱或砖墙组成的混合结构，吊顶为难燃烧体。对于钢结构，当温度大于500℃时几乎失去原有强度，温度在800~1200℃时就不能保持原结构，为了提高钢结构的耐火性通常采用包覆耐火层的办法，主要有混凝土和耐火涂料包覆。

（2）防火墙。防火墙是用于在平面上划分防火区段而专为防止火灾蔓延而建造的墙体。防火墙应直接砌筑在基础或钢筋混凝土框架梁上，整个墙面无孔洞.不开门窗，或开门但必须有防火门封闭，以截断一切燃烧体结构，且具有4h以上的耐火极限。防火墙分为内墙防火墙、外墙防火墙和室外独立的防火墙3种。

（3）防火门。一般来说，防火墙上最好不开门，由于运输需要在防火墙上开门时，要求设置防火门。防火门分为非燃烧体防火门和难燃烧体防火门，要求具有1.2h以上耐火极限，防火门的开启形式有悬吊在过梁上的闸板门、侧向水平的推拉门和安装铰链的平开门3种，为了保证防火门能及时关闭，应在防火门上安装自动闭门器。

（4）防爆墙。为了避免爆炸灾害的扩展，在有爆炸危险和无爆炸危险的场所间以及有较大爆炸危险的设备周围设置防爆墙，以阻止爆炸飞散物、火焰和冲击波的袭击。防爆墙一般为钢筋混凝土墙，钢筋交错的地方应捆扎牢固，墙厚通常在30~40cm，加厚墙脚埋入地下深度应大于1m，防爆墙应能承受3MPa的冲击压力。防爆墙面向无人空地的一侧应敞开。

（5）不发火地面。不发火地面构造按照材料性质分为不发火金属地面和不发火非金属地面，金属地面常用铜板、铝板、铅板等有色金属材料；不发火非金属地面有沥青、木材、塑料、橡胶等不发火有机材料地面，以及不发火水泥石砂、细石混凝土、水磨石等不发火无机材料地面两种类型。石灰石白云石、大理石等不发火的无机材料，建造时应先经金刚砂轮在暗室或夜晚进行试验，证明为不发火后才使用。

（6）防火堤。防火堤是防止易燃、可燃液体储罐破裂而造成大量泄漏时液体向外流淌的防护措施。地上和半地下的易燃、可燃液体储罐或储罐组应设置防火堤，防火堤内的有效容积应为其中最大罐地上部分的容积，防火堤高度应比按有效容积计算的高度至少高0.2m，一般以1~1.6m为宜，液化石油气储罐防火堤高度不应超过1m，防火堤内侧基脚线至罐外壁的距离不应小于储罐的半径，在储罐组内必要时应设置分隔堤。

（7）防火间距。为了防止火灾向邻近建筑蔓延和减少爆炸所造成的损失，易燃类危险化学品使用设施与其他设施应保持一定的间距，充分估计相邻建筑物之间可能引起的相互影响，各种建筑物和设施的安全间距不应小于《建筑设计防火规范》（GB 50016）的规定。

7. 厂房防爆泄压

要建造能够耐爆炸最高压力的厂房是不现实的，通常减少爆炸所造成损失的有效措施是泄压，在具有爆炸危险厂房设置轻质屋盖、外墙或泄压窗，发生爆炸时这些薄弱部位首先遭受爆破，霎时向外释放大量气体和热量，室内爆炸产生的压力骤然下降，从而减轻承重结构受到爆炸压力，避免遭受倒塌破坏。有爆炸危险部位宜设在单层厂房靠外墙或多层厂房的最上一层靠外墙处，有爆炸危险的设备应尽量避开厂房的梁、柱等承重构件布置。

有爆炸危险厂房内不应设置办公室、休息室，总控制室应独立设置，其分控制室可毗邻外墙设置；泄压面积与厂房体积的比值（m^2/m^3）宜采用0.05~0.22，爆炸介质威力较强或爆炸压力上升速度较快（如汽油、甲醇、丙酮、氢气、乙炔等）的厂房，应尽量加大比值；作为泄压面积的轻质屋盖和轻质墙体的每平方米重量不宜超过120kg。

（五）使用有毒类危险化学品的安全控制措施

1. 以无毒或低毒物质代替有毒或高毒物质

使用无毒物质代替有毒物质，以低毒物质代替高毒或剧毒物质，是从根本上消除有毒物质危害的有效措施。例如，使用水溶性电泳涂漆，这是以水代替有机溶剂的一种漆，安全、无毒又经济；无苯稀料是在喷漆中用抽余油等代替苯、甲苯、二甲苯作为喷漆的稀释剂，无苯稀料是以低毒物料代替高毒物料在喷漆方面的应用；以无汞仪表代替汞仪表，可以从根本上消除汞对人体的严重危害；无氰电镀就是在镀锌、铬、铜、银、金等镀种时不用作为络合剂的氰化物，以无毒或低毒代替剧毒物质。通过工艺改革，尽可能不使用高毒或剧毒危险化学品。

2. 设备的密闭化、机械化

将毒物密闭在设备中并采用机械化、自动化操作，可以减少毒物的逸散，避免操作人员直接接触毒物，也是防止毒物危害的重要措施。控制有毒物质使其不能从使用过程中散发出来造成危害，关键在于使用设备本身的密闭程度以及投料出料、物料的输送、包装等过程中各环节的密闭程度。设备的密闭通常是与负压操作和通风排毒措施相结合使用，以提高设备的密闭效果和有毒物质的排出；设备的密闭尚需辅以机械化，通过管道投料与出料，使设备完全密闭。

对于气体、液体，多采用高位槽、管道、泵、风机等作为投料、输送设施，固体物料的投料、出料要做到密闭往往存在着困难，对那些可熔化的固体料，可使用液体加料法对固体粉末可采用软管真空投料法。

各种设备的转动轴密封性是设备密闭、搞好防毒的一个重要环节，随着机械密封的发展，有毒物质从转动轴泄漏的情况大为改善；有毒物质的跑、冒、滴、漏会造成有毒气体或液体到处散发，以致产生毒害，设备密闭也就失效。造成跑、冒、滴、漏的原因有设备失修、腐蚀严重、管理不善等，加强设备维修和管理，做好设备的日常检查，发现问题及时处理，确保安全生产和文明生产。

3. 隔离操作和自动控制

（1）隔离操作。就是把操作地点与使用设备隔离开来，使操作人员免受散逸出来的毒物危害。隔离的方法，可以把使用设备放在隔离室内，用排风使隔离室保持负压状态，多用于防毒；也可把操作地点放在隔离室内，用送风使隔离室处于正压状态，多用于防高温或防暑降温。在危险化学品使用中实施隔离操作，往往将使用设备放在隔离室内，而在隔离室边上或周围做成操作走廊；至于有仪表控制或自动调节的，则操作点就在控制室内。

（2）自动控制。自动控制系统按其作用可分为自动检测、自动操纵、自动调节、自动讯号联锁及保护4种类型系统，这4种系统都可以使操作起到隔离目的。使用过程的集中控制有利于提高质量和效率，也能使操作人员脱离有毒作业的操作岗位，实行隔离操作，并在远离设备的控制室里进行监控。

4. 通风排毒

通常的局部排风、局部送风和全面通风换气3种通风方法中，局部送风对于防毒是不适用的，局部排风与全面通风换气相比较，局部排风是把有毒气体吸入风罩再排出去，所需风量小，经济有效，便于净化处理，是常用的通风排毒方法。局部排风系统由排风罩、风道、风机、净化或排放装置等组成，除了风道安装和风机选择要正确合理外，排风罩的设计要做到"近、顺、通、封、便"。

"近"是指排风罩要尽量接近有毒气体发生源，越近排风效果越好；"顺"是指排风罩要顺着有毒物质扩散或飞溅的射流方向，正面相迎，以便用较小的风速排走，"通"是指要有足够的通风量，即排风罩有足够的排气风速；"封"是指排风罩要尽可能将有毒物质散发源包围密封起来；"便"是指要便于操作，便于维修，便于使用。

排风罩有柜形、伞形、旁侧、槽边、上部及移动式等多种类型，其形状与工艺过程有密切关系。全面通风只适用于低毒的气体及散发量不大的场所，是用大量新鲜空气将整个车间空气中有毒气体浓度冲淡到国家卫生标准规定的最高容许浓度以下的通风方法，因而也称稀释通风，全面通风的效果取决于通风换气量和场所内的气流组织两个因素。

5. 有毒气体检测

硫化氢、氰化氢、氯气、一氧化碳、丙烯腈、环氧乙烷、氯乙烯等有毒气体的使用工艺装置区域内，应设置有毒气体检测报警仪。释放源处于露天或半露天布置的设备区内，当检测点位于释放源的最小频率风向上风侧时，有毒气体检测点与释放源的距离不宜大于2m；当检测点位于释放源的最小频率风向的下风侧时，有毒气体检测点与释放源的距离宜小于1m。释放源处于封闭或半封闭厂房内，有毒气体检测点距释放源不宜大于1m。有毒气体的报警设定值宜小于或等于车间空气中有毒物质的最高允许浓度值。

6. 个体防护

个体防护是作业人员为保证安全与健康，防止对自身的伤害而佩戴使用各种防护器具。属于防御性技术措施，是防止有毒气体侵入人体的最后一道防线。当技术措施尚不能消除危险、有害因素，达不到国家有关标准时，或进行应急、抢险、救灾作业时，个体防护是重要手段。防毒用个体防护主要分为皮肤防护和呼吸防护，为防止毒物从皮肤侵入人体要穿着具有不同性能的防护服、防护鞋、防护镜等；为防止毒物从呼吸道侵入人体，应使用呼吸防护器，按形式分为过滤式防毒呼吸器和隔离式防毒呼吸器，过滤式呼吸器用于空气中含氧量不低于18%的作业环境和低浓度毒物环境（一般毒物浓度不超过1%），一般不能在罐、槽等狭小密闭容器中使用，也可以使用空气呼吸器或氧气呼吸器。

（六）使用危险化学品安全技术管理的基本要求

（1）使用的化学品应有标识，危险化学品应有安全标签。购进危险化学品时必须核对包装（或容器）上的安全标签，安全标签若脱落或损坏，经检查确认后应补贴；购进的化学品需要转移或分装到其他容器时，应标明其内容；对于危险化学品，在转移或分装后的容器上应贴安全标签；盛装危险化学品的容器在未净化处理前，不得更换原安全标签。

（2）使用危险化学品的，应当根据危险化学品的种类、特性，在车间、库房等作业场所设置相应的监测、通风、防晒、调温、防火、灭火、防爆、泄压、防毒、消毒、中和、防潮、防雷、防静电、防腐蚀、防渗漏或者隔离操作等安全设施、设备，并按照国家标准和国家有关规定进行维护保养，保证符合安全运行要求。

（3）使用单位应通过下列方法，消除、减少和控制工作场所危险化学品产生的危害：

1）选用无毒或低毒的化学替代品。

2）选用可将危害消除或减少到最低程度的技术。

3）采用能消除或降低危害的工程控制措施。

4）采用能减少或消除危害的作业制度和作业时间。

5）采取其他的安全卫生措施。

（4）使用剧毒化学品的单位，应当对本单位的使用设施每年进行一次安全评价；使用其他危险化学品的单位应当对本单位的使用设施每两年进行一次安全评价。安全评价报告应当对使用设施存在的安全问题提出整改方案；安全评价中发现使用设施存在现实危险的，应当立即停止使用，予以更换或者修复，并采取相应的安全措施。安全评价报告应当报危险化学品安全监督管理综合工作的部门备案。

（5）剧毒化学品的使用单位，应当对剧毒化学品的流向、储存量和用途如实记录，并采取必要的保安措施，防止剧毒化学品被盗、丢失或者误售、误用。发现剧毒化学品被盗、丢失或者误售、误用时，必须立即向当地公安部门报告。

（6）对工作场所使用的危险化学品产生的危害应定期进行检测和评估，对检测和评估结果应建立档案。作业人员接触的危险化学品浓度不得高于国家规定的标准，暂时没有规定的，使用单位应在保证安全作业的情况下使用。

（7）危险化学品的使用单位，应当在使用场所设置通信、报警装置，并保证在任何情况下处于正常适用状态。在工作场所设有急救设施，并提供应急处理方法。

（8）对盛装、输送、储存危险化学品的设备，采用颜色、标牌、标签等形式标明其危险性。应按国家有关规定清除化学废料和清洗盛装危险化学品的废旧容器。

（9）应将危险化学品的有关安全卫生资料向职工公开，向操作人员提供安全技术说明书。教育操作人员如何识别安全标签、了解安全技术说明书，并令其掌握必要的应急处理方法和自救措施，应经常进行安全使用化学品的教育和培训。

二、电力生产现场危险化学品安全使用

（一）氢气

1. 发电机氢系统

发电机氢系统包括制氢站、输氢管路系统、氢冷却系统、氢置换系统、氢干燥装置、氢检测监测设备及其他与氢气相关联的设备。

（1）制氢站是重点防火防爆单位，进入该站的所有工作人员必须持有特别通行证并经登记方可进入，离开制氢站须在登记簿上注明时间，禁止随身携带打火机、火柴

以及易燃、易爆等物品进入制氢站。进入制氢站人员不准穿带铁钉子的鞋，应穿防静电工作服和防静电鞋，带防护眼镜。制氢站严禁明火，操作人员禁止吸烟。禁止在制氧站中或储氢罐旁进行明火作业或做能产生火花的工作。操作时使用防爆工具，严禁铁器工具相互撞击，以免产生火花。可用仪器或肥皂水检查各连接处有无漏氢的情况，禁止用火检查。制氢站必须设置二氧化碳、沙子、石棉布等防火器材。制氢站在运行过程中禁止氧气、氢气由压力设备及管道内急剧放出；当氢气急剧放出时，由于静电原因可能引起自动燃烧和爆炸；管道的氧化层可能引起火花，这些都可能引起管道设备的燃烧和爆炸。动植物、矿物油脂和油类不应落入有可能与氧气接触的设备上，在操作和维修装置时，手和衣物也不应沾有油脂。

（2）发电机氢系统运行时，运行值班人员应精心操作、调整，保证氢冷却系统各项指标、参数在合格范围之内。氢系统进行排污前，必须预先仔细检查排污口附近、上下及周围情况，不得有动火作业进行。排污时，排污口周围须设临时安全区，并作明显标识。氢系统管路上的滤网、电磁阀应定期检查、吹扫，保证滤网不堵塞，阀门不卡涩。为了防止因阀门不严密发生漏氢气或漏空气而引起爆炸，当发电机为氧气冷却运行时，补充空气的管道必须隔断，并加严密的堵板。当发电机为空气冷却运行时，补充氢的管道也应隔断。

（3）机组检修需进行氢系统气体置换时，工作人员应了解氢系统的管路及设备，掌握和熟悉氢系统气体置换规程。氢系统气体置换必须严格按操作规程进行正确操作。置换所用的二氧化碳钢瓶装运至现场必须进行验收并做好明显标识，以防其他气体混入，置换下来的空瓶亦须做好明显标识。新瓶和空瓶必须分开放置。氢系统进行气体置换时，所有管道、设备、干燥器等必须同时进行置换，并注意检查排污管道放尽积水，特别要注意检查系统有无置换死角。

（4）氢系统进行检修时，检修人员应熟悉系统、设备，检修前应编制完整的检修程序文件，临时抢修前须编制技术方案，并报主管部门批准，严格按检修程序文件实施。氢系统检修时，须使用专用防爆工具。在发电机内充有氢气时进行检修工作，应使用铜制的工具，以防发生火花，必须使用钢制工作时，应涂上黄油。氢系统与其他系统连接的隔离阀或直通大气的隔离阀必须认真检修，如有必要，应在试验台上进行水压试验，保证无泄漏。氢系统的表计管路必须认真清理，决不允许存在堵塞。发电机氢侧密封瓦的间隙必须严格按要求的参数调整，防止氢气过量泄漏。氢系统设备检修后，应进行气密性试验且验收合格。

2. 氢气瓶的使用安全

（1）因需要而必须在室内现场使用氢气瓶时，其数量不得超过5瓶。

（2）室内必须通风良好，保证空气中氢气最高含量不得超过1%；建筑物顶部或外墙的上部设气窗（楼）或排气孔，排气孔应朝向安全地带，室内换气次数每小时不得小于3次，事故通风每小时换气次数不得小于7次。

（3）氢气瓶与盛有易燃、易爆、可燃物质及氧化性气体的容器和气瓶的间距不应小于8m；与明火或普通电气设备的间距不应小于10m；与空调装置、空气压缩机和通风设备的吸风口的间距不应小于20m；与其他可燃性气体储存地点的间距不应小于20m。应设有固定气瓶的支架。

（4）多层建筑内使用氢气瓶，除特殊需要外，一般宜布置在顶层靠外墙处。不得靠近热源，夏季应防止曝晒。使用气瓶禁止敲击、碰撞。

（5）必须使用专用的减压器，开启时操作者应站在阀口的侧后方，动作要轻缓；阀门或减压器泄漏时，不得继续使用；阀门损坏时，严禁在瓶内有压力的情况下更换阀门；瓶内气体严禁用尽，应保留0.05MPa以上的余压。

（6）氢气钢瓶与管道连接处螺纹应吃7牙，以免滑牙弹脱。

（二）氧气

（1）压缩纯氧不得与油脂、有机物及其他可燃物接触。

（2）禁止将压缩纯氧用作改善空气条件或通风换气等（医用氧用治疗除外）。

（3）不得用压缩纯氧代替压缩空气作为气动工具的动力源，或吹扫工作服上的尘屑、吹除乙炔及含油管道等的堵塞物。

（4）氧气瓶使用过程中应避免受剧烈震动和冲击，搬运时要轻装轻卸，必须使用专用的小推车，严禁从高处滑下或在地面上滚动。

（5）氧气瓶使用时，首先要作外部检查，重点检查瓶阀、接管螺纹和减压器是否有漏气、滑扣、表针动作不灵等，禁止带压拧紧瓶阀的阀杆、调整垫圈等。检查是否漏气应用肥皂水，不得使用明火。

（6）氧气瓶使用时，应远离高热、明火、熔融金属飞溅物和可燃物质，气瓶的间距应为10m以上。冬天瓶阀或减压器出现结霜现象，可用热水或蒸汽解冻，严禁使用明火烘烤或用铁器敲击瓶阀。

（7）氧气瓶不得沾附油脂，操作人员不得用沾有油脂的工具、手套或油污工作服去接触氧气瓶阀、减压器等。

（三）乙炔

1.溶解乙炔气瓶的使用安全

（1）使用前应对气瓶进行检查，确认气体、气瓶确是所需且质量完好，方可使用。如发现气瓶颜色、钢印等辨别不清，检验出超期、气瓶损伤（变形、划伤、腐蚀）、气体质量与标准规定不符等现象，应拒绝使用并做妥善处理。

（2）按照规定，正确可靠地连接调压器、回火防止器、输气橡胶软管、焊割炬等，检查并确认没有漏气现象；乙炔气瓶应立放，严禁卧放使用，不得靠近热源，与明火距离、可燃与助燃气体气瓶距离不得小于10m；防止日光曝晒、雨淋、水浸。

（3）移动气瓶应手搬瓶肩转动瓶底，移动距离较远时可用轻便小车运送，严禁抛、滚、滑、翻和肩扛、脚踹；禁止敲击、碰撞气瓶，绝对禁止在气瓶上焊接、引弧。

（4）开启乙炔气瓶阀门时动作要缓慢，并且要将阀门开到最大；乙炔瓶温度过高，会降低丙酮对乙炔的溶解度，使瓶内的乙炔压力急剧增高，要求乙炔瓶体的表面温度不超过40℃；如发现有丙酮泄漏，要马上停止使用。

2.乙炔发生器的使用安全

（1）中压、低压乙炔发生器都必须设有相应的回火防止器、安全阀、防爆膜、相应的低压压力表以及安全装置和防止超压爆炸时的卸压装置；每一把焊（割、喷）枪必须有独立的合格的回火防止器配用；乙炔导管必须从回火防止器出口接出；根据乙炔发生器的技术性能要求选用防爆膜，防爆膜如有损坏应及时更换；定期检查回火防止器、乙炔压力表与安全阀。

（2）乙炔发生器内部及气体经过的管道零件禁止使用紫铜、银或含铜量超过70%的铜合金制造；发生器内的活动部件，不得与其内部其他结构摩擦、碰撞而产生火花。

（3）乙炔发生器在使用前必须装够规定的水量，及时排出气室积存的灰渣、补充新水，以保证发气室内冷却良好；发气室的乙炔温度不得超过90℃，水温不得超过70℃；中压乙炔发生器的工作压力不得超过0.15MPa。

（4）使用中的乙炔发生器与明火、火花点、高压线等距离不得小于10m，发生器不得在夏季烈日下曝晒，以及防止来自高处的飞散火；在使用中一旦形成了乙炔与空气（或氧气）的爆炸性混合物，必须采取安全措施彻底排除后，才能给焊割炬点火。

（5）限制乙炔管道的直径也是防爆的一种技术措施，根据安全规则规定，工作压力0.07~0.15MPa的中压乙炔管道，应采用内径80mm以下的无缝钢管；工作压力0.15~0.25MPa的高压乙炔管道，应采用20mm以下的无缝钢管；使用中不得随意更换大管径管道，以免聚合，发生危险。

（四）氯

1.电厂氯气系统

（1）氯气系统运行时，氯瓶间及加氯间的门必须向外开。加氯现场必须配置防毒面具。加氯工作应由两人进行，操作人员应根据加氯操作要求，启动加氯气系统进行加氯，不得随意乱动。加氯时，必须密切注意加氯机加氯量、蒸发器运行温度、液氯管压力。

液氯钢瓶运放时不许剧烈碰撞。夏天阳光下不能久晒。接触钢瓶的支墩表面应垫以橡皮。液氯钢瓶内的液氯不能用尽，必须留有一定的剩余压力，一般控制其剩余压力为0.1MPa或残留液氯量20kg。严禁抽吸成真空，以防倒吸入潮湿空气或其他杂质。

（2）加氯系统开始检修前，必须确认检修工作票所列安全措施确已执行。严格按要求穿戴整齐各种劳动保护用品。检查氯气室顶的淋水设施和排气风扇确保正常。拆卸加氯机时，应尽可能站在上风位置如感到身体不适时；应立即离开现场，到空气流动地方休息。检修人员应熟知氯气伤害的急救方法，当发生故障有大量氯气漏出时，工作人员应立即戴上防毒面具，关闭门窗，开启室内淋水阀门，将氯瓶放入碱水池中，最后，用排气风扇抽去余氯。

2. 液氯钢瓶的使用安全

（1）充装量为50kg的钢瓶使用时应直立放置，并应有防倾倒措施；充装量为500kg和1000kg的钢瓶使用时应卧式放置，并牢靠定位。

（2）使用钢瓶时必须有称重衡器，并装有膜片压力表（如采用一般压力表时，应采取硅油隔离措施）、调节阀等装置。操作中应保持钢瓶内压力大于使用侧压力，以防物料倒灌。

（3）严禁使用蒸汽、明火直接加热钢瓶，可采用45℃以下的温水加热。严禁将油类、棉纱等易燃物和与氯气易发生反应的物品放在钢瓶附近。

（4）钢瓶与反应器之间应设置逆止阀和足够容积的缓冲罐，防止物料倒灌，并定期检查以防失效。应采用经过退火处理的紫铜管连接钢瓶，紫铜管应经耐压试验合格。

（5）应有专用钢瓶开启扳手，不得挪作他用。开启瓶阀要缓慢操作，关闭时不能用力过猛或强力关闭。钢瓶出口端应设置针形阀调节氯流量，不允许使用瓶阀直接调节。

（6）瓶内液氯不能用尽，必须留有余压。充装量为50kg的钢瓶应保留2kg以上的余氯，充装量为500kg和1000kg的钢瓶应保留5kg以上的余氯。作业结束后必须立即关闭瓶阀，空瓶返回时应保证安全附件齐全。

（7）不得将钢瓶设置在楼梯、人行道口和通风系统吸气口等场所。钢瓶禁止露天存放，也不准使用易燃、可燃材料搭设的棚架存放，必须储存在专用库房内；空瓶和充装的重瓶必须分开放置，禁止混放；重瓶存放期不得超过3个月；充装量为500kg和1000kg的重瓶，应横向卧放，防止滚动，并留出吊运间距和通道，存放高度不得超过两层。

（8）钢瓶装卸、搬运时，必须戴好瓶帽、防震圈，严禁撞击。充装量为500kg和1000kg的钢瓶装卸时，应采取起重机械，起重量应大于瓶体重量的一倍，并挂钩牢固；

起重机械的卷扬机构要采用双制动装置。严禁使用叉车装卸。

3. 液氯储罐的使用安全

（1）充装液氯储罐时，应先缓慢打开储罐的通气阀，确认进入容器内的干燥压缩空气或气化氯的压力高于储罐内的压力时，方可充装；储罐车土输送液氯用的压缩空气，应经过干燥装置，保证干燥后空气含水量低于0.01%（重量百分比）。

（2）采用液氯气化法向储罐压送液氯时，要严格控制气化器的压力和温度，釜式气化器加热夹套不包底，并用热水加热（严禁用蒸汽加热），出口水温不应超过45℃，气化压力不得超过1MPa。

（3）充装停止时，应先将罐车的阀门关闭，再关闭储罐阀门，然后将连接管线残存液氯处理干净，并做好记录。

（4）禁止将储罐设备及氯气处理装置设置在学校、医院、居民区等人口稠密区附近。

（5）储罐输入或输出管道，应设置两个及两个以上的截止阀门，定期检查，确保正常；储罐露天布置时，应有非燃烧材料顶棚或隔热保温措施；在储罐20m以内，严禁堆放易燃、可燃物品；储罐的储存量不得超过储罐容量的80%，储罐区范围内应设有安全标志。

4. 防护用品的使用和急救

（1）使用、储存岗位必须配备两套以上的隔离式呼吸防护器，操作人员必须每人配备一套滤式面具，并定期检查，以防失效。

（2）使用、储存现场应备有一定数量药品，吸入氯气者应迅速撤离现场，严重时及时送医院治疗。

（五）氨

1. 电厂液氨、联氨使用的安全管理

液氨系统操作人员应穿工作服戴防护眼镜、口罩、手套，溶氨时要戴氨防毒面具。要缓慢开启氨瓶出口门，同时开启吸气器。氨瓶应涂有明显标志。禁止放在烈日下暴晒和用明火烤。配置联氨溶液时，工作人员应穿戴专用防护用品，并启动加药间换气扇。联氨的浓溶液应密封保存靠近联氨浓溶液的地方不允许有明火。对联氨进行化验时，不允许用嘴吸移液管吸取含有联氨的溶液。

2. 液氨的运输与储存

液氨的运输与储存一般都使用槽车、钢瓶或储槽。

（1）对槽车的材质以及制造要有严格的要求，且要有很好的隔热措施，在夏季不论装和运都不允许长时间在日光下曝晒。

（2）槽车不可超压超量运输，严格控制液氨的充装量，充装系数不应超过0.85。

（3）槽车在灌装和运输时都应保护好附件及液位计。

（4）钢瓶搬运时应轻装轻卸，避免撞击、震动，防止钢瓶及瓶阀受损。钢瓶使用前和使用一段时间后必须严格检查，测定其重量和容积，检查内外表面的腐蚀情况和有无裂纹，并以1.5倍的使用压力进行水压试验。

（5）钢瓶应存放在阴凉通风处，远离火种、热源，防止阳光直射、曝晒，不得与可燃液体、油类共同储存。

（6）液氨储槽是属于密闭的中压容器，一般压力为16MPa，储存的压力取决于储存的温度。储存在密闭的储槽中的液氨部分转化为氨气，从而使储槽内压升高，因此储槽不能充满液氨，储槽要留有一定的空间，充装系数控制在0.85，以免液氨遇热膨胀时胀破储槽。同时，液氨的温度不得超过40℃，故液氨储槽不能在日光下曝晒，如果置于露天应有遮阳或喷淋水冷却装置。

（7）液氨储槽应设压力表、安全阀、超压报警装置等安全附件，所有附件要能耐一定的压力，液位计应有良好的保护。潮湿的氨对铜、锌和黄铜或青铜合金具有较强的侵蚀作用，液氨容器上的所有附件不能使用铜及其合金制造，压力表要使用专用的氨压力表。

（六）苯的使用安全

（1）由于苯易燃、有毒，苯作业应在密闭状态下进行，设备应有良好的密闭性，尽可能减少跑、冒、滴、漏。

（2）使用苯的场所应消除一切着火源。禁止使用明火，避免摩擦撞击，防止电气火花，应使用符合规定防爆等级的电气设备，导除静电措施和设置避雷装置等。

（3）预防苯中毒必须采取综合措施，与苯类化合物关系比较密切的有喷漆和黏胶剂，其溶剂和稀释剂中都含有苯，通过工艺改革可用毒性较低的物质代替苯作溶剂。例如，用抽余油、甲苯、二甲苯代替苯作溶剂；改进工艺，用淋漆、浸漆代替喷漆；用120号溶剂汽油、丙酮、甲苯等代替原来氯丁胶中的纯苯，甚至用水溶性乳液混合黏合剂来代替氯丁胶和汽油胶。

（4）苯作业场所应有良好的通风，将苯作为溶剂或稀释剂的喷漆及黏胶剂作业，尽可能采用机械方式，避免作业人员直接接触苯。手工作业应在通风橱内进行，严格控制作业场所内空气中苯浓度在国家卫生标准以下。

（5）做好个体防护，包括穿防毒工作服、戴橡胶手套等，接触苯的作业场所应备有过滤式和隔离式防毒面具。

（6）严禁用苯洗手或直接接触皮肤。

（7）盛装苯的容器要防止破损，存放在易燃液体专库内，不得与氧化剂同库存放。

（七）硫化氢的使用安全

（1）生产过程设备密闭，加强通风换气。分析作业应在通风橱中进行。改革生产工艺，尽可能减少含硫化合物的产生。生产过程中产生的废气废水应用碱液中和吸收。

（2）有可能发生硫化氢危害的作业场所，应设置硫化氢有毒气体检测报警仪。

（3）工业污水与生活污水合流时，应有防止可能产生的硫化氢倒流进生活设施的措施，以防发生意外。

（4）进入下水道、蓄粪池、井底、有腐烂物的低洼处等作业时，注意通风换气。在进入可疑的作业环境前，应用有毒物质浓度检测仪进行硫化氢浓度检测，或放入小动物观察是否有硫化氢中毒现象。

（5）必须进入有可能接触高浓度硫化氢危险的场所时，作业人员应戴隔离式防毒面具，身上缚以救护带，准备好其他救生设备，并在危险区外配备监护人。

（6）对可能产生硫化氢危害的作业应制定事故预防和应急预案，对有可能接触硫化氢的作业人员，应进行中毒的预防和急救训练。

（八）煤气

1. 煤气设施操作的使用安全

（1）煤气生产设备、回收净化装置、输配管理线、容器等尽可能密闭，煤气设备在使用前应进行气密性试验，对煤气水封、阀门、人孔等进行经常性检查，以防止煤气外泄。

（2）煤气区域防止带入火种，不得有明火、高温物品，电气设备应防爆，不得堆放易燃物品。

（3）除有特别规定外，任何煤气设备均必须保持正压操作，在设备停止生产而保压又有困难时，应可靠地切断煤气来源，并将内部煤气吹净。

（4）吹扫和置换煤气设施内部的煤气，应用蒸汽、氮气等惰性介质。吹扫或引气过程中严禁在煤气设施上拴拉电焊线，煤气设施周围40m内严禁火源。

（5）炉子点燃时，炉内燃烧系统应具有一定的负压，点火程序必须是先点燃火种后给煤气，严禁先给煤气后点火。送煤气时不着火或者着火后又熄灭，应立即关闭煤气阀气，查清原因，排净炉内混合气体后，再按规定程序重新点火。

（6）凡强制送风的炉子，点火时应先开鼓风机但不送风，待点火送煤气燃着后，再逐步增大风量和煤气量。停煤气时，应先关闭所有的喷嘴，然后停鼓风机。

（7）煤气系统的各种塔器及管道在停产通蒸汽吹扫煤气合格后，不应关闭放散管，开工时，若用蒸汽置换空气合格后，可送入煤气，待检验煤气合格后，才能关闭放散管。

（8）送煤气后，应检查所有连接部位和隔断装置是否泄漏煤气。

（9）对进入危险区域作业的人员应配备便携式一氧化碳检测仪，在煤气区域操作室、控制室等有人作业固定场所，应设置固定式一氧化碳检测报警仪，作业场所的煤气防护人员应配备足够的呼吸防护器。

2. 煤气设施检修的安全

（1）停煤气检修时，必须可靠地切断煤气来源，并将内部煤气吹净。长期检修时，可停用的煤气设施必须打开上下人孔、放散管等，保持设施内部的自然通风。

（2）进入煤气设施内工作时，应取样作一氧化碳含量分析，安全分析取样时间不得早于动火或进塔前半小时，检修动火工作中每两小时必须重新分析；工作中断后恢复工作前半小时，也要重新分析；取样要有代表性，防止死角。

（3）经一氧化碳含量分析后，允许进入煤气设备内工作时，应采取防护措施并设专人监护。

（4）打开煤气加压机，或脱硫、净化和储存煤气系统的设备和管道时，必须采取防止硫化物自燃的措施。

（5）带煤气作业或在煤气设备上动火、抽堵盲板、带煤气接管等危险比较大的作业，必须有作业方案和相应的安全措施，并要取得煤气防护站和安全管理部门的批准。

（九）液化石油气的使用安全

（1）使用和储存液化石油气的场所，禁止使用易产生火花的机械设备和工具，应在下水道的排出口设置水封，电缆沟、暖气沟进出口应用不燃材料封堵；除室内通风孔设在高处外，地面低处也必须设有通风孔，以利于空气对流。液化石油气比空气重，易下沉，通过低处通风孔逸散。

（2）管道、阀门的连接应严密，防止泄漏，室内和储罐应设可燃气体检测报警器，如有泄漏及时报警，采取措施。

（3）液化石油气对普通橡胶导管和衬垫有膨胀和腐蚀作用，能造成胶管和衬垫的穿孔或破裂，因此不得用普通橡胶导管和衬垫，必须采用耐油橡胶导管和衬垫。

（4）液化石油气瓶应远离火种、热源，防止阳光直射，应与氧气、压缩空气、卤素（氟、氯、溴）、氧化剂分开存放；灌装时绝对不可超压超量，搬运时轻装轻卸，防止摩擦撞击。

（十）汽油的使用安全

（1）使用汽油的设备应尽可能密闭，场所应通风，禁止一切明火，电气设备应防爆，并采取防静电措施，严格控制各种火源。

（2）尽量避免手部直接接触汽油，工作时应戴好耐油橡胶防护手套。

（3）汽油胶浆的涂布和干燥，应在通风室内或有良好的机械排风设施处进行，严格控制空气中汽油浓度，防止燃烧爆炸事故发生。

（4）进入汽油蒸气浓度较高的场所，应加强通风，必要时佩戴呼吸防护器。

（5）严禁使用汽油擦洗设备、衣物、地面或用汽油洗手。禁止用易燃的汽油代替煤油等可燃液体作燃料使用。

（十一）酸碱

1. 水处理酸碱系统运行

水处理酸碱系统运行时，操作人员应认真检查系统及设备。在系统良好及各阀门灵活好用、系统无渗漏点的状态下，方可进行树脂的再生操作。作业人员应熟悉酸碱的性质，并掌握酸碱烧伤急救措施。应穿戴耐酸手套、防护眼镜及胶靴。操作时，需2人以上进行工作，密切监视酸碱计量箱液位。操作过程中，不许离开人或同时进行其他操作。启动和停止时，各阀门开启及关闭顺序严格按照规程中规定程序进行。

2. 酸碱系统检修

酸碱系统检修前，应确认工作票所列安全措施确已执行。严格按要求穿戴整齐各种劳动保护用品。不得在衬胶管道、酸管道及防腐容器上进行电火焊作业。如必须进行时，要采取必要的安全措施，如排尽气体及铲掉衬胶层后进行。焊、割时不断地用水冷却等。对存有残余盐酸的罐体，应先冲洗干净，并将盖口打开，方准许焊接。工作现场须备有0.5%的碳酸氢钠及2%的硼酸溶液等急救药品及工业水源。进入酸气较大的场所进行紧急抢修时，应使用套头式防毒面具。

3. 化学清洗

在锅炉等设备使用HCl、HF酸进行化学清洗时，现场必须保证照明充足、道路通畅。动力电源和照明电源分开，并将电源控制板设置在远离清洗系统、且便于操作的位置。清洗前准备必要的急救药品和劳保用品，操作过程中必须统一指挥，分工负责。所有重要部位如酸泵、阀门、加药点都要设置专人值班。酸洗作业现场应挂酸、碱危险标志，禁止烟火，现场配备消防器材，备有被酸、碱烧伤的急救药品。配制酸、碱的人员应穿戴耐酸工作服，戴耐酸手套、口罩、防护眼镜。酸洗过程中排出的废液应作中和处理，防止对环境及人身产生危害。

（十二）抗燃油的使用安全

抗燃油是有毒或低毒的，有关工作人员必须注意安全防护措施，勿使油品进入眼中和口中。若油品进入眼中，应立即用清水冲洗，再滴入眼药或尽快请医生处理。若油品进入口中，应及时吐出，用水漱口并请医生检查。勿使抗燃油直接接触皮肤，当皮肤接触油品后，要用石油溶剂洗净，再和肥皂清洗。接触抗燃油时，宜带耐油橡皮手套。在室温时，人体吸入抗燃油蒸汽没有危险，但应避免在高温下吸入抗燃油蒸汽。抗燃油溅落在保温层上后应立即擦去，若油已渗入热金属表面或敷设的保温层内，则应擦掉并及时更换该保温层以防止火灾。抗燃油可能对电缆包皮（如聚氯乙烯材料）和一般的油漆有破坏作用，只要当上述材料接触液体时（不管时间长短）都会软化和起泡，应立即清洗侵蚀处并查明损坏程度。

（十三）六氟化硫的使用安全

（1）六氟化硫新气中可能存在一定量的毒性分解物。在使用六氟化硫新气的过程中，要采取安全防护措施。从钢瓶中引出六氟化硫气体时，必须用减压阀降压。避免装有六氟化硫气体的钢瓶靠近热源或受阳光曝晒。使用过的六氟化硫气体钢瓶应关紧阀门，戴上瓶帽，防止剩余气体泄漏。

（2）户外设备充装六氟化硫气体时，工作人员应在上风方向操作，室内设备充装六氟化硫气体时，要开启通风系统，并尽量避免和减少六氟化硫气体泄漏到工作区。要求用检漏仪做现场泄漏检测，工作区空气中六氟化硫气体含量不得超过1000μg/L。

（3）六氟化硫试验室是进行六氟化硫新气和运行气体测试的场所，因此化验人员经常会接触有毒气体、粉尘和毒性化学试剂。试验室除具备操作毒性气体和毒性试剂的一般要求外，还应具有良好的底部通风设施。对通风量的要求是15min内使室内换气一次。酸度、可水解氟化物、矿物油测定的吸收操作应在通风柜内进行。色谱分析的有毒试样尾气和易燃的氢载气应从色谱仪排气口直接引出试验室。生物毒性试验的尾气应经碱液吸收后再排出室外。每个分析人员务必遵守分析试验室操作规程和六氟化硫气体使用规则。新来的工作人员在没有正式工作之前，首先要接受安全教育和有关培训。试验室内不应存放剧毒和易燃品使用时应随领随用。

（4）六氟化硫电气设备安装室与主控室之间要做气密性隔离，以防有毒气体扩散进入主控室。设备安装室内应具有良好的通风系统，通风量应保证在15min内换气一次。抽风口应设在室内下部。设备安装室底部应安装六氟化硫浓度报警仪和氧量仪，当六氟化硫的浓度超100μg/L、氧量低于18%时，仪器应报警。工作人员不准单独和随意进入设备安装室，进入前，应先通风20min，不准在设备防爆膜附近停留。工作人员在进入电缆沟或低位区域前，应检测该区域内的含氧量，如发现氧含量低于18%时，不能进入该区域工作。如发现气体中毒性分解物的含量不符合要求时，应采取有效的措施，包括气体净化处理、更换吸附剂、更新六氟化硫气体、设备解体检修等。

（十四）分析药品的使用安全

（1）化验人员应穿工作服，饭前和工作后要洗手。禁止用口尝和正对鼻嗅的方法来鉴别性质不明的药品。可以用手在容器上轻轻扇动，在稍远的地方去嗅发散出来的气味。禁止使用没有标签的药品，禁止用口含玻璃管吸取酸碱性、毒性及有挥发性或刺激性的液体。不准把氧化剂和还原剂以及其他容易相互起反应的化学药品储放在相邻的地方。

（2）剧毒药品必须具有明显的"剧毒危险"标志，无标签药品严禁使用。凡使用和保管剧毒药品的工作人员必须熟知其性能及使用方法，剧毒药品应放在专门的柜内，应用两把锁，钥匙分别由两人保管，领用时必须由单位负责人签字才可发放。使用剧毒药品要特别小心，必要时要戴口罩、防护眼镜、乳胶手套，操作时需在通风柜内或良好通风的地方进行。工作人员应站在上风，并远离火源，接触过的器皿应彻底清洗。对过期失效或报废的药品，应向管理部门申报批准，并在安全监督部门和保卫部门的监督下进行销毁。

第二节　电力生产现场危险化学品电气防爆安全

一、防爆电气设备类型

电气设备防爆技术措施是基于设法排除爆炸三要素中的一个或多个要素而设的，以使产生爆炸的危险减少到一个可接受的程度。

到目前为止，已有一系列的防爆技术措施被世界各国所接受，并形成了完善的标准化文本。表4-2为目前国际上普遍采用的防爆型式及其标准体系。

表4-2　　　　　　　　　　防爆型式及其标准体系

序号	防爆型式	代号	中国	欧洲	IEC	技术措施
1	通用要求		GB 3836.1	EN 50014	IEC 60079-0	
2	隔爆型	d	GB 3836.2	EN 50018	IEC 60079-1	隔离存在的点火源
3	增安型	e	GB 3836.3	EN 50019	IEC 60079-7	设法防止产生点火源
4	本质安全型	ia, ib, ic	GB 3836.4	EN 50020	IEC 60079-11 IEC 60079-25 IEC 60079-27	限制点火源的能量
5	正压外壳型	P	GB 3836.5	EN 50016	IEC 60079-2	把危险物质与点火源隔开
6	油浸型	o	GB 3836.6	EN 50015	IEC 60079-6	把危险物质与点火源隔开
7	充砂型	q	GB 3836.7	EN 50017	IEC 60079-5	把危险物质与点火源隔开

续表

序号	防爆型式	代号	中国	欧洲	IEC	技术措施
8	"n" 型	nA，nC，nL，nR，nZ	GB 3836.8	EN 50021	IEC 60079-15	减少能量或防止产生点火源
9	浇封型	ma，mb	GB 3836.9	EN 50028	IEC 60079-18	把危险物质与点火源隔开
10	粉尘防爆型	DIP A/B	GB 12476.1		IEC 61241-1-1	外壳防护、限制表面温度

1. 隔爆型 "d"

具有隔爆外壳的电气设备称为隔爆型电气设备。所谓的隔爆外壳，是指能够承受通过外壳任何接合面或结构间隙渗透到外壳内部的可燃性气体混合物在内部爆炸而不损坏，并且不会引起外部由一种或多种气体与蒸气形成的爆炸性环境发生燃烧的外壳，如图4-1所示。

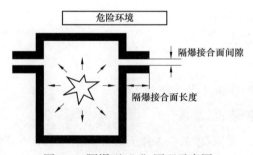

图4-1　隔爆型 "d" 原理示意图

给电气设备制造一个坚固的外壳，所有接缝的间隙小于相应可燃性气体的最大试验安全间隙，如果可燃性气体进入外壳之内被电火花点燃产生爆炸，则爆炸火焰被限制在外壳之内，不能点燃外壳外部环境中的爆炸性气体混合物，从而保证了环境的安全。

隔爆外壳必须满足两个基本条件：

（1）强度特性。外壳具有足够的机械强度，能承受内部的爆炸压力而不损坏，也会不产生影响防爆性能的永久性变形。

（2）不传爆特性。指外壳壁上所有与外界相通的接缝和孔隙都小于相应的最大试验安全间隙。

隔爆型技术系1区防爆技术，适合于爆炸性气体环境使用。

2. 增安型 "e"

增安型电气设备是一种在正常条件下不产生电弧、火花或可能点燃爆炸性混合物的高温电气设备，这种类型的电气设备在结构上采取措施以提高安全程度，避免在正常和认可的过载条件下产生电弧、火花或可能点燃爆炸性混合物的高温。也就是说，它是一种依靠高质量材料、设计和装配来消除电火花或局部过热的结构技术，其原理如图4-2所示。

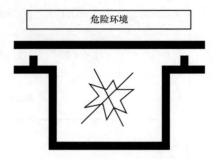

图4-2　增安型"e"原理示意图

基本安全设计措施包括：

（1）限制设备的种类。

（2）加大电气间隙、爬电距离。

（3）采用优良的绝缘材料。

（4）规定导体连接方法。

（5）降低温升。

（6）提高外壳的防护等级（至少IP54）。

（7）配合合适的保护装置。

按照国际标准规定，增安型技术适合于1区爆炸性气体环境使用。但是根据我国的实际情况，根据GB 3836.15规定，允许在1区场所使用的"e"型设备仅限于：

（1）在正常运行情况不产生火花、电弧或危险温度的接线盒和接线箱，包括主体为"d"或"m"型、接线部分为"e"型的电气产品。

（2）配置有合适热保护装置的"e"型低压异步电动机（启动频繁和环境条件恶劣者除外）。

（3）单插头"e"型荧光灯。

3. 本质安全型"i"

本质安全设备是指其内部的所有电路都是本质安全电路的电气设备，即该电路在标准规定条件下，正常工作和故障条件下产生的任何火花或任何热效应均不能点燃规定的爆炸性气体环境。

本质安全是基于限制电气线路中储能原理为基础的防爆技术，使产生火花的能量小于相应的爆炸性环境的最小点燃能量。例如，对于氢气（ⅡC）环境，在故障状态下一般应将电气设备的电气参数限制在30V/100mA以内，即功率限制在1.3W左右，其原理如图4-3所示。

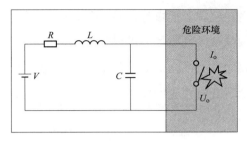

图4-3　本质安全型"i"原理示意图

基本安全设计措施包括：

（1）限制电路中的电压和电流。

（2）限制电路中的电容、电感等储能元件。

（3）本安电路与非本安电路的隔离。

（4）设计相应的可靠元件和组件。

（5）本安系统的配置应符合安全参数匹配原则。

本质安全防爆技术是爆炸性气体环境用防爆技术，有ia和ib两种保护等级。其中，ia等级为0区防爆技术，ib等级为1区防爆技术。最新IEC标准又新增了"ic"保护等级。它相当于"n"型中的nL保护技术，系2区防爆技术。

4. 正压外壳型"p"

具有正压外壳的电气设备称为正压外壳型电气设备，即该外壳能保持内部气体的压力高于周围爆炸性环境的压力，且能阻止外部爆炸性气体混合物的进入。

正压型是一种相对较复杂的防爆技术，但有时它是唯一的解决方法（如在大型分析仪器中），其设计思想是消除外壳内部的任何爆炸性气体，然后保持其内部为一个"安全区域"，此时未经认证的电气设备几乎不受任何约束地在外壳内部使用，其原理如图4-4所示。

用正压外壳保护的防爆型式可细分为3种：

（1）px型正压。将正压外壳内的危险场所从1区降至非危险区域，或从1类（煤矿井下危险区域）降至非危险区域的正压保护。

（2）py型正压。将正压外壳内的危险场所从1降至2的正压保护。

（3）pz型正压。将正压外壳内的危险场所从2区降至非危险区的正压保护。

基本安全设计措施包括：

（1）外壳应具有相应的外壳防护等级和抗冲击能力。

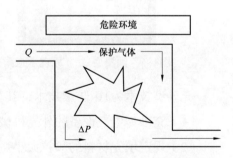

图4-4　正压外壳型"p"原理示意图

（2）用新鲜空气或惰性气体置换爆炸性危险气体。

（3）应有防止炽热颗粒吹入危险场所的结构措施。

（4）对外壳的最高表面温度或内部零件的最高表面温度加以限制。

（5）设置可靠的安全装置或相应的警告语。

（6）规定保护气体的类型和温度。

5. 油浸型"o"

油浸型防爆型式是将电气设备或电气设备的部件整个浸在保护液中，使设备不能够点燃液面上或外壳外面的爆炸性气体，其原理如图4-5所示。

油浸型技术为1区防爆技术，其基本安全设计措施包括：

（1）保护液的着火点、闪点、运动黏度、电气击穿强度以及体积电阻、凝固点和酸度等必须符合相应标准的规定。

（2）应有相应的结构措施防止保护液受到外部灰尘或潮气的影响而变质。

（3）应有可靠的保护液液面监控装置。

（4）应有可靠的保护液自由表面温度监控装置。

6. 充砂型"q"

充砂型防爆型式将能点燃爆炸性气体的导电部件固定在适当位置上，且完全埋入填充材料（石英或玻璃颗粒）中，以防止点燃外部爆炸性气体环境。

充砂型防爆电气设备实际上是基于阻止点燃源与爆炸性混合物相接触的防爆原理，其原理如图4-6所示。

图4-5 油浸型"o"原理示意图

图4-6 充砂型"q"原理示意图

充砂型技术为1区防爆技术，其基本安全设计措施包括：

（1）充砂型电气设备的外壳机械强度和外壳防护等级应符合相应标准的规定。

（2）规定填充材料的颗粒大小。

（3）规定的填充方法能确保填料内不留空隙即充满全部自由空间。

7. 浇封型"m"

浇封型电气设备是一种将整台设备或其中部分浇封在浇封剂中，即将可能产生点燃爆炸性混合物的电弧、火花或高温部分浇封在浇封剂中，在正常运行和认可的过载或认可的故障下不能点燃周围的爆炸性混合物的电气设备。

浇封型电气设备的基本设计思想实际上是一种典型的阻止点燃源与爆炸性混合物相接触的防爆原理，它是一种相对较新的保护方法，浇封设备以前被认证为特殊型（Exs）防爆电气设备。浇封型技术通常也可作为其他防爆技术一起使用，如与本质安全技术一起使用，用来处理储能组件或功率耗散元件，如图4-7所示。

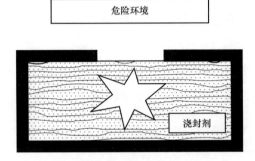

图4-7　浇封型"m"原理示意图

（1）Ex nA：设备正常运行时不产生火花或电弧（即原先的无火花型）。

（2）Ex nC：设备正常运行时产生火花和电弧，采用相应的设计措施使其成为"封闭式断路装置"、"非点燃元件"、"气密装置"、"密封装置"、"浇封装置"等。

（3）Ex nL：采用能量限制技术，在规定的运行条件下，电路或操作电弧和火花中所储存的能量不足以引起点燃。

（4）Ex nR：限制呼吸外壳，即设计成能限制气体、蒸气和薄雾进入的一种外壳。

（5）Ex nZ：n-正压外壳，该技术是用保护气体充入外壳，并保持压力高于周围环境，以阻止外壳内部形成爆炸环境的一种技术。实际上，它就是现行国家标准GB 3836.5中的pz型正压防爆技术。

8. 粉尘防爆型"DIP"

可燃性粉尘环境不同于爆炸性气体环境，其中有两个最为重要的区别：一是可燃性粉尘的堆积将不利于设备的散热，容易形成热点燃源；二是粉尘进入电气设备不利于设备安全，特别是导电粉尘进入外壳可直接产生电火花点燃源。为此，对于可燃性粉尘环境必须选用可燃性粉尘环境用电气设备，绝对不允许将爆炸性气体环境用防爆电气设备用于可燃性粉尘环境。

对于可能同时出现或分别出现可燃性气体和可燃性粉尘的环境中使用的电气设备，要求增加一些附加保护措施，并经检验机构检验确认后方可投入使用。

一般而言，电气设备可能会通过下列几种主要途径点燃可燃性粉尘环境：

（1）电气设备表面温度高于粉尘点燃温度。粉尘点燃温度与粉尘性能、粉尘存在状态、粉尘层的厚度和热源的几何形状有关。

（2）电气部件（如断路器、触头、整流器、电刷及类似部件）的电弧或火花。

（3）聚积的静电放电。

（4）辐射能量（如电磁辐射）。

（5）与电气设备相关的机械火花、摩擦火花或发热。

根据物质燃烧（爆炸）机理，为了避免点燃危险，应做到以下几点：

（1）可能堆积粉尘或可能与粉尘云接触的电气设备表面的温度须保持在标准规定的温度极限以下。

（2）任何产生电火花的部件或其温度高于粉尘点燃温度的部件应安装在一个足以防止粉尘进入的外壳内，或限制电路的能量以避免产生能够点燃可燃性粉尘的电弧、火花或温度。

（3）避免任何其他点燃源。

二、防爆电气设备的选型

1. 选型原则

（1）安全原则。这是选用的首要原则，选用防爆电气设备须与爆炸危险场所的区域等级和爆炸性混合物的级别、组别相适应，否则就不能保证安全。

（2）法规原则。选用防爆电气设备必须遵守国家有关安全法规及相关标准。

（3）环境适应原则。防爆电气设备规定的环境条件是−20~+40℃，环境温度过高，过低都需采取特殊的设计、试验等措施。此外，还要考虑是户内便用还是户外使用以及应防止外部因素（化学作用机械作用和热、电气、潮湿等）对防爆性能的影响。对于户外使用的防爆电气设备，其外壳防护等级不得低于IP54。

（4）方便维护原则。防爆电气设备使用期间的维护和保养是确保安全可靠的重要保证。在相同的功能要求条件下，选择结构越简单越好。此外，还须考虑同一工程项目内使用防爆电气设备的互换性，便于维护管理。必要时，还应考虑系统运行要求，如连续运行的自动化系统应优先选用本质安全型产品。

（5）经济合理原则。选择防爆电气设备，不仅要考虑价格，还须对设备的可靠性、寿命、运转费用、耗能、维修时的备件等作全面分析平衡，才能选择最佳的防爆电气设备。

2. 爆炸性气体环境用电气设备的选型

（1）根据区域类别选型。若电气设备和电路符合GB 3836.4—2010（ia类——本质全型）标准及0区安装规程，则该电气设备和电路可用于0区危险场所。如"n"型电气设备，只能限于2区危险场所使用，见表4–3。

表4-3 防爆电气设备按区域选型表

电气设备防爆型式	代号	适用区域
本质安全型（ia级）	Ex ia	0区
浇封型（ma）	Ex ma	
为0区设计的特殊型	Ex s	
适用于0区的防爆型式		1区
本质安全型（ib级）	Ex ib	
隔爆型	Ex d	
增安型	Ex e	
正压外壳型	Ex px，Ex py	
油浸型	Ex o	
充砂型	Ex q	
浇封型	Ex mb	
为1区设计的特殊型	Ex s	
适用于0区和1区的防爆型式		2区
n型	Ex nA、Ex nC、Ex nL、Ex nR、Ex nZ	
正压型	Ex pz	
为2区设计的特殊型	Ex s	

（2）根据气体或蒸气的引燃温度选型。电气设备应按其最高表面温度不超过可能出现的任何气体或蒸气的引燃温度选型，电气设备必须在被标志的温度范围内使用。

（3）根据设备类别选型。防爆型式为"e"、"m"、"o"、"p"和"q"的电气设备应为Ⅱ类设备。防爆型式为"d"和"i"的电气设备应是ⅡA、ⅡB、ⅡC类设备，可按表4-2进行选型。防爆型式"n"的电气设备应为Ⅱ类设备，如果它包括封闭式断路装置，非点燃元件或限能设备或电路，那么，该设备应是ⅡA、ⅡB、ⅡC类，可按表4-4进行选型。

表4-4 气体/蒸气分类与设备类别间的关系

气体/蒸气分类	设备类别
ⅡA	ⅡA、ⅡB或ⅡC
ⅡB	ⅡB或ⅡC
ⅡC	ⅡC

3. 可燃性粉尘环境用电气设备的选型

（1）根据粉尘环境区域和粉尘类型选型。表4-5给出了不同粉尘环境的防粉尘点燃电气设备的选型关系。

表4-5 防粉尘点燃电气设备的选型

设备类型	粉尘类型	20 区或 21 区	22 区
A	导电粉尘	DIP A20 或 DIP A21	DIP A21（IP6X）
	非导电粉尘	DIP A20 或 DIP A21	DIP A22 或 DIP A21
B	导电粉尘	DIP B20 或 DIP B21	DIP B21
	非导电粉尘	DIP B20 或 DIP B21	DIP B22 或 DIP B21

（2）根据粉尘点燃温度选型。防粉尘点燃设备的最高表面温度（T_A 或 T_B）通常直接标温度值，或标温度组别（$T_1 \sim T_6$）或两者都标。

对于A型设备，其最高表面温度应不超过相关粉尘云最低点燃温度（T_{cl}）的2/3，即 $T_{max} \leqslant 2/3\ T_{cl}$；且当存在粉尘层厚度至5mm时，其最高表面温度还应不超过相关粉尘层厚度为5mm的最低点燃温度（T_{5mm}）减去75K，即 $T_{max} \leqslant T_{5mm} - 75K$，取两者较小值。

对于B型设备，其最高表面温度应不超过相关粉尘云最低点燃温度（T_{cl}）的2/3，即 $T_{max} \leqslant 2/3\ T_{cl}$；且当存在粉尘层厚度至12.5mm时，其最高表面温度还应不超过相关粉尘层厚度为12.5mm的最低点燃温度（$T_{12.5mm}$）减去25K，即 $T_{max} \leqslant T_{12.5mm} - 25K$，取两者较小值。

设备选型时，对于粉尘层厚度可能超过5mm的A型设备，或粉尘层厚度可能超过12.5mm的B型设备，设备允许的最高表面温度必须进一步降低，并经实验室试验验证确定。

（3）其他附加要求。对于使用在危险场所的辐射设备和超声波设备，以及即使使用在安全场所，但其辐射或超声波可能进入危险场所的设备的选择还必须满足GB 12476.2标准规定的要求。

第三节　电力生产现场危险化学品容器类设备安全

一、危险化学品容器类设备的布置安全要求

为满足工艺流程路径，保证工艺流程在水平和垂直方向的连续性，在不影响工艺流程路径的原则下，将同类型的设备或操作性相似的有关容器设备集中布置，可以有效地利用建筑面积，便于管理、操作与维修，还可以减少备用设备或互为备用。如塔体集中布置在塔架上，换热器、泵组成布置在一起等。为充分利用位能，尽可能使物料自动流送，一般可将计量设备、高位槽布置在最高层，主要容器设备布置在中层，储槽、使动容器设备布置在底层。须考虑适当的设备距离，若设备间距过小，会导致操作、安装与维修的困难，甚至发生事故。

根据设备大小及结构，考虑设备安装、机修及拆卸所需的空间和面积，同类设备集中布置可统一留出检修场地，如塔、换热器等。塔和立式设备的人孔应对着空地或检修通道的方向；列管换热器应在可拆的一端留出一定空间，以便抽出管子来检修等。

设备的安装应尽量做到工人背光操作，较大设备避免靠近窗户，以免影响门窗的开启通风与采光。

有爆炸危险的设备应露天布置，若室内布置时要加强通风，防止爆炸性气体的聚积。危险等级相同的设备或厂房应集中在一个区域，这样就可以减少防爆电器的数量和减少防火防爆建筑的面积。有爆炸危险的设备尽量布置在单层厂房或多层厂房的顶层或厂房的边沿，有利于防爆泄压和消防。

加热炉、明火设备与产生易燃易爆气体的设备应保持一定的距离（一般不小于18m），易燃易爆炸车间（装置）要采取防止引起静电现象和着火的措施。

处理酸碱等腐蚀性介质的设备，如泵、池、罐等分别集中布置在有耐蚀铺砌的围堤中，不宜放在地下室或楼上。

产生有毒气体的设备应布置在下风向，存有毒物数据的设备不能放在厂房的死角处。有毒、有粉尘和有气体腐蚀的设备要集中布置并做通风、排毒或防腐蚀处理，通风措施应根据生产过程中有害物质、易燃易爆气体的温度和爆炸极限及厂房的温度而定。

笨重设备或运转时产生很大振动的设备，如压缩机、离心机、真空泵等，应尽可能布置在厂房底层，以减少厂房的荷载与振动。有剧烈振动的设备，其操作台和基础不得与建筑物的柱、墙连在一起，以免影响建筑物的安全。厂房内操作平台必须统一考虑，以免平台支柱零乱重复。

二、塔的安全设计要求

塔的布置型式很多，单塔或特别高大的塔可采用独立设计布置，利用塔身设操作平台，供工作人员进出人孔、操作维修仪表及阀门之用。平台的位置由人孔位置与配管情况而定，具体的结构与尺寸可由设计标准中查取。

塔与塔群应设计布置在设备区外侧，其操作侧面对道路、配套侧面对管廊，以便施工安装、维修与配管。塔顶部常设有吊杆，用以吊装塔盘等零件。填料塔常在装料人孔的上方设吊车梁，供吊装填料。

装几个塔的中心排列一条直线，高度相近的塔设计布置，通过适当调整安装高度和操作点就可以采用联合平台，既方便操作，又节省投资。采用联合平台时应考虑各塔有不同的伸长量，以防止拉坏平台。相邻小塔间的距离一般为塔径的3~4倍。

数量不多、结构与大小相似的塔可设计组成布置，将4个塔合为一个整体，利用操作台集中设计布置。如果塔的高度不同，只要求将第一层操作平台取齐，其他各层可另行考虑。这样，几个塔组成一个空间体系，增加了塔群的钢度。塔的壁厚就可以降低。

塔应通常设计安装在高位换热器的建筑物或框架旁，利用容器或换热器的平台作为塔的人孔、仪表和阀门的操作与维修的通道。将细而高的塔或负压塔的侧面固定在建筑物或框架的适当高度，这样可以增加钢度，减少壁厚。

直径较小（1m以下）的塔应设计安装在室内或框架中，平台和管道都支承在建筑物中，冷凝器可装在屋顶上吊在屋顶梁下，利用位差重力回流。

三、罐、槽的安全设计要求

罐、槽按用途可以分为原料储罐、中间储槽和成品储槽；按设计型式可分为立式和卧式。容器设计布置时，一般要注意以下事项：

（1）立式储罐设计布置时，按罐外壁取齐，卧式储罐按封头切线取齐。

（2）在室外设计布置易挥发液体储罐时，应设置喷淋冷却设施。

（3）易燃、可燃液体储罐周围应按规定设置防火堤坝。

（4）储存腐蚀性物料罐区除设围堰外，其他地坪应做防腐处理。

（5）在设计时，液位计、进出料管、仪表尽可能集中在储罐的一侧，另一侧可供通道和检测用。罐与罐之间的间距应符合有关规定，以便操作、安装和检查。

四、换热器的安全设计要求

换热器的热量平衡由于涉及供热效果、换热面积、流动温差、流动强度等一系列问题，因此，其在运行过程中由于热量积累、局部过热、流体结焦或气化而引起的事故比较多。

设计时应考虑将换热器布置在适当的位置，确定支座、安装结构和管口方位等。必要时，在不影响工艺要求的前提下，调整原换热器的尺寸及安装方式（立式或卧式）。

换热器的设计布置原则是顺应流程和缩小管道长度，其位置取决于它密切联系的设备。塔的再沸器及冷凝器应位于塔的大口径的两侧。热虹吸式再沸器直接固定在塔上，还要靠近回流罐和回流泵。

换热器常采用成组设计布置。水平的换热器可以重叠布置，串联的、非串联的、相同的或大小不同的换热器都可以设计为重叠布置。重叠布置除节约面积外，还可以共同使用上下水管。为了便于抽取管束，上层换热器不能太高，一般管壳的顶部不能高于316m；此外，将进出口管改成弯管可降低安装高度。

五、反应器的安全设计要求

反应器型式很多，可以根据结构型式按类似的设备进行设计布置。塔式反应器可按塔的方式做设计布置，固定床催化反应器与容器相类似，搅拌釜式反应器实质上是设有搅拌器和供热夹套的立式容器。

在设计时，釜式反应器一般用挂耳支承在建筑物上或操作台的梁上，对于体积大、质量大或振动大的设备，要用支脚直接支承在地面或楼板上。两台以上相同的反应器应尽可能排成一直线。反应器之间的距离，根据设备的大小、附属设备和管道具体情况而定。管道阀门尽可能集中布置在反应器一侧，以便操作。

间歇操作的釜式反应器设计布置时要考虑便于加料和出料。液体物料通常是经高位槽计量后靠压差加入釜中，固体物料大都是用吊车从人孔或加料口加入釜内，因此，人孔或加料口离地面、楼面或操作平台面的高度以800mm为宜。

连接操作釜式反应器有单台和多台串联式，设计布置时除考虑前述要求外，由于进料、出料都是连接的，因此在多台串联时必须特别注意物料进、出口间的压差和流体流动的阻力损失。

六、泵、压缩机的安全设计要求

在设计时，泵应尽量靠近供料设备以保证良好的吸入条件，应集中布置在室外、建筑物底层或泵房。小功率的泵（7kW以下）宜布置在楼面或框架上。在设计时，应将室外的泵布置在路旁或管廊下排成一行或两行，电机端对齐排在中心通道两侧，使吸入与排出端对着工艺罐。泵的排列次序应由相关的设备与管道的布置所决定。当面积受限制或泵较小时，可成对布置使两泵共用一个基础，在一根支柱上装两个开关。

离心压缩机体积变小、排量大、结构简单。可利用多种动力（电动机、蒸汽透平、气体透平）带动，有利于装置的能量使用。离心压缩机设计布置原理与离心泵相似，但较为庞大、复杂，特别是一些附属设备（润滑油与密封油槽、控制台、冷却器等）要占很大的空间。

管道从顶部连接的压缩机设计时可考虑安装在接近地面的基础上，在拆卸上盖时要同时拆去上部接管。管道从底部连接的压缩机拆卸上盖时比较方便，这种压缩机在设计时要考虑安装在抬高的框架上，使支柱靠近机器，环绕机器设悬壁平台，当然压缩机的基础要与建筑物的基础分离。而离心压缩机在设计时应考虑布置在敞开式框架结构（有顶）或压缩机室内，顶部要设吊车梁式行车以供检修时吊零部件。

往复压缩机的工作原理与往复泵相似，但机器复杂得多，振动和噪声都很大，在设计时，应考虑布置在压缩机室内，其周围要留出足够大的空地。

第四节　电力生产现场危险化学品运送管道安全

一、对管道的基本技术要求

1. 概述

管道用于输送液体、气体以及松散材料，用管道可将彼此间距离很大的设备、器械、储罐相互连接起来。

管道是用单根管子、异形管件（弯头、三通、异径管等）以及闸门和调节阀所组成，各部件间用焊接、螺钉或法兰（为了密闭要加密封圈）等进行连接，在管道上还装有控制测量仪表。

管道的选用条件取决于生产的种类和所输送物料的性质，如有些液体和气体对金属有强烈腐蚀性或具有易燃和有毒的性质。化工厂管道操作压力范围很大，从高度真空到1500kg/cm^2，而温度范围也很广，在$-100 \sim 1100$℃之间。

根据使用条件，管道可以由钢管、铸铁管、陶瓷管和其他管子装配而成，管道在使用中都必须可靠。

2. 技术要求

根据多年管道的设计和使用经验，对管道的基本技术要求如下：

（1）在工艺要求的操作压力和温度下，特别是冷和热交替变换的情况下输送物料，管道要具有足够的机械强度和气密性。

（2）材料能耐侵蚀性物质的作用，并在长期使用过程中保持其物理机械性能。

（3）内表面光滑，并且局部阻力最小，即装有较小数量的弯头、三通、异径管、阀门和调节阀。

（4）温度应力及温度伸缩补偿小。

（5）管道的安装工作简单，能够更换损坏的管件。

（6）管道工程的投资和管理费用最节省。

能满足上述要求，在很大程度上取决于制造管道所使用的材料。

二、管道的分类及管理维护

1. 管道的分类

管道按照其所使用的材料不同，可分为：

（1）金属材料管。灰铁管、高硅铸铁、高铬铸铁、球墨铸铁、可锻铸铁、碳素钢合金钢等材料制成的管子统称为金属材料管。金属材料管又可分为黑色金属管和有色金属管两种。铅、青铜、黄铜、铝等材料制成的管子通称为有色金属管。有色金属材料稀少、价格昂贵，因此应尽量选用其他金属材料管或非金属材料管。在非用不可的情况下，选用不锈钢或有色金属管。

（2）非金属材料管。非金属材料资源丰富，并且具有很好的化学稳定性，能耐各种介质的腐蚀，因此应用越来越广，品种也十分繁多，常用的主要有：陶瓷、混凝土、石棉水泥、玻璃、玻璃钢、石墨、橡皮、酚醛塑料、聚乙烯塑料、硬聚氯乙烯塑料等材料制成的管子、管件。

管道按其使用条件不同，可分为：

（1）动力蒸汽管道。

（2）工艺管道。包括交压工艺管道、中压工艺管、低压工艺管道。

（3）上、下水管（包括排污管、消防水管）。

（4）煤气管等。

2. 管道的管理和维护

管道及其附件是生产过程中不可缺少的一部分，因此，在操作使用过程中，应当如同爱护设备一样维护所属的管道，而此项工作往往被人所忽视。为加强管道的维护管理，需要注意维护时的安全知识。

（1）提交业务水平，熟悉操作过程，维护好本岗位的设备、管道。

（2）严格遵守工艺条件，加压不应太快，并保证不超过规定压力。突然升温或冷却管道，温度急剧变化会导致管道破裂。

（3）禁止在管内有压力的情况下进行修理工作。

（4）管道上禁止悬挂重物或作为支架用，不得晾晒衣物。

（5）经常检查管道及附件的使用情况，发现有渗漏、严重变形等不正常现象时，应立即进行处理或通知修理部门修理。

（6）设计有计量仪表的管线，计量仪表应定期进行校验，保证灵活、准确。

（7）当管道及附件结冻时，一般不能采用明火烘烤，只能用蒸汽或热水冲吹解冻。

（8）为了防止锈蚀，管道中的螺栓、法兰应以油脂防锈。管道外表的防蚀层应经常保持完好，并定期进行全线的涂刷和修补。

（9）发现管道局部堵塞时，可拆下清理或用压缩空气、惰性气体或其他流体吹刷，禁止用硬敲、猛锤的办法来疏通管道。

（10）管道上的保温层应保持完好，一有损坏，应立即修补。

三、压力管道在线检查和检测

1. 压力管道在线检查的要求

在线检查压力管道的安全要求如下：

（1）在线检查是在不停车的运行条件下对在用压力管道进行的检查。考虑到在用压力管道量大面广，光靠专职的检验单位恐怕难以有效地完成所有在用压力管道的检查工作。因此，压力管道的使用单位在线检查工作一般由使用单位负责，对于无检查力量的单位可委托具有压力管道检验资格的单位进行。

（2）使用单位应制定在线检验管理制度，从事在线检验工作的检验人员必须经专业培训，并报省级或其授权的地（市）级质量技术监督部门备案。

（3）在线检查每年至少一次。

（4）在线检验一般以宏观检查和安全保护装置检查为主，必要时进行测厚检查和电阻值测量。

2. 在线检验的宏观检查

危险化学品压力管道在线检验的宏观检查内容见表4-6。

表4-6　　　　　　危险化学品压力管道在线检验的宏观检查内容

序号	检验项目	检查内容及要求
1	泄漏检查	主要检查管子及其他组成件泄漏情况
2	绝热层、防腐层检查	主要检查管道绝热层有无破损、脱落、跑冷等情况，以及防腐层是否完好
3	振动检查	主要检查管道有无异常振动情况
4	位置与变形检查	（1）管道位置是否符合安全技术规范和现行国家标准的要求。 （2）管道间或与相邻设备之间有无相互碰撞及摩擦情况。 （3）管道是否存在挠曲、下沉以及异常变形等
5	支吊架检查	（1）支吊架是否脱落、变形、腐蚀损坏或焊接接头开裂。 （2）支架与管道接触处有无积水现象。 （3）恒力弹簧支吊架转体位移指示是否越限。 （4）变力弹簧支吊架是否异常变形、偏斜或失载。 （5）刚性支吊架状态是否异常。 （6）吊杆及连接配件是否损坏或异常。 （7）转导向支架间隙是否合适，有无卡涩现象。 （8）阻尼器、减振器位移是否异常，液压阻尼器液位是否正常。 （9）承载结构与支撑辅助钢结构是否明显变形，主要检查受力焊接接头是否有宏观裂纹
6	阀门检查	（1）阀门表面是否存在腐蚀现象。 （2）阀体表面是否有裂纹、严重缩孔等缺陷。 （3）阀门连接螺栓是否松动。 （4）阀门操作是否灵活
7	法兰检查	（1）法兰是否偏口，紧固件是否齐全并符合要求，有无松动和腐蚀现象。 （2）法兰面是否发生异常翘曲、变形
8	膨胀节检查	（1）波纹管膨胀节表面有无划痕、凹痕、腐蚀穿孔、开裂等现象。 （2）波纹管间距是否正常、有无失稳现象。 （3）铰链型膨胀节的铰链，销轴有无变形、脱落等损坏现象。 （4）拉杆式膨胀节的拉杆、螺栓、连接支座有无异常现象
9	阴极保护装置检查	对有阴极保护装置的管道应检查其保护装置是否完好
10	蠕胀测点检查	对有蠕胀测点的管道应检查其蠕胀测点是否完好
11	管道标识检查	检查管道标识是否符合现行国家标准的规定

3. 压力管道的检测

在用压力管道定期检验分为在线检验和全面检验。在线检验每年至少一次，全面检验的检验周期根据管道的安全状况等级确定。安全状况等级为1级和2级的在用工业管道，其检验周期一般不超过6年；安全状况等级为3级的在用工业管道，其检验周期一般不超过3年。但是，存在下列情况下压力管道检验周期可适当延长或缩短：

（1）经使用经验和检验证明可以超出上述规定期限安全运行的管道，使用单位向省级或其委托的地（市）级质量技术监督部门安全监察机构提出申请，经受理申请的安全监察机构委托的检验单位确认，检验周期可适当延长，但最长不得超过9年。

（2）属于下列情况之一的压力管道，应适当缩短检验周期：新投用的管道（首次检验周期）；发现应力腐蚀或严重局部腐蚀的管道；承受交变载荷，可能导致疲劳失效的管道；材料产生劣化的管道；在线检验中发现存在严重问题的管道；检验人员和使用单位认为应该缩短检验周期的检查。

第五节　电力生产现场设备检修阶段安全技术要求

一、动火检修安全技术措施

动火检修作业包括电焊、气焊、气割、烙铁钎焊、喷灯、熬沥青、烘烤等。此外，还有另一类作业如凿水泥地面等，虽然本身不用火，然而在施工时，可能会产生撞击火花、摩擦火花、电气火花和静电火花等，如果作业地点被安排在禁火区进行的话，也应列入动火管理范围。

（一）焊割动火作业危险性

焊割过程中产生的热量，远远大于引燃大多数可燃物质需要的热量。氧—乙炔焊割弧温度在3000~3200℃之上。在焊接和切割时，特别是在高处进行焊割作业时，火花飞溅，熔渣散落，可以造成焊割工作地点周围较大范围内的可燃物起火或爆炸。如火花和炽热颗粒进入孔洞或缝隙与可燃物质接触，事后往往由阴燃而蔓延成灾。坠落的焊条头也会引起火灾，另外，在氧—乙炔焰焊割中，还易发生回火爆炸。

焊割作业中，焊工必须事先经过专门的安全培训和考核，考试合格，持有操作证者，方准从事焊割工作。

（二）动火安全措施

通常在动火检修中，一般有下列几种安全措施，当然，在实际运用中，对不同情况，采取相应的安全措施。

（1）拆迁法。拆迁法就是把在禁火区内需要动火的设备、管道及其附件，从主体上拆下来，迁往安全处动火后，再装回原处。此法最安全，只要工件能拆得下来，应尽量采用。

（2）隔离法。隔离法一种是将动火设备和运行设备做有效的隔离，例如管道上用盲板、加封头塞头、拆掉一节管子等办法。另一种是捕集火花，隔离熔碴，将动火点和附近的可燃物隔离，如用湿布、湿麻袋、石棉毯等不燃材料将易燃物及其管道连接处遮盖起来或用铁皮将焊、割件四面包围，隔离在内，防止火星飞出。如在设备的上层动火，就要堵塞孔洞，上下隔绝，严防火星落入下层。在室外高处时，则用耐火不燃挡板或水盘等，控制火花方向。

（3）移去可燃物。凡是焊割火花可到的地方，应该把可燃物全部搬开，包括竹箩筐、废纱、垃圾等，笨重的或无法撤离的可燃物，必须采取隔离措施。

（4）清洗和撤离。清洗和撤离都是清除设备内危险物质的措施，在任何检修作业前，都必须执行。

（5）动火分析。经清洗和置换后的设备、管道在动火前，应进行检查和分析，一般采用化学和仪器分析方法测定，其标准是：如爆炸下限浓度大于4%（体积）的，可燃气体或蒸汽的浓度应小于0.5%。如爆炸下限浓度小于4%的，则浓度应小于0.2%。取样分析时间不得早于动火作业开始前的半小时，而且要注意取样的代表型，做到分析数据准确可靠。

（6）敞开和通风。需要动火的设备容器，凡有条件打开的锅盖、人孔、料孔等必须全部打开。在室内动火时，必须加强自然通风，严冬也要敞开门窗，必要时采取局部通风。如在设备内动火，通风更加重要。

（7）准备消防器和监护。在危险性较大的动火现场，必须有人监护，并准备好足够、相应的灭火器材，以便随时扑救火灾，必要时还应派消防车到现场。

（三）气瓶分类

1. 按工作压力分类

气瓶按工作压力分为高压气瓶和低压气瓶，高压气瓶的工作压力大于8MPa，多为30MPa、15MPa、10MPa、8MPa；低压气瓶的工作压力小于5MPa，多为5MPa、3MPa、2MPa、1.6MPa、1MPa。

2. 按容积分类

气瓶按容积V（L）分为大、中、小3种。大容积气瓶的容积为$100L < V \leqslant 1000L$；中容积气瓶的容积为$12L < V \leqslant 100L$；小容积气瓶的容积为$0.4L < V \leqslant 12L$。

3. 按盛装介质的物理状态分类

按盛装介质的物理状态，气瓶可分为永久性气体、液化气瓶和溶解乙炔气瓶。

（1）永久性气体气瓶。永久性气体是指临界温度低于–10℃，常温下呈气态的液体，如氢气、氧气、氮气、空气、一氧化碳及惰性气体。

盛装永久性气体的气瓶都是在较高的压力下充装气体的钢瓶。常见的压力为15MPa，也有充装压力为20~30MPa的。

（2）液化气体气瓶。液化气体是指临界温度等于或高于–10℃的各种气体，它们在常温常压下呈气态，而经加压和降温后变为液体。在这些气体中，有的临界温度较高，如硫化氢、氨、丙烷、异丁烯、环氧乙烷、液化石油气等。气体经加压、降温液化后充入钢瓶中，装瓶后在瓶内保持气相和液相平衡状态。

（3）溶解乙炔气瓶。溶解乙炔气瓶是专门用于盛装乙炔的气瓶。由于乙炔气瓶极不稳定，特别是在高压下很容易聚合和分解，液化后的乙炔，稍有振动即会引起爆炸。

（四）气瓶的安全附件

气瓶安全附件，包括气瓶专用爆破片、安全阀、易熔合金塞、瓶阀、瓶帽、防震圈、紧急切断和充装限位装置等。根据国家质量技术监督局公布的目录，列入制造许可证范围的安全附件需要取得国家质量技术监督局颁发的制造许可证；未列入制造许可证范围的安全附件，除瓶帽和防震圈外，需在锅炉压力容器安全监察局安全注册。

1. 瓶阀

瓶阀是气瓶的主要附件，用于控制气体的进出，因此，要求气阀体积小、强度高、气密性好、耐用可靠。它由瓶体、阀杆、阀瓣、密封件、压紧螺母、手轮、易熔合金塞以及爆破膜等组成。瓶阀应满足下列要求：

（1）瓶阀材料应符合相应标准的规定，所有材料既不与瓶内盛装气体发生化学反应，也不影响气体的质量。

（2）瓶阀上与气瓶连接的螺纹，必须与瓶口内螺纹匹配，并符合相应标准的规定。瓶阀出气口的结构，应有效地防止气体错装、错用。

（3）氧气和强氧化性气体气瓶的瓶阀密封材料，必须采用无油的阻燃材料。

（4）液化石油气瓶阀的手轮材料，应具有阻燃性能。

（5）瓶阀阀体上如装有爆破片，其公称爆炸压力应为气瓶的水压试验压力。

（6）同一规格、型号的瓶阀，重量允差不超过5%。

（7）非常复杂的充装瓶阀，必须采用不可拆卸方式与非重复充装气瓶装配。

（8）瓶阀出厂时，应逐只出具合格证。

2. 瓶帽

为了保护瓶阀免受损伤，瓶阀上必须配戴合适的瓶帽。瓶帽用钢管、可锻铸铁或球墨铸铁等材料制成。瓶帽上开有对称的排气孔，避免当瓶阀损坏时，气体由瓶帽一侧排出产生反作用力推倒气瓶。瓶帽应满足下列要求：

（1）有良好的抗撞击性。

（2）不得用灰口铸铁制造。

（3）无特殊要求的，应配戴固定式瓶帽。同一工厂制造的同一规格的固定式瓶帽，重量允差不超过5%。

3.防震圈

防震圈是由橡胶或塑料制成的厚为25~30mm的弹性回圈。每个气瓶上套两个，当气瓶受到撞击时，能吸收能量，减轻震动并有保护瓶体标志和漆色不被磨损的作用。

4.易熔合金塞

应满足以下要求：

（1）易熔合金不与瓶内气体发生化学反应，也不影响气体的质量。

（2）易熔合金的流动温度正确。

（3）易熔合金塞座与瓶体连接的螺纹应保证密封性。

（五）气瓶的颜色和标记

为了便于识别气瓶充填气体的种类和气瓶的压力范围，避免在充装运输、使用和定期检验时混淆而发生事故，国家对气瓶的漆色和字样做了明确的规定，详见表4-7。

打在气瓶肩部的符号和数据钢印叫气瓶标志，各种颜色、字样、数据和标志的部位、字型都有明确的规定。

表4-7　　几种常见气瓶漆色

序号	气瓶名称	化学式	外表面颜色	字样	字样颜色	色环
1	氢	H_2	深绿	氢	红	P=14.7MPa，不加色环 P=19.8MPa，黄色环一道 P=29.4MPa，黄色环二道
2	氧	O_2	天蓝	氧	黑	P=14.7MPa，不加色环 P=19.6MPa，白色环一道 P=29.4MPa，白色环二道
3	氨	NH_3	黄	液氨	黑	
4	氯	Cl_2	草绿	液氯	白	
5	空气		黑	空气	白	P=14.7MPa，不加色环 P=19.6MPa，白色环一道 P=29.4MPa，白色环二道
6	氮	N_2	黑	氮	黄	
7	硫化氢	H_2S	白	液化硫化氢	红	
8	二氧化碳	CO_2	铝白	液化二氧化碳	黑	P=14.7MPa，不加色环 P=19.6 Pa，黑色环一道

（六）气瓶的安全使用技术

由于气瓶的使用环境经常变化，在使用方面存在一些特殊问题，要保证安全使用，除了应满足压力容器的一般要求外，在安全管理上还需要有一些特殊的要求。

1. 气瓶的安全装置

防震圈是为了防止气瓶瓶体受撞击的一种保护装置。在气瓶的充装、使用，特别是搬运过程中，常常会因滚动或震动而相互撞击或与其他物件碰撞。这不但会使气瓶瓶壁产生伤痕和变形，还会因此而使气瓶发生脆性破裂，这是高压气瓶发生破裂爆炸事故常见的原因之一。为了避免这类事故，需要在气瓶瓶体上装有防震圈。

瓶帽是为了防止装在气瓶顶部的瓶阀被碰坏的一种保护装置，每个气瓶的顶部都应装配有瓶帽，以便在气瓶运输过程中佩戴。如果没有保护装置，瓶阀常会在气瓶的搬运过程中被撞击而损坏。

2. 气体充装

气瓶由于充装不当而发生爆炸事故是屡见不鲜的，因此，气瓶的正确充装是保护气瓶安全使用的关键。为此，应检查以下内容。

（1）气瓶的漆色是否完好，所漆的颜色是否与所装气体的气瓶规定颜色相符。

（2）气瓶是否留有余气，如果对气瓶原来所装的气体有怀疑，应取样化验。

（3）认真检查气瓶瓶阀上进气口侧的螺纹，一般盛装可燃气体的气瓶瓶阀螺纹是左旋的，而非可燃气体气瓶则是右旋的。

（4）气瓶上的安全装置是否配备齐全、好用。

（5）新投入使用的气瓶是否有出厂合格证，已使用过的气瓶是否在规定的检验期内。

（6）气瓶有无鼓包、凹陷或其他外伤。

（7）充装压缩气体的气瓶应明确规定在多高的充装温度下充装多大的压力，以保证所装的气体在气瓶最高使用温度下的压力不超过气瓶的设计压力。

（8）充装液化气体的气瓶必须严格按规定的充装系数进行充装，不得超量。

（9）为了防止由于计量误差而造成超装，所有仪表量具（如压力表、磅秤等）都应按规定范围选用，并且要定期检验和校正。

（10）没有原始质量标记或标注不清难以确认的气瓶不予充装。

（11）液化气体的充装量应包括气瓶内原有的余气（余液），不得把余气（余液）的质量忽略不计。

（12）不应用储罐减量法（即按液化气体大储罐原有的质量减去装瓶后储罐的剩余质量）来确定气瓶的充气量。

（13）低压液化气体的饱和蒸气压力和充装系数，如表4-8所示。

表4-8 低压液化气体的饱和蒸气压力和充装系数

序号	气体名称	分子式	60℃时的饱和蒸气压力（表压）（MPa）	充装系数（kg/L）
1	氨	NH_3	2.52	0.53
2	氯	Cl_2	1.68	1.25
3	溴化氢	HBr	4.86	1.19
4	硫化氢	H_2S	4.39	0.66
5	二氧化硫	SO_2	1.01	1.23
6	四氧化二氮	N_2O_4	0.41	1.30
7	碳酰二氯（光气）	COCl	0.43	1.25
8	氟化氢	HF	0.28	0.83
9	丙烷	C_3H_8	2.02	0.41
10	环丙烷	C_3H_6	1.57	0.53
11	正丁烷	C_4H_{10}	0.53	0.51
12	异丁烷	C_4H_{10}	0.76	0.49
13	丙烯	C_3H_6	2.42	0.42
14	异丁烯（2-甲丙烯）	C_4H_8	0.67	0.53
15	1-丁烯	C_4H_8	0.66	0.53
16	1，3-丁二烯	C_4H_6	0.63	0.55
17	六氟丙烯（全氟丙烯）（R-1216）	C_3F_6	1.69	1.06
18	二氯二氟甲烷（R-12）	CF_2Cl_2	1.42	1.14
19	二氯氟甲烷（R-21）	$CHFCl_2$	0.42	1.25
20	二氟氯甲烷（R-22）	CHF_2Cl	2.32	1.02
21	二氯四氟乙烷（R-114）	C_2FiCl_2	0.49	1.31
22	二氟氯乙烷（R-142b）	$C_2H_3F_2C_1$	0.76	0.99
23	1，1，1-三氟乙烷（R-143b）	$C_2H_3F_3$	2.77	0.66
24	偏二氯乙烷（R-152a）	$C_2H_4F_2$	1.37	0.79
25	二氟溴氯甲烷（R-12B₁）	CF_2ClBr	0.62	1.62
26	三氟氯乙烯（R-1113）	C_2F_3Cl	1.49	1.10
27	氯甲烷（甲基氯）	CH_3Cl	1.27	0.81
28	氯乙烷（乙基氯）	C_2H_5Cl	0.35	0.80
29	氯乙烯（乙烯基氯）	C_2H_3Cl	0.91	0.82
30	溴甲烷（甲基溴）	CH_3Br	0.52	1.50
31	溴乙烯（乙烯基溴）	C_2H_3Br	0.35	1.28
32	甲胺	CH_3NH_2	0.94	0.60
33	二甲胺	$(CH_3)_2NH$	0.51	0.58

续表

序号	气体名称	分子式	60℃时的饱和蒸气压力（表压）（MPa）	充装系数（kg/L）
34	三甲胺	$(CH_3)_3N$	0.49	0.56
35	乙胺	$C_2H_5NH_2$	0.34	0.62
36	二甲醚（甲醚）	C_2H_6O	1.35	0.58
37	乙烯基甲醚（甲基乙烯基醚）	C_3H_6O	0.40	0.67
38	环氧乙烷（氧化乙烯）	C_2H_4O	0.44	0.79
39	顺2-丁烯	C_4H_8	0.48	0.55
40	反2-丁烯	C_4H_8	0.52	0.54
41	五氟氯乙烷（R-115）	CF_5Cl	1.87	1.05
42	八氯环丁烷（RC-318）	C_4F_8	0.76	1.30
43	三氯化硼（氯化硼）	BCl_3	0.32	1.20
44	甲硫醇（硫氢甲烷）	CH_3SH	0.87	0.78
45	三氟氯乙烷（R-133a）	$C_2H_2F_3Cl$		1.18
46	砷烷（砷烷）	AsH_3		
47	硫酰氟	SO_2F_2		1.00
48	液化石油气	混合气（符合GB 11174）		0.42或按相应国家标准

二、压力容器检修安全技术措施

压力容器必须实行定期检验，发现有缺陷应及时消除。压力容器定期检验期限、内容、方法等应符合国家有关规定执行。在压力容器的检验和检修中的安全技术措施如表4-9所示。

表4-9　　　　　　　　压力容器检修安全技术措施

序号	项目	内容
1	有效切断	在检验和检修压力容器前，容器与其他设备的连接管道必须彻底切断。凡是与易燃或有毒气体设备的通路，不但要关闭阀门，还必须加设封盖（盲板）严密封闭，以免因阀门泄漏，易燃或有毒气体漏进被检验式检修中的容器，引起爆炸、着火或中毒事故
2	泄压	检验或检修压力容器时，如需要卸下或上紧承压部件，必须将容器内部的压力全部排净以后才能进行。不可在有压力的容器上卸下或上紧螺栓或其他紧固件，以免发生意外事故
3	清洗、置换	压力容器内的介质为有毒或易燃气体，检验或检修前应先进行妥善处理。进入有毒气体容器的内部进行检验前必须将介质排净，经过清洗、置换，并分析检查合格后方可进行。对可燃气体容器进行动火作业（如焊接），或更换附件后用空气作气密性试验前，都应将容器内的介质排净，然后对容器进行清洗和置换，不能在器内还残存有可燃物的情况下施焊或用空气试压，以免发生器内燃烧爆炸事故

序号	项目	内容
4	紧固件齐全	容器做耐压试验或气密性试验时，各连接紧固件必须齐全完整。在紧固件螺栓未全部上齐的情况下进行试压，可能会导致重大伤亡事故的发生
5	清理	压力容器经检验和检修后，在投入运行前必须做彻底清理，特别要防止容器或管道内残留有能与工作介质发生化学反应或能引起腐蚀的物质。如氧容器中的残油、氯气容器中的残余水分等

三、电气设备检修防触电技术措施

1. 直接电击防护措施

电击可以分为直接电击和间接电击。对于直接电击，可采用以下防护措施：

（1）绝缘。即用绝缘防止触及带电体。

（2）屏护。即用屏障或围栏防止触及带电体。

（3）障碍。即设置障碍以防止无意触及带电体。

（4）间隔。即保持间隔以防止无意触及带电体。

（5）漏电保护装置。漏电保护只用作附加保护，不能单独使用。

（6）安全电压。即根据场所特点采用相应等级的安全电压。

2. 间接电击防护措施

（1）自动断开电源。采用适当的自动化元件和连接方法，使发生故障时能在规定时间内自动断开电源。

（2）加强绝缘。这种措施是采用双层绝缘或加强绝缘的电气设备，或者采用另有共同绝缘的组合电气设备。

（3）不导电环境。这种措施是防止工作绝缘损坏时人体同时触及不同电位的两点。

（4）等电位环境。这种措施是把所有容易同时接近的裸露导体（包括设备以外的裸露导体）互相连接起来。

（5）电气隔离。这种措施是采用隔离变压器或有同等隔离能力的发电机供电。

（6）安全电压。与防止直接电击相同。

3. 停电检修工作的安全技术措施

（1）停电。必须将有可能送电到被检修设备的线路断路器或隔离开关全部断开，并要使线路的各方面至少要有一个明显的断开点。除此之外，还要做好防止误合闸措施。如把断路器或隔离开关的操作手柄锁住，切断自动开关的操作电源等。许多回路的线路，要防止其他方面突然来电，尤其要注意防止低压方面的反馈电。同时，对储有残余电荷的设备和线路必须进行彻底放电。

（2）验电。验电时，要逐相进行，并且不要忽视对零线与保护零线或地线的检测。

（3）装设携带型接地线。装设时，应先接接地端，后接设备端。拆除时，应先拆设备端，后拆接地端。

（4）装设遮栏。在部分停电检修工作中，对于可能碰触的导体或线路，在安全距离不够时，应装设临时遮栏或护罩。

（5）悬挂警示牌。悬挂警示牌的作用是提醒人们注意。例如，在一经合闸即可送电到被检修设备的断路器、隔离开关手柄上，应挂"禁止合闸，有人操作"标示牌。在靠近带电部位的遮栏上，应挂"止步，高压危险"标示牌。

检修工作结束后工作人员必须把工具、器具材料等收拾清理。然后拆除携带型接地线、临时遮栏、护罩等，再摘除断路器、隔离开关手柄上的警示牌。经检查无误后，才能进行送电的倒闸操作。

4. 不停电检修工作的安全技术措施

不停电检修工作主要是指在带电设备附近或外壳上进行的工作。带电工作是指在有电设备或导体上进行的工作。低压系统的不停电工作及带电工作，必须取得有关部门的同意，并严格遵守检修工作制度。

（1）检修人员应由经过严格训练、考试合格、能够掌握不停电检修技术的电工担任。

（2）检修时必须保证有足够的安全距离。

（3）必须严格执行监护制度，工作时应由有经验的电工师傅监护。

（4）必须使用合格的、并经检查确实是安全可靠的绝缘手柄工具。

（5）检修工作的时间不宜太长。以防时间太长，检修人员注意力分散而发生事故。

四、防爆电气设备的检修安全

防爆电气设备检修安全，应注意以下几个方面：

（1）防爆电气线路检修后不应改道，穿过的楼板、墙壁等处的孔洞应采用不燃材料严密封堵。

（2）线路导线铜芯截面积不得减小，不应增加中间接头，必须增加中间接头时，必须采用不低于原来防爆等级的防爆接头。

（3）如果防爆线路原先在同一接线箱内接线的，检修后必须仍有完好的绝缘隔板分隔，间距至少50mm。

（4）防爆电气线路中的本安型电路与非本安型电路绝对不得混接或接错，两者如果是分开的电缆不应敷设在同一根钢管内。

（5）检修后的接地状况应恢复原先安装的状况，不得取消或减少。

（6）隔爆型电气设备检修时应认真检查隔爆接合面有无砂眼、损伤和严重锈蚀。一经发现，应立即报告防爆电气专业管理人员，不得涂漆或抹黄油（润滑油）做临时性处理。

（7）电动机经检修后，风扇和端罩之间不得产生摩擦。

（8）正压型防爆电气设备检修后，其取风口和排风口应维持原状，且都在非危险场所。检修结束后必须先充分换气，正压达到规定要求后，才能通电。

（9）防爆电气设备检修中，原先配置的橡胶密封圈绝对不得丢失，仍应装妥。万一遇到应该装橡胶密封圈而未装的，应增补装妥并报告防爆电气专业管理人员。

（10）电缆外径应与密封圈的内径相配合，安装密封圈的部位不应有螺纹，以免降低密封的有效性。

（11）检修后，多余的电缆引入口的2mm厚金属堵板不得丢失，不能用其他堵封代替。

（12）线路检修后，不得将镀锌钢管改为黑铁管或塑料管，钢管的有效啮合应不小于6扣。

（13）防爆照明灯具检修后，灯泡功率应与原先功率一致，不可随意增加。

（14）检修中旋紧螺母时应对角旋，逐步均匀旋紧。不得先将某一螺母猛旋过紧，再旋其他螺母，以免破坏隔爆间隙。

（15）本质安全型、浇封型、气密型防爆电气一般由专业人员检修。充砂型电气设备检修后使用的砂应干燥、清洁，程度应符合要求，砂粒不宜过细。

五、动土作业安全要求

1. 动土作业的危险性

在危险化学品单位里，地下设有动力、通信和仪表等不同规格的电缆，各种管道纵横交错，还有很多地下设施。在此进行动土作业（如挖土、打桩），排放大量污水，重载运输和重物堆放等都可能影响到地下设施的安全。如果没有一套完整的管理办法，在不明了地下设施的情况下随意作业，势必会发生挖断管道、破坏电缆、地下设施塌方毁坏等事故，不仅会造成停产，还有可能造成人员伤亡。

2. 动土作业的注意事项

（1）动土作业如在接近地下电缆、管道及埋设物的附近施工时，不准使用大型机器挖土，手工作业时也要小心，以免损坏地下设施。当地下设施情况复杂时，应与有关单位联系，配合作业。在挖掘时发现事先未预料到的地下设施或出现异常情况，应立即停止施工，并报告有关部门处理。

（2）施工单位不得任意改变动土证上批准的各项内容及施工图纸。如需变更，须按变更后的图纸资料，重新申办动土证。

（3）在禁火区域或生产危险性较大的地域内动土时，生产部门应派人监护。施工中出现异常情况时，施工人员应听从监护人员的指挥。

（4）升控设有边坡的沟、坑、池等必须根据挖掘的深度设备支撑物，注意排水。如发现土壤有可能坍塌或滑动裂缝时，应及时撤离人员，在采取妥善措施后，方可继续施工。

（5）挖掘的沟、坑、池等和破坏的道路，应设置围栏和标志，夜间设红灯，防止行人和车辆坠落

（6）在规定以外的场地堆放荷重5t/m²以上的重物或在正规道路以外的厂区内运输重型物资，重量在3t以上（包括运输工具）者，均应办理动土手续。

六、进入受限空间作业安全要求

1. 进入受限空间作业的危险性

凡是进入塔、釜、槽、罐、炉、器、烟囱、料仓、地坑及其他密闭场所内进行作业均为进入受限空间作业。危险化学品单位检修中进入受限空间作业很多，其危险性也很大。因为这类设备或设施可能存在残存的有毒有害物质和易燃易爆物质，也可能存在令人窒息的物质，在施工中可能发生着火、爆炸、中毒和窒息事故。此外，有些设备和设施内有各种转动装置和电气照明系统，如果检修前没有彻底分离和切断电源，或者由于电气系统的误动作，会发生搅伤、触电等事故。因此，必须对进入受限空间作业实行特殊的安全管理，以避免意外事故的发生。

2. 进入受限空间内作业的注意事项

（1）设备必须实行可靠的隔离。要进入检修的设备必须与其他设备和管道进行可靠的隔离，不但要对可燃和有毒气体等物料系统进行可靠隔离，而且还要对蒸汽、水、压缩空气及氮氧系统施行可靠隔离，防止造成烫伤、水淹、中毒和窒息。设备内气体分析包括3个部分：一是可燃性气体的爆炸极限分析；二是氧含量的分析；三是有毒气体分析。当可燃气体爆炸极限大于4%时，分析指标为小于0.5%。爆炸极限浓度小于4%时，分析指标为小于0.2%。氧含量19.5%~23.5%的合格（有的单位在实际工作中含氧量下限为18%）。

设备内的有毒气体浓度要符合该气体的最高允许浓度（MAC）或短时间接触允许浓度（PC-STEL），如果很难达到允许浓度的标准，可用长管式防毒面具或采用强制通风等手段。在作业过程中要不断地取样分析，发现异常情况，应立即停止作业。

（2）设备外的监护。设备内有人作业时，必须指定两人以上的监护，监护人应了解该设备的生产情况及介质的性质，发现异常情况应立即令其停止作业，并召集救护

人员，设法将设备内人员救出，进行抢救。

（3）用电设备、设备内使用的照明及电动工具必须符合安全电压标准；干燥设备内作业使用的电压应≤24V；在潮湿环境或密闭性好的金属容器内作业使用的电压应≤12V；若有可燃物存在时，使用的机具、照明器械应符合防爆要求；在设备内进行引爆炸业时，人要站在绝缘板上作业。

（4）进入设备作业人员在进入设备作业前应清理随身携带的物品，禁止将与作业无关的物品带入设备内，所携带的工具、材料等要登记。作业结束后应将工具、材料、垫片、手套等杂物清理干净，防止遗留在设备内。经检修人员和生产使用人员共同检验，确定设备无人员和杂物后，方可上法兰加封。

（5）进入设备作业的人员，一次作业时间不宜过长，应组织轮换，防止因设备内部空气质量欠佳或体力消耗过大等原因而发生危险。

七、高处作业安全要求

1. 高处作业的范围与内容

在离地面垂直距离2m以上位置的作业，与地面距离在2m以下但在作业地段坡度大于45°的斜坡下面，或附近有坑、井和有风雪袭击、机械震动的地方以及有转动机械或有堆放物品易伤人的地段作业，均属高处作业，都应按照高处作业规定执行。

高处作业分为4级：

（1）高度在2~5m，称为一级高处作业。

（2）高度在5~15m，称为二级高处作业。

（3）高度在15~30m，称为三级高处作业。

（4）高度在30m以上，称为特级高处作业。

2. 高处作业的安全规定

（1）进行三级、特定高处作业时，必须办理《高处作业证》。高处作业证由作业负责人填写，现场主管安全领导及工程技术人员负责审批，安全管理人员进行监督检查。未办理作业证不得进行三级、特级高处作业。

高处作业人员须经体格检查，患有高血压、低血压、心脏病、贫血病、癫痫病、精神病、习惯性抽筋等疾病和身体不适、精神不振的人员都不应从事登高作业。

（2）高处作业用的脚手架、吊栏、手动葫芦必须按有关规定架设，严禁用吊装机械载人。在高处作业用的工具、材料，应设法用机械或吊绳传送，不可投掷。高处作业下方应设置安全围栏、安全护体或安全网等。高处作业人员必须戴好安全帽，系好安全带，安全带的挂钩应固定在牢固的物体上，以防止坠落。

（3）高处作业时，一般不应垂直交叉作业，凡因工序原因必须上下同时作业的，必须采取防范措施。

（4）遇有六级以上的强风或其他恶劣天气时，应停止露天高处作业。夜间作业须有足够的照明。

（5）在易散发有毒气体的厂房、设备上方施工时，要设专人监护。如发现有害气体排放时，应立即停止作业。

（6）高处作业附近有架空电线时，应根据其电压等级，与电线保持规定的安全距离（电压≤110kV，安全距离为2m；电压≤220kV，安全距离为3m，电压≤330kV，安全距离为4m）。机具不得触及电线，防止触电。

（7）严禁不采取任何安全措施就直接站在石棉瓦、油毡等易碎裂材料的屋顶上作业。应在这类结构的显眼地点挂上警告牌，以防止误登。若必须在此类结构上作业时，应采取架设木板等措施，以防坠落。

（8）在酸、碱、废液、有毒、易燃物料等危险化学品槽罐的上方从事高处作业时，还需采取防止危险化学品危害的措施。

第五章
危险化学品重大危险源与事故隐患排查

第一节　危险化学品重大危险源

一、重大危险源的分类

《中华人民共和国安全生产法》第三十三条规定，生产经营单位对重大危险源应当登记建档，进行定期检测、评估、监控，并制定应急预案，告知从业人员和相关人员在紧急情况下应当采取的应急措施。生产经营单位应当按照国家有关规定将本单位重大危险源及有关安全措施、应急措施报有关地方人民政府负责安全生产监督管理的部门和有关部门备案。

重大危险源分为9个大类：储罐区（储罐）；库区（库）；生产场所；压力管道；锅炉；压力容器；煤矿（井工开采）；金属非金属地下矿山；尾矿库。

二、危险化学品重大危险源的辨识标准

危险化学品重大危险源是指长期地或临时地生产、加工、使用或储存危险化学品，且危险化学品的数量等于或超过临界量的单元。单元是指一个（套）生产装置、设施或场所，或同属一个生产经营单位的且边缘距离小于500m的几个（套）生产装置、设施或场所。

1. 临界量

《危险化学品重大危险源辨识》（GB 18212—2009）明确了危险化学品重大危险源的辨识依据是危险化学品的危险特性及其数量，同时将重大危险源的货物名称和临界量给出。临界量是指对于某种或某类危险物质规定的数量，表5-1列出了78个物品的危险化学品名称及其临界量，未在表5-1范围内的危险化学品，依据其危险性，按表5-2确定临界量；若一种危险化学品。具有多种危险性，按其中最低的临界量确定。

表5-1　　　　　　　　　　危险化学品名称及临界量

序号	类　别	危险化学品名称和说明	临界量（t）
1	爆炸品	叠氮化钡	0.5
2		叠氮化铅	0.5

续表

序号	类 别	危险化学品名称和说明	临界量（t）
3	爆炸品	雷酸汞	0.5
4		三硝基苯甲醚	5
5		三硝基甲苯	5
6		硝化甘油	1
7		硝化纤维素	10
8		硝酸铵（含可燃物>0.2%）	5
9	易燃气体	丁二烯	5
10		二甲醚	50
11		甲烷，天然气	50
12		氯乙烯	50
13		氢	5
14		液化石油气（含丙烷、丁烷及其混合物）	50
15		一甲胺	5
16		乙炔	1
17		乙烯	50
18	毒性气体	氨	10
19		二氟化氧	1
20		二氧化氮	1
21		二氧化硫	20
22		氟	1
23		光气	0.3
24		环氧乙烷	10
25		甲醛（含量>90%）	5
26		磷化氢	1
27		硫化氢	5
28		氯化氢	20
29		氯	5
30		煤气（CO和H_2、CH_4的混合物）	20
31		砷化三氢（胂）	1
32		锑化氢	1
33		硒化氢	1
34		溴甲烷	10
35	易燃液体	苯	50
36		苯乙烯	500
37		丙酮	500

序号	类 别	危险化学品名称和说明	临界量（t）
38	易燃液体	丙烯腈	50
39		二硫化碳	50
40		环己烷	500
41		环氧丙烷	10
42		甲苯	500
43		甲醇	500
44		汽油	200
45		乙醇	500
46		乙醚	10
47		乙酸乙酯	500
48		正己烷	500
49	易于自燃的物质	黄磷	50
50		烷基铝	1
51		戊硼烷	1
52	易于放出易燃气体的物质	电石	100
53		钾	1
54		钠	10
55	氧化性物质	发烟酸硫	100
56		过氧化钾	20
57		过氧化钠	20
58		氯酸钾	100
59		氯酸钠	100
60		硝酸（发红烟的）	20
61		硝酸（发红烟的除外，含硝酸＞70%）	100
62		硝酸铵（含可燃物≤0.2%）	300
63		硝酸铵基化肥	1000
64	有机过氧化物	过氧乙酸（含量≥60%）	10
65		过氧化甲乙酮（含量≥60%）	10
66	毒性物质	丙酮合氰化氢	20
67		丙烯醛	20
68		氟化氢	1
69		环氧氯丙烷（3-氯-1，2-环氧丙烷）	20
70		环氧溴丙院（表溴醇）	20
71		甲苯二异氰酸酯	100
72		氯化硫	1

续表

序号	类　别	危险化学品名称和说明	临界量（t）
73	毒性物质	氰化氢	1
74		三氧化硫	75
75		烯丙胺	20
76		溴	20
77		乙撑亚胺	20
78		异氰酸甲酯	0.75

表5-2　　　　　未在表5-1中列举的危险化学品类型及其临界量

类　别	危险性分类及说明	临界量（t）
爆炸品	1.1A项爆炸品	1
	除1.1A项外的其他1.1项爆炸品	10
	除1.1项外的其他爆炸品	50
气体	易燃气体：危险性属于2.1项的气体	10
	氧化性气体：危险性属于2.2项非易燃无毒气体且次要危险性为5类的气体	200
	剧毒气体：危险性属于2.3项且急性毒性为类别Ⅰ的毒性气体	5
	有毒气体：危险性属于2.3项的其他毒性气体	50
易燃液体	极易燃液体：沸点≤35℃且闪点<0℃的液体；或保存温度一直在其沸点以上的易燃液体	10
	高度易燃液体：闪点<23℃的液体（不包括极易燃液体）；液态退敏爆炸品	1000
	易燃液体：23℃≤闪点<61℃的液体	5000
易燃固体	危险性属于4.1项且包装为Ⅰ类的物质	200
遇水放出易燃气体的物质	危险性属于4.3项且包装为Ⅰ或Ⅱ类的物质	200
易于自然的物质	危险性属于4.2项且包装为Ⅰ或Ⅱ类的物质	200
氧化性物质	危险性属于5.1项且包装为Ⅰ类的物质	50
	危险性属于5.1项且包装为Ⅱ类或Ⅲ类的物质	200
有机过氧化物	危险性属于5.2项的物质	50
毒性物质	危险性属于6.1项且急性毒性为类别1的物质	50
	危险性属于6.1项且急性毒性为类别2的物质	500

注　以上危险化学品危险性类别及包装类别依据GB 12268确定，急性毒性类别依据GB 20592确定。

2.辨识标准

单位内存放危险化学品的数量根据处理危险化学品种类的多少区分为以下两种情况：

（1）单元内存在的危险化学品为单一品种，则危险化学品的数量即为单元内存在危险化学品的数量，若等于或超过相应的临界量，则该单元定为重大危险源。

（2）单元内存在的危险化学品为多品种时，则按式（5-1）计算，若满足，则该单位定为重大危险源。

$$q_1/Q_1+q_2/Q_2+\cdots+q_n/Q_n \geqslant 1 \qquad (5-1)$$

式中　q_1，q_2，$\cdots$，q_n——每种危险化学品的实际存在量，t；

$\quad Q_1$，Q_2，$\cdots$，Q_n——与各种危险化学品相应的临界量，t。

3. 辨识过程

危险化学品重大危险源辨识过程如图5-1所示，其基本程序包括：

（1）收集资料。收集可用于重大危险源辨识、危险性分析的资料。

（2）明确分析对象。分析生产工艺、场所及其环境，确定重大危险源辨识对象的性质和特点。

（3）计算危险化学品的最大容量。划分单元，计算单元中的各种危险化学品的最大容量。

（4）判别重大危险源。如果达到或超过重大危险源辨识指标，则确定为重大危险源。

（5）进行汇总。记录并汇总所有重大危险源。

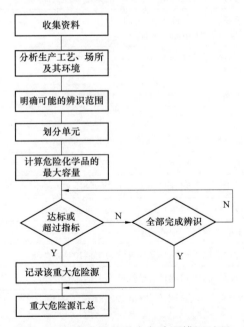

图5-1　危险化学品重大危险源辨识过程

4. 管道、锅炉、压力容器是否构成重大危险源的辨识

关于装置内的压力管道、锅炉、压力容器，符合下列条件的属重大危险源：

（1）长输管道。输送有毒、可燃、易爆气体，且设计压力大于1.6MPa的管道；输送有毒、可燃、易燃液体介质，输送距离大于或等于200km且公称直径≥300mm的管道。

（2）公用管道。中压和高压燃气管道且公称直径≥200mm的管道。

（3）工业管道。

1）输送GB 5044中毒性程度为极度和高度危害的气体、液化气体介质，且公称直称≥100mm的管道；

2）输送GB 5044中极度、高度危害液体介质，GB 50160及GB 50016中规定的火灾危险性为甲、乙类可燃气体，或甲类可燃液体介质，且公称直径≥100mm，设计压力≥4MPa的管道；

3）输送其他可燃、有毒流体介质，且公称直径≥100mm，设计压力≥4MPa，设计温度≥400℃的管道。

（4）蒸汽锅炉。额定蒸汽压力大于2.5MPa，且额定蒸发量大于或等于10t/h。

（5）热水锅炉。额定出水温度大于或等于120℃，且额定功率大于或等于14MW。

（6）介质毒性程度为极度、高度或中度危害的3类压力容器。

（7）易燃介质，最高工作压力≥0.1MPa，且pV≥100MPa·m³的压力容器（群）。

三、危险化学品重大危险源的管理

企业在对重大危险源进行辨识和评价后，应对每一个重大危险源，制定一套严格的安全管理制度，通过技术管理措施和组织管理措施，对重大危险源进行严格的控制和管理，从而确保重大危险源的安全运行。

通常情况下，重大危险源的管理应符合下列要求：

（1）企业构成重大危险源的单元，应制定严格的管理制度，制度中应列出具体管理要求，并建立档案做好相关的检查、检测记录工作。

（2）企业对每一个重大危险源应设置重大危险源标志，标志中应列出相关的安全资料和防范措施。

（3）企业应对每一个重大危险源编制应急预案，并按规定组织预案演练，并把预案报相关部门备案。

（4）按国家规定，对重大危险源进行登记和安全评价，并把评价报告报相关部门备案。

（5）对构成重大危险源的危险化学品，必须在专用仓库内单独存放，实行双人收发，双人保管制度。

第二节 危险化学品事故隐患排查

一、事故隐患分类

事故隐患分为一般事故隐患和重大事故隐患。一般事故隐患，是指危害和整改难度较小，发现后能够立即整改排除的隐患。重大事故隐患，是指危害和整改难度较大，应当全部或者局部停产，并经过一定时间整改治理方能排除的隐患，或者因外部因素影响致使企业自身难以排除的隐患。

二、危险化学品事故隐患排查要点

（1）销售危险化学品的企业是否存在超许可经营范围现象，是否严格执行"一书一签"（化学品安全技术说明书、化学品安全标签）制度。

（2）销售剧毒性化学品的企业是否查验、登记剧毒化学品购买凭证、准购证、剧毒化学品公路运输通行证、运输车辆安装的安全标示牌。

（3）加油（气）站的设备、设施和周边安全距离是否符合规范要求；人员是否经过培训并考核合格上岗；卸油、加油、检修等重要环节是否建立了严格的安全管理制度并认真执行；是否编制了科学的应急预案并定期演练，是否配备了必要的应急器材。

（4）销售氯酸钾的企业和单位是否建立并严格执行了流向登记制度。

（5）危险化学品充装单位特别是液氯、液氨、液化石油气和液化天然气充装单位岗位安全操作规程的建立和执行情况；充装车辆资质、安全状况查验制度的建立和执行情况；严禁超量超载规定执行情况；操作人员取得上岗证的情况。

（6）危险化学品充装单位充装设备、管道静电接地、装卸软管每半年进行压力试验情况以及充装设备的仪表和安全附件是否齐全有效；液化气体充装站是否采取防超装措施；有毒有害危险化学品充装站配备有毒介质洗消装置的情况；防毒面具、空气呼吸器和防化服的配备和使用情况。

（7）危险化学品充装单位证明资料不齐全、检验检查不合格、罐体残留介质不详和存在其他可疑情况的罐车禁止充装危险化学品规定的落实情况。是否向驾驶员和押运员说明充装的危险化学品品名、数量、危害、应急措施、生产企业的联系方式等内容，是否向押运员提供所押运的危险化学品信息联络卡。

三、危险化学品事故隐患治理要点

（1）企业应当对风险评价出的隐患项目下达隐患治理通知，限期治理，做到定治理措施、定负责人、定资金来源、定治理期限。企业应建立隐患治理台账。

（2）企业应对确定的重大隐患项目建立档案，档案内容应包括：评价报告与技术结论；评审意见；隐患治理方案，包括资金概预算情况等；治理时间表和责任人；竣工验收报告。

（3）企业无力解决的重大事故隐患，除采取有效防范措施外，应书面向企业直接主管部门和当地政府报告。

（4）企业对不具备整改条件的重大事故隐患，必须采取防范措施，并纳入计划，限期解决或停产。

第六章

危险化学品事故处理

第一节 危险化学品事故

一、危险化学品事故定义

明确危险化学品事故的定义，界定危险化学品事故的范围，不但是危险化学品事故预防和治理的需要，也是危险化学品安全生产的监督管理以及危险化学品事故的调查处理、上报和统计分析工作的需要。

1. 危险化学品事故的定义

危险化学品事故是人（个人或集体）在生产、经营、储存、运输、使用危险化学品和处置废弃危险化学品的活动过程中，突然发生的、违反人的意志的、迫使活动暂时或永久停止的事件。危险化学品事故后果通常表现为人员伤亡、财产损失或环境污染。

2. 危险化学品事故的特征

危险化学品事故有如下特征：

（1）事故中产生危害的危险化学品是事故发生前已经存在的，而不是在事故发生时产生的。

（2）危险化学品的能量是事故中的主要能量。

（3）危险化学品发生了意外的、人们不希望的物理或化学变化。

3. 危险化学品事故的界定

危险化学品事故的界定和危险化学品事故的定义是不同的概念，危险化学品事故的定义，只定义危险化学品事故的本质，而危险化学品事故的界定，需要一些限制性的说明。

危险化学品事故的界定条件如下：

（1）界定危险化学品事故最关键的因素是判断事故中产生危害的物质是否是危险化学品。如果是危险化学品，那么基本上可以界定为危险化学品事故。

（2）危险化学品事故的类型主要是泄漏、火灾、爆炸、中毒和窒息、灼伤等。

（3）某些特殊的事故类型，如矿山爆破事故，不列入危险化学品事故。

二、危险化学品事故特点

1. 危险化学品在事故起因中起重要的作用

（1）危险化学品的性质直接影响到事故发生的难易程度，包括毒性、腐蚀性、爆炸品的爆炸性（包括敏感度、安定性等）、压缩气体或液化气体的蒸气压力、易燃性和助燃性、易燃液体的闪点、易燃固体的燃点和可能散发的有毒气体和烟雾、氧化剂和过氧化剂的氧化性等。

（2）具有毒性或腐蚀性的危险化学品泄漏后，可能直接导致危险化学品事故，如中毒（包括急性中毒和慢性中毒）、灼伤（或腐蚀）、环境污染（包括水体、土壤、大气等）。

（3）不燃性气体可造成窒息事故。

（4）可燃性危险化学品泄漏后遇火源或高温热源即可发生燃烧、爆炸事故。

（5）爆炸性物品受热或撞击，极易发生爆炸事故。

（6）压缩气体或液化气体容器超压或容器不合格极易发生物理爆炸事故。

（7）生产工艺、设备或系统不完善，极易导致危险化学品爆炸或泄漏。

2. 危险化学品在事故后果中起重要的作用

事故是由能量的意外释放而导致的，危险化学品事故中的能量主要包括机械能、热能和化学能，危险化学品的能量是危险化学品事故中的主要能量。

（1）机械能。主要有压缩气体或液化气体产生物理爆炸的势能，或化学反应的爆炸产生的热量。

（2）热能。危险化学品爆炸、燃烧、酸碱腐蚀或其他化学反应产生的热能，或氧化剂和过氧化物与其他物质反应发生燃烧或爆炸产生的热量。

（3）毒性化学能。有毒化学品或化学品反应后产生的有毒物质，与体液或组织发生生物化学作用或生物物理学变化，扰乱或破坏肌体的正常生理功能。

（4）阻隔能力。不燃性气体可阻隔空气，造成窒息事故。

（5）腐蚀能力。腐蚀品与人体或金属等物品的表面接触发生化学反应，并在短时间内造成明显破损的现象。

（6）环境污染。有毒有害危险化学品泄漏后，往往对水体、土壤、大气等环境造成污染或破坏。

3. 危险化学品事故的发生导致化学或物理变化

危险化学品事故的发生，必然有危险化学品的意外的、失控的、人们不希望的化学或物理变化，这些变化是导致事故的最根本的能量。

4. 危险化学品事故发生的广泛性

危险化学品事故主要发生在危险化学品生产、经营、储存、运输、使用和处置废弃危险化学品的单位，但并不局限于上述单位。危险化学品事故主要发生在危险化学品的生产、经营、储存、运输、使用和处置废弃危险化学品过程中，但也不仅仅局限于发生在上述过程中。

5. 危险化学品事故的突发性、延时性和长期性

（1）突发性。危险化学品事故往往是在没有先兆的情况下突然发生的，而不需要一段时间的酝酿。

（2）延时性。危险化学品中毒的后果，有的在当时并没有明显地表现出来，而是在几个小时甚至几天以后严重起来。

（3）长期性。危险化学品对环境的污染有时极难消除，因而对环境和人的危害是长期的。

6. 危险化学品事故的严重后果

由于危险化学品易燃、易爆、有毒等特殊危险性，危险化学品事故往往造成惨重的人员伤亡和巨大的经济损失。特别是有毒气体的大量意外泄漏的灾难性中毒事故，以及爆炸品或易燃易爆气体液体的灾难性爆炸事故等。

三、危险化学品事故发生机理

1. 危险化学品泄漏

（1）易燃易爆化学品→泄漏→遇到火源→火灾或爆炸→人员伤亡、财产损失、环境破坏等。

（2）有毒化学品→泄漏→急性中毒或慢性中毒→人员伤亡、财产损失、环境破坏等。

（3）腐蚀品→泄漏→腐蚀→人员伤亡、财产损失、环境破坏等。

（4）压缩气体或液化气体→物理爆炸→易燃易爆、有毒化学品泄漏。

（5）危险化学品→泄漏→没有发生变化→财产损失、环境破坏等。

2. 危险化学品没有发生泄漏

（1）生产装置中的化学品→反应失控→爆炸→人员伤亡、财产损失、环境破坏等。

（2）爆炸品→受到撞击、摩擦或遇到火源等→爆炸→人员伤亡、财产损失等。

（3）易燃易爆化学品→遇到火源→火灾、爆炸或放出有毒气体或烟雾→人员伤亡、财产损失、环境破坏等。

（4）有毒有害化学品→与人体接触→腐蚀或中毒→人员伤亡、财产损失等。

（5）压缩气体或液化气体→物理爆炸→人员伤亡、财产损失、环境破坏等。

危险化学品事故最常见的模式是危险化学品发生泄漏而导致的火灾、爆炸、中毒事故，这类事故的后果往往也非常严重。

四、危险化学品事故分类

1. 危险化学品火灾事故

危险化学品火灾事故指燃烧物质主要是危险化学品的火灾事故，包括：易燃液体火灾；易燃固体火灾；自燃物品火灾；遇湿易燃物品火灾；其他危险化学品火灾。

易燃液体火灾往往发展成爆炸事故，造成重大的人员伤亡。单纯的液体火灾一般不会造成重大的人员伤亡。由于大多数危险化学品在燃烧时会放出有毒气体或烟雾，因此危险化学品火灾事故中，人员伤亡的原因往往是中毒和窒息。

由上面的分析可知，单纯的易燃液体火灾事故较少，因此，易燃液体火灾事故往往被归入危险化学品爆炸（火灾爆炸）事故，或危险化学品中毒和窒息事故。固体危险化学品火灾的主要危害是燃烧时放出的有毒气体或烟雾，或发生爆炸，因此，易燃液体火灾事故也往往被归入危险化学品火灾爆炸，或危险化学品中毒和窒息事故。

2. 危险化学品爆炸事故

危险化学品爆炸事故指危险化学品发生化学反应的爆炸事故或液化气体和压缩气体的物理爆炸事故，包括：爆炸品的爆炸（又可分为烟花爆竹爆炸、民用爆炸器材爆炸、军工爆炸品爆炸等）；易燃固体、自燃物品、遇湿易燃物品的火灾爆炸；易燃液体的火灾爆炸；易燃气体爆炸；危险化学品产生的粉尘、气体、挥发物的爆炸；液化气体和压缩气体的物理爆炸；其他化学反应爆炸。

3. 危险化学品中毒和窒息事故

危险化学品中毒和窒息事故主要指人体吸入、食入或接触有毒有害化学品或者化学品反应的产物而导致的中毒和窒息事故，包括：吸入中毒事故（中毒途径为呼吸道）；接触中毒事故（中毒途径为皮肤、眼睛等）；误食中毒事故（中毒途径为消化道）；其他中毒和窒息事故。

4. 危险化学品化学灼伤事故

危险化学品灼伤事故主要指腐蚀性危险化学品意外地与人体接触，在短时间内即在人体被接触表面发生化学反应，造成明显破坏的事故。腐蚀品包括酸性腐蚀品、碱性腐蚀品和其他不显酸碱性的腐蚀品。化学品灼伤与物理灼伤（如火焰烧伤、高温固体或液体烫伤等）不同。物理灼伤是高温造成的伤害，使人体立即感到强烈的疼痛，人体肌肤会本能地立即避开。化学品灼伤有一个化学反应过程，开始并不感到疼痛，要经过几分钟，几小时甚至几天才表现出严重的伤害，并且伤害还会不断地加深。因此化学品灼伤比物理灼伤危害更大。

5. 危险化学品泄漏事故

危险化学品泄漏事故主要指气体或液体危险化学品发生了一定规模的泄漏，虽然没有发展成为火灾、爆炸或中毒事故，但造成了严重的财产损失或环境污染等后果的危险化学品事故，危险化学品泄漏事故一旦失控，往往造成重大火灾、爆炸或中毒事故。

6. 其他危险化学品事故

其他危险化学品事故指不能归入上述类型危险化学品事故之外的其他危险化学品事故，主要指危险化学品的肇事事故，如危险化学品罐体倾倒、车辆倾覆等，但没有发生火灾、爆炸、中毒和窒息、灼伤、泄漏等事故。

第二节　危险化学品事故的预防措施与扑救

一、危险化学品事故的预防措施

1. 设备密闭

为了保证设备、管线的密闭性，通常应采取如下措施：

（1）正确选择连接方法。由于焊接连接在强度和密封性能上效果都比较好，所以，要求可燃气体、液化烃、可燃液体的金属管道的连接，除与设备管嘴法兰和与法兰阀门，高黏度、易黏结的聚合物浆液和悬浮物等易堵塞的管道，凝固点高的液体石蜡、沥青、硫磺等管道，以及停工检修需拆卸的管道可采用法兰连接外，其余均应采用焊接连接。由于直径小于或等于25mm的上述管道焊接强度不佳，且易将焊渣落入管内引起管道堵塞，故应采取承插焊管件连接，或采用锥管螺纹连接。但当采用锥管螺纹连接时，对有强腐蚀性介质，尤其是含氟化氢等易产生缝隙腐蚀性介质的管道，不得在螺纹处施以密封焊，否则一旦泄漏，后果不堪设想。

（2）正确选择密封垫圈。密封垫圈应根据工艺温度、压力和介质的性质选用，一般工艺可采用石棉橡胶垫圈；在高温、高压和强腐蚀性介质中，宜采用聚四氟乙烯等耐腐蚀塑料或金属垫圈。最近许多机泵改成端面机械密封，防漏效果较好，应优先选用。如果采用填料密封仍达不到要求时，可加水封和油封。

（3）严格检漏、试漏。设备系统投产使用前或大修后开车前，应对设备进行验收。验收时，必须根据压力计的读数用水压试验检查其密闭性，测定其是否漏气并分析空气。此外，可于接缝处涂抹肥皂液进行充气检验，如发现起泡，即为渗漏。亦可根据设备内物质的特性，采取相应的试漏办法，如设备内有氯气和盐酸气，可用氨水在设备各部试熏，产生白烟处即为漏点；如果设备内系酸性或碱性气体，可利用pH试纸试漏。

（4）正确选择操作条件。由物质的原理可知，物质爆炸极限与温度、压力有关，即爆炸浓度范围随原始温度、压力的增大而变宽；反之亦然。因此，我们可以在爆炸极限之外（大于上限或小于下限）的条件下，选择安全操作的温度和压力：

1）安全操作温度的选择。消除形成爆炸浓度极限的温度有两个，一是低于闪点或爆炸下限的温度，二是高于上限的温度。如何确定其安全操作温度，应当根据物料的性质和设备条件而定。

2）安全操作压力的选择。在温度不变的条件下，安全操作的压力亦有两个：一是高于爆炸上限的压力，二是低于爆炸下限的压力。由于负压生产不仅可以降低可燃物在设备中的浓度，而且还可以避免蒸汽从不严密处逸散和防止蒸汽从微隙中冲出而带静电，故对溶剂一般选择常压或负压操作。但对于某些工艺，压力太低也不好，如煤气导管中的压力应略高于大气压，若压力降低，就有空气渗入，可能会发生爆炸。通常可设置压力报警器，在设备内压力失常时报警。

（5）加强日常检查维修。设备在平时要注意检查、维修、保养，如发现配件、填料破损要及时维修或更换，及时紧固松弛的法兰螺栓，以切实减少和消除泄漏现象。

2. 厂房通风

要使设备达到绝对密闭是很难办到的，而且生产过程中有时会挥发出某些可燃性物质，因此，为保证车间的安全，使可燃气体、蒸气或粉尘达不到爆炸浓度范围，采取通风是行之有效的技术措施。通风可分为自然通风和机械通风（也称强制通风）两类，其中机械通风又可分排风和送风两种。

（1）正确设置通风口的位置。比空气轻的可燃气体和蒸气的排风口应设在室内建筑的上部，比空气重的可燃气体的排风口应设在下部。

（2）合理选择通风方式。通风方式一般宜采取自然通风，但自然通风不能满足要求时应采取机械通风。如木工车间、喷漆工房（或部位）、油漆厂的过滤、调漆工段、汽油洗涤工房都应有强有力的机械通风设施；高压聚乙烯生产的乙烯压缩机房等，都应有一定的通风设施。对机械通风系统的鼓风机的叶片应采用碰击时不会产生火花的材料来制作，通风管内应设有防火遮板，使一处失火时能迅速遮断管路，避免波及他处。

注意：散发可燃气体或蒸气的场所内的空气不可再循环使用，其排风和送风设施应设独立的通风室；散发有可燃粉生或可燃纤维的生产厂房内的空气，需要循环使用时应经过净化处理。

3. 严格清洗或置换

对于加工、输送、储存可燃气体的设备、容器和管路、机泵等，在使用前必须用惰性气体置换设备内的空气，否则，原来留在设备内的空气便会与可燃气体形成爆炸性混合物。在停车前也应用同样方法置换设备内的可燃气体，以防空气进入形成爆炸性混合物。特别是在检修中可能使用和出现明火或其他着火源时，设备内的可燃气体或易燃蒸气，必须经置换并分析合格才能进行检修。对于盛放过易燃液体的桶、罐或其他容器，动火焊补前，还必须用水蒸气或水将其中残余的液体及沉淀物彻底清洗干净并分析合格。置换、清洗和动火分析均应符合动火管理的有关要求，并严格操作规程。

4. 惰性介质保护

当可燃性物质难免与空气中的氧气接触时，用惰性介质保护是防止形成爆炸混合物的重要措施，这对防火防爆有很大实际意义。工业生产中常用的惰性气体有氮气、二氧化碳、水蒸气及烟道气等。防火技术常在以下几种场合使用：

（1）易燃同体的粉碎、筛选处理及粉末输送时，一般用惰性气体进行覆盖保护。

（2）在处理（包括开工、停工、动火等）易燃、易爆物料的系统时作为置换使用。

（3）易燃液体利用惰性气体进行充压输送，如油漆厂的热炼车间，油料由反应釜反应完毕后用二氧化碳气体压送到兑稀罐等。表6-1所示为可燃混合物用惰性气体稀释后不发生爆炸时氧的最大安全浓度。

表6-1　可燃混合物用惰性气体稀释后不发生爆炸时氧的最大安全浓度

（20℃及101.325kPa下）

可燃物质	氧的最大安全浓度（%）		可燃物质	氧的最大安全浓度（%）	
	CO_2 作稀释剂	N_2 作稀释剂		CO_2 作稀释剂	N_2 作稀释剂
甲烷	14.6	12.1	丁二烯	13.9	10.4
乙烷	13.4	11.0	氢	5.9	5.0
丙烷	14.3	11.4	一氧化碳	5.9	5.6
丁烷	14.5	12.I	丙酮	15	13.5
戊烷	14.4	12.1	苯	13.9	11.2
己烷	14.5	11.9	煤粉	16	
汽油	14.4	11.6	麦粉	12	
乙烯	11.7	10.0	硬橡胶粉	13	
丙烯	14.1	11.5	硫	11	

（4）在有爆炸危险场所，对有可能引起火花的电气设备、仪表等（除有防爆炸性能的外），采用充氮气正压保护。

（5）当发生易燃、易爆物料泄漏或跑料时，用惰性气体冲淡、稀释或着火时用其灭火等。

5. 选择危险性较小的液体

在选择危险性较小的液体时，沸点及蒸气压是很重要的参数，例如：沸点在110℃以上的液体，在常温时是不会形成爆炸浓度的。表6-2所示为危险性较小的物质的沸点及蒸气压。

表6-2   危险性较小的物质的沸点及蒸气压

物质名称	沸点(℃)	20%时的蒸气压(Pa)	物质名称	沸点(℃)	20%时的蒸气压(Pa)
戊醇	130	266.64	氯苯	130	1190.89
丁醇	114	533.29	二甲苯	135	1333.22
醋酸酯	130	799.93	甲二醇	118	1599.86
乙二醇	126	1066.57			

6. 火源的管理与控制

着火源是物料得以燃烧的必备条件之一，所以，控制和消除着火源，是工业企业中预防着火、爆炸事故的一项最基本的措施。着火源包括明火、火花、电弧、危险温度、化学反应热等。控制和消除这些着火源，应根据其产生的机理和作用的不同，通常采取以下措施。

（1）严格管理明火。在生产和储存易燃易爆物品的地方，大量的火灾爆炸事故是由明火引起的，为防止明火引起的火灾爆炸事故，生产和使用化学危险物品的企业，应根据规模大小和生产、使用过程中的火灾危险程度划定禁火区域，并设立明显的禁火标志，严格管理火种。

（2）严格检修动火管理：控制焊割动火；控制喷灯使用。

（3）防止机械火星。

（4）消除电气火化和危险温度。

（5）控制摩擦热。

（6）控制烟囱和排气管的火星。

（7）导除静电。

（8）防止雷电火花。

（9）防止日光照射或聚焦。

二、危险化学品事故的扑救

1. 可燃液体事故扑救

易燃液体通常也是储存在容器内或管道输送的。与气体不同的是，液体容器有的密闭，有的敞开，一般都是常压，只有反应锅（炉、釜）及输送管道内的液体压力较高。液体不管是否着火，如果发生泄漏或溢出，都将顺着地面（或水面）漂散流淌，而且，易燃液体还有比重和水溶性等涉及能否用水和普通泡沫扑救的问题，以及危险性很大的沸溢和喷溅问题。因此，扑救易燃液体火灾往往也是一场艰难的战斗。

遇易燃液体火灾，一般应采用以下基本对策：

（1）首先应切断火势蔓延的途径，冷却和疏散受火势威胁的压力及密闭容器和可燃物，控制燃烧范围，并积极抢救受伤和被困人员。如有液体流淌时，应筑堤（或用围油栏）拦截漂散流淌的易燃液体或挖沟导流。

（2）及时了解和掌握着火液体的品名、密度、水溶性以及有无毒害、腐蚀、沸溢、喷溅等危险性，以便采取相应的灭火和防护措施。

（3）对较大的储罐或流淌火灾，应准确判断着火面积。小面积（一般50m²以内）液体火灾，一般可用雾状水扑灭，用泡沫、干粉、二氧化碳、卤代烷（1211，1301）灭火一般更有效。大面积液体火灾则必须根据其密度、水溶性和燃烧面积大小，选择正确的灭火剂扑救。比水轻又不溶于水的液体（如汽油、苯等），用直流水、雾状水灭火往往无效。可用普通蛋白泡沫或轻水泡沫灭火，用干粉、卤代烷扑救时灭火效果要视燃烧面积大小和燃烧条件而定，最好用水冷却罐壁。比水重又不溶于水的液体起火时可用水扑救，水能覆盖在液面上灭火，用泡沫也有效。干粉、卤代烷扑救，灭火效果要视燃烧面积大小和燃烧条件而定，最好用水冷却罐壁。具有水溶性的液体（如醇类、酮类等），虽然从理论上讲能用水稀释扑救，但用此法要使液体闪点消失，水必须在溶液中占很大的比例。这不仅需要大量的水，也容易使液体溢出流淌，而普通泡沫又会受到水溶性液体的破坏（如果普通泡沫强度加大，可以减弱火势），因此，最好用抗溶性泡沫扑救，用干粉或卤代烷扑救时，灭火效果要视燃烧面积大小和燃烧条件而定，也需用水冷却罐壁。

（4）扑救毒害性、腐蚀性或燃烧产物毒害性较强的易燃液体火灾，扑救人员必须佩戴防护面具，采取防护措施。

（5）扑救原油和重油等具有沸溢和喷溅危险的液体火灾。如有条件，可采用放水、搅拌等防止发生沸溢和喷溅的措施，在灭火同时必须注意计算可能发生沸溢、喷溅的时间和观察是否有沸溢、喷溅的征兆。指挥员发现危险征兆时应迅速作出准确判断，及时下达撤退命令，避免造成人员伤亡和装备损失。扑救人员看到或听到统一撤退信号后，应立即撤至安全地带。

（6）遇易燃液体管道或储罐泄漏着火，在切断蔓延把火势限制在一定范围内的同时，对输送管道应设法找到并关闭进、出阀门，如果管道阀门已损坏或是储罐泄漏，应迅速准备好堵漏材料，然后先用泡沫、干粉、二氧化碳或雾状水等扑灭地上的流淌火焰，为堵漏扫清障碍，其次再扑灭泄漏口的火焰，并迅速采取堵漏措施。与气体堵漏不同的是，液体一次堵漏失败，可连续堵几次，只要用泡沫覆盖地面，并堵住液体流淌和控制好周围着火源，不必点燃泄漏口的液体。

2. 压缩和液化气体事故扑救

压缩或液化气体总是被储存在不同的容器内，或通过管道输送。其中储存在较小钢瓶内的气体压力较高，受热或受火焰熏烤容易发生爆裂。气体泄漏后遇火源已形成稳定燃烧时，其发生爆炸或再次爆炸的危险性与可燃气体泄漏未燃时相比要小得多。遇压缩或液化气体火灾一般应采取以下基本对策：

（1）扑救气体火灾切忌盲目扑灭火势，在没有采取堵漏措施的情况下，必须保持稳定燃烧。否则，大量可燃气体泄漏出来与空气混合，遇着火源就会发生爆炸，后果将不堪设想。

（2）首先应扑灭外围被火源引燃的可燃物火势，切断火势蔓延途径，控制燃烧范围，并积极抢救受伤和被困人员。

（3）如果火势中有压力容器或有受到火焰辐射热威胁的压力容器，能疏散的应尽量在水枪的掩护下疏散到安全地带，不能疏散的应部署足够的水枪进行冷却保护。为防止容器爆裂伤人，进行冷却的人员应尽量采用低姿射水或利用现场坚实的掩蔽体防护。对卧式储罐，冷却人员应选择储罐四侧角作为射水阵地。

（4）如果是输气管道泄漏着火，应设法找到气源阀门。阀门完好时，只要关闭气体的进出阀门，火势就会自动熄灭。

（5）储罐或管道泄漏关阀无效时，应根据火势判断气体压力和泄漏口的大小及其形状，准备好相应的堵漏材料（如软木塞、橡皮塞、气囊塞、黏合剂、弯管工具等）。

（6）堵漏工作准备就绪后，即可用水扑救火势，也用干粉、二氧化碳、卤代烷灭火，但仍需用水冷却烧烫的罐或管壁。火扑灭后，应立即用堵漏材料堵漏，同时用雾状水稀释和驱散泄漏出来的气体。如果确认泄漏口非常大，根本无法堵漏，只需冷却着火容器及其周围容器和可燃物品，控制着火范围，直到可燃气体燃尽，火势自动熄灭。

（7）现场指挥应密切注意各种危险征兆，遇有火势熄灭后较长时间未能恢复稳定燃烧或受热辐射的容器安全阀火焰变亮耀眼、尖叫、晃动等爆裂征兆时，指挥员必须适时做出准确判断，及时下达撤退命令。现场人员看到或听到事先规定的撤退信号后，应迅速撤退至安全地带。

3. 爆炸性物品事故扑救

爆炸物品一般都有专门或临时的储存仓库。这类物品由于内部结构含有爆炸性基因，摩擦、撞击、震动、高温等外界因素激发，极易发生爆炸，遇明火则更危险。遇爆炸物品火灾时，一般应采取以下基本对策：

（1）迅速判断和查明再次发生爆炸的可能性和危险性，紧紧抓住爆炸后和再次发生爆炸之前的有利时机，采取一切可能的措施，全力制止再次爆炸的发生。

（2）切忌用沙土盖压，以免增强爆炸物品爆炸时的威力。

（3）如果有疏散可能，人身安全上确有可靠保障，应迅即组织力量及时疏散着火区域周围的爆炸物品，使着火区周围形成一个隔离带。

（4）扑救爆炸物品堆垛时，水流应采用吊射，避免强力水流直接冲击堆垛，以免堆垛倒塌引起再次爆炸。

（5）灭火人员应尽量利用现场现成的掩蔽体或尽量采用卧姿等低姿射水，尽可能地采取自我保护措施。消防车辆不要停靠离爆炸物品太近的水源。

（6）灭火人员发现有发生再次爆炸的危险时，应立即向现场指挥报告，现场指挥应迅速做出准确判断，确有发生再次爆炸征兆或危险时，应立即下达撤退命令。灭火人员看到或听到撤退信号后，应迅速撤至安全地带，来不及撤退时，应就地卧倒。

4. 遇湿易燃物品事故扑救

遇湿易燃物品能与潮湿和水发生化学反应，产生可燃气体和热量，有时即使没有明火也能自动着火或爆炸，如金属钾、钠以及三乙基铝（液态）等。因此，这类物品有一定数量时，绝对禁止用水、泡沫、酸碱灭火器等湿性灭火剂扑救。这类物品的这一特殊性给其火灾扑救带来了很大的困难。

通常情况下，遇湿易燃物品由于其发生火灾时的灭火措施特殊，在储存时要求分库或隔离分堆单独储存，但在实际操作中有时往往很难完全做到，尤其是在生产和运输过程中更难以做到。对包装坚固、封口严密、数量又少的遇湿易燃物品，在储存规定上允许同室分堆或同柜分格储存，这就给其火灾扑救工作带来了更大的困难，灭火人员在扑救中应谨慎处置。对遇湿易燃物品火灾一般采取以下基本对策：

（1）首先应了解清楚遇湿易燃物品的品名、数量、是否与其他物品混存、燃烧范围、火势蔓延途径。

（2）如果只有极少量（一般50g以内）遇湿易燃物品，则不管是否与其他物品混存，仍可用大量的水或泡沫扑救。水或泡沫刚接触着火点时，短时间内可能会使火势增大，但少量遇湿易燃物品燃尽后，火势很快就会熄灭或减小。

（3）如果遇湿易燃物品数量较多，且未与其他物品混存，则绝对禁止用水或泡沫、酸碱等湿性灭火剂扑救。遇湿易燃物品应用干粉、二氧化碳、卤代烷扑救，只有金属钾、钠、铝、镁等个别物品用二氧化碳、卤代烷无效。固体遇湿易燃物品应用水泥、干砂、干粉、硅藻土和蛭石等覆盖。水泥是扑救固体遇湿易燃物品火灾比较容易得到的灭火剂。对遇湿易燃物品中的粉尘如镁粉、铝粉等，切忌喷射有压力的灭火剂，以防止将粉尘吹扬起来，与空气形成爆炸性混合物而导致爆炸发生。

（4）如果有较多的遇湿易燃物品与其他物品混存，则应先查明是哪类物品着火，遇湿易燃物品的包装是否损坏。可先用开关水枪向着火点吊射少量的水进行试探，如未见火势明显增大，证明遇湿物品尚未着火，包装也未损坏，应立即用大量水或泡沫扑救，扑灭火势后立即组织力量将淋过水或仍在潮湿区域的遇湿易燃物品疏散到安全地带分散开来。如射水试探后火势明显增大，则证明遇湿易燃物品已经着火或包装已经损坏，应禁止用水、泡沫、酸碱灭火器扑救，若是液体应用干粉等灭火剂扑救，若是固体应用水泥、干砂等覆盖，如遇钾、钠、铝、镁轻金属发生火灾，最好用石墨粉、氯化钠以及专用的轻金属灭火剂扑救。

（5）如果其他物品火灾威胁到相邻的较多遇湿易燃物品，应先用油布或塑料膜等其他防水布将遇湿易燃物品遮盖好，然后再在上面盖上棉被并淋上水。如果遇湿易燃物品堆放处地势不太高，可在其周围用土筑一道防水堤。在用水或泡沫扑救火灾时，对相邻的遇湿易燃物品应留一定的力量监护。

由于遇湿易燃物品性能特殊，又不能用常用的水和泡沫灭火剂扑救，从事这类物品生产、经营、储存、运输、使用的人员及消防人员平时应经常了解和熟悉其品名和主要危险特性。

5. 毒害品、腐蚀品事故扑救

毒害品和腐蚀品对人体都有一定危害。毒害品主要经口或吸入蒸气或通过皮肤接触引起人体中毒的。腐蚀品是通过皮肤接触使人体形成化学灼伤。毒害品、腐蚀品有些本身能着火，有的本身并不着火，但与其他可燃物品接触后能着火。这类物品发生火灾一般应采取以下基本对策。

（1）灭火人员必须穿防护服，佩戴防护面具。一般情况下采取全身防护即可，对有特殊要求的物品火灾，应使用专用防护服。考虑到过滤式防毒面具防毒范围的局限性，在扑救毒害品火灾时应尽量使用隔绝式氧气或空气面具。为了在火场上能正确使用和适应，平时应进行严格的适应性训练。

（2）积极抢救受伤和被困人员，限制燃烧范围。毒害品、腐蚀品火灾极易造成人员伤亡，灭火人员在采取防护措施后，应立即投入寻找和抢救受伤、被困人员的工作，并努力限制燃烧范围。

（3）扑救时应尽量使用低压水流或雾状水，避免腐蚀品、毒害品溅出。遇酸类或碱类腐蚀品最好调制相应的中和剂稀释中和。

（4）遇毒害品、腐蚀品容器泄漏，在扑灭火势后应采取堵漏措施。腐蚀品需用防腐材料堵漏。

（5）浓硫酸遇水能放出大量的热，会导致沸腾飞溅，需特别注意防护。扑救浓硫酸与其他可燃物品接触发生的火灾，浓硫酸数量不多时，可用大量低压水快速扑救。如果浓硫酸最很大，应先用二氧化碳、干粉、卤代烷等灭火，然后再把着火物品与浓硫酸分开。

6. 易燃固体、易燃物品火灾事故扑救

易燃固体、易燃物品一般都可用水或泡沫扑救，相对其他种类的化学危险物品而言是比较容易扑救的，只要控制住燃烧范围，逐步扑灭即可。但也有少数易燃固体、自燃物品的扑救方法比较特殊，如2，4-二硝基苯甲醚、二硝基萘、萘、黄磷等。

（1）2，4二硝基苯甲醚、二硝基萘、萘等是能升华的易燃固体，受热发出易燃蒸气。火灾时可用雾状水、泡沫扑救并切断火势蔓延途径，但应注意，不能以为明火焰扑灭即已完成灭火工作，因为受热以后升华的易燃蒸气能在不知不觉中飘逸，在上层与空气能形成爆炸性混合物，尤其是在室内，易发生爆燃。因此，扑救这类物品火灾千万不能被假象所迷惑。在扑救过程中应不时向燃烧区域上空及周围喷射雾状水，并用水浇灭燃烧区域及其周围的一切火源。

（2）黄磷是自燃点很低在空气中能很快氧化升温并自燃的自燃物品。遇黄磷火灾时，首先应切断火势蔓延途径，控制燃烧范围。对着火的黄磷应用低压水或雾状水扑救。高压直流水冲击能引起黄磷飞溅，导致灾害扩大。黄磷熔融液体流淌时应用泥土、砂袋等筑堤拦截并用雾状水冷却，对磷块和冷却后已固化的黄磷，应用钳子钳入储水容器中。来不及钳时可先用砂土掩盖，但应做好标记，等火势扑灭后，再逐步集中到储水容器中。

（3）少数易燃固体和自燃物品不能用水和泡沫扑救，如三硫化二磷、铝粉、烷基铝、保险粉等，应根据具体情况区别处理。宜选用干砂和不用压力喷射的干粉扑救。

7. 氧化剂和有机氧化物事故扑救

氧化剂和有机氧化物火灾，有的不能用水和泡沫扑救，有的不能用二氧化碳扑救，酸碱灭火剂则几乎都不适用。扑救氧化剂和有机氧化物火灾一般采用以下基本对策。

（1）迅速查明着火或反应的氧化剂和有机过氧化物以及其他燃烧物的品名、数量、主要危险性、燃烧范围、火势蔓延途径、能否用水泡沫扑救。

（2）能用水或泡沫扑救时，应尽一切可能切断火势蔓延，使着火区孤立，限制燃烧范围，同时应积极抢救受伤和被困人员。

不能用水、泡沫、二氧化碳扑救时，应用干粉或水泥、干砂覆盖。用水泥、干砂覆盖应该从着火区域四周尤其是下风等火势主要蔓延覆盖起，形成火势的隔离带，然后逐步向着火点进逼。

由于大多数氧化剂和过氧化物遇酸会发生剧烈反应甚至爆炸，如过氧化钠、过氧化钾、氯酸钾、高锰酸钾等。活泼金属过氧化物等一部分氧化剂也不能用水、泡沫塑料、二氧化碳扑救，因此，专门生产、经营、储存、运输、使用这类物品的和场合不要配备酸碱灭火器，对泡沫和二氧化碳也应慎用。

第三节　危险化学品事故应急救援和现场急救

一、危险化学品事故应急救援的任务和原则

1. 事故应急救援的基本任务

事故应急救援的目标是通过有效的应急救援行动，达到减少事故危害，防止事故扩大或恶化，最大限度地降低事故所造成的损失或危害，其基本任务主要包括：

（1）抢救受害人员，坚持"以人为本"是应急救援的基本原则之一，因此抢救受害人员是应急救援的首要任务，在应急行动中及时有序地实施现场急救和安全转送伤员是降低伤死率，减少事故损失的关键。

（2）迅速控制危险源。及时迅速控制造成事故的危险源是应急救援工作的重要任务，只有及时控制危险源，防止事故的继续扩展，才能及时，有效地对事故进行救援。

（3）做好事故现场的清洁，消除危害后果。对于事故中外逸有毒有害物质和可能对人和环境造成危害的残留物质，应及时组织人力予以清除，消除危害后果。为恢复生活和生产环境创造良好条件。

2. 事故应急救援的基本原则

事故应急救援工作原则是在"预防为主"的前提下，贯彻统一指挥，分级负责，区域为主，单位自救和社会救援相结合。其中预防工作是事故应急救援工作的基础，平时落实好各项应急救援的准备措施，当发生事故时就能及时实施救援，就能避免或减少事故造成的损失。另外，危险化学品事故具有发生突然、扩展迅速、危害范围大等特点。特别是发生重特大事故时，靠某一单位或某一地区的应急资源，不能控制或消除事故时，就需要社会救援。由于危险化学品事故应急救援，又是一项涉及面广，专业性很强的工作靠某一部门是很难完成的，必须把各方面力量组织起来，形成统一的救援组织机构，在指挥部的统一指挥下，安监、公安、消防、环保、卫生等部门密切配合、协同作战才能完成救援任务。因此，为了达到迅

速、准确、有效的救援目的，实行统一指挥下的分级负责，区域为主，并根据事故发展情况，采取单位自救和社会救援相结合的形式，能发挥事故单位和地区的优势和作用。

3. 化学事故现场急救工作的分流原则

化学事故现场急救工作是医学救援的重要内容。由于化学事故具有突发性、复杂性、危害性的特点，化学事故中的现场急救工作，特别是重大或灾害性化学事故中的现场急救工作，不同于一般的医疗救护，具有独特的特点，所以化学事故现场急救的伤员分流工作非常重要。现场处理原则要本着"先救命后治伤，先治重伤，后治轻伤"的原则。在现场医疗救护中，对伤病员进行初步医学检查，根据受害者的病情按轻、中、重分类，便于急救和转送，并对初检后的伤病员按轻、中、重分别标上醒目标志，置于明显的部位，便于医疗救护人员辨识，并采取相应的急救措施。伤病员经现场初检分类及处理后要根据病情向附近医院、中心医院、市级医院或专科医院转送分流。分流原则如下：

（1）有生命危险或严重并发症危险者，例如已窒息或运送途中可能发生窒息者；有呼吸、心跳停止或危险者；有休克者等重危病员，宜立即抢救，待病情改善后马上送市级医院或专科医院。

（2）暂无生命危险，但若不及时处理会出现病情转化或严重并发症者，则应尽快在现场处理后转送到市级医院或专科医院。

（3）推迟几小时救治可无重大危险者或经现场处理后很快能得到恢复者，可送附近医院或中心医院处理。

（4）暂无明显损伤，但预期有迟发症状的病人，需要就地观察或送附近医院、中心医院观察处理。

（5）无明显损伤或能自行离开现场者可不做现场处理。

（6）皮肤被化学物，特别是具刺激性、腐蚀性或易于经皮肤吸收的化学物污染后，应立即脱去污染衣服、手套、鞋袜等衣着用品，立即以大量流动清水彻底冲洗皮肤以稀释或除去刺激物，阻止其继续损伤皮肤或经皮吸入。

在运送途中需要监护的伤病员，由事故现场医疗救护指挥部派人员护送。伤病员现场救治的医疗记录要一式二份，及时向现场指挥部报告汇总，并向接纳伤病员的医疗机构提交。

二、危险化学品事故应急救援响应的程序

危险化学品事故应急救援系统的应急响应程序按过程可分为接警、响应级别确定、应急启动、救援行动、应急恢复和应急结束等几个过程，响应程序如图6-1所示。

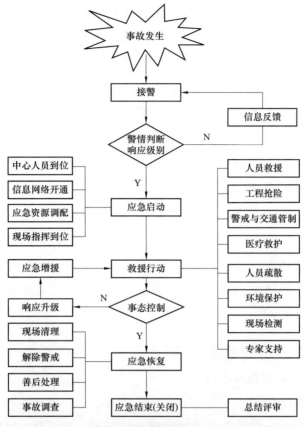

图6-1　危险化学品应急救援体系响应程序

三、危险化学品事故现场急救注意事项

（1）现场急救注意事项：选择有利地形设置急救点；做好自身及伤病员的个体防护；防止发生继发性损害；应至少2~3人为一组集体行动，以便相互照应；进入毒物污染区要注意安全。对于高浓度的硫化氢、一氧化碳等毒物污染区以及严重缺氧环境，必须先予通风，参加救护人员需佩戴供氧式防毒面具。其他毒物也应采取有效防护措施方可入内救护。同时应佩戴相应的防护用品、氧气分析报警仪和可燃气体报警仪。所用的救援器材需具备防爆功能。

（2）现场处理：迅速将患者脱离现场至空气新鲜处，中毒者脱离染毒区后，应在现场立即着手急救。呼吸困难时给氧，呼吸停止者赶快做人工呼吸，最好用口对口吹气法。剧毒品不适宜用口对口法时，可用史氏人工呼吸法。心脏停止跳动的，立即拳击心脏部位的胸壁或作胸外心脏按压；人工呼吸与胸外心脏按压可同时交替进行，直至恢复自主心搏和呼吸。还可直接对心脏内注射肾上腺素或异丙肾上腺素，抬高下肢使头部低位后仰。急救操作时动作不可粗暴，造成新的损伤。皮肤污染时，脱去污染的衣服，用流动清水冲洗，冲洗要及时、彻底、反复多次；头面部灼伤时，要注意眼、耳、鼻、口腔的清洗；当人员发生冻伤时，应迅速复温，复温的方法是采用40~42℃恒温热水浸泡，使其温度提高至接近正常，在对冻伤的部位进行轻柔按摩时，应注意不要将伤处的皮肤擦破，以防止感染；当人员发生烧伤时，应迅速将患者衣服脱去，用流动清水冲洗降温，用清洁布覆盖伤面，避免伤面污染，不要任意把水疱弄破，患者口渴时，可适量饮水或含盐饮料。眼部溅入毒物，应立即用清水冲洗，或将脸部浸入满盆清水中，张眼并不断摆动头部，稀释洗去毒物。

（3）彻底清除毒物污染，防止继续吸收。脱离污染区后，立即脱去受污染的衣物。对于皮肤、毛发甚至指甲缝中的污染，都要注意清除。对能由皮肤吸收的毒物及化学灼伤，应在现场用大量清水或其他备用的解毒、中和液冲洗。毒物经口侵入体内，应及时彻底洗胃或催吐，除去胃内毒物，并及时以中和、解毒药物减少毒物的吸收。

（4）使用特效药物治疗时，对症治疗，严重者送医院观察治疗。急救之前，救援人员应确信受伤者所处环境是安全的。另外，口对口的人工呼吸及冲洗污染的皮肤或眼睛时，要避免进一步受伤。

四、事故现场医疗救护及自救

（一）现场人员自救互救基本方法

1. 止血的基本方法

（1）手压法：在出血伤口靠近心脏一侧，用手指、掌、拳压迫跳动的血管，达到止血目的。

（2）加压包扎法：在出血伤口处放上厚敷料，用绷带加压包扎。

（3）加垫屈肢止血法：前臂或小腿出血时，可在肘窝或膝盖后侧放纱布卷、毛巾等，屈曲关节，用三角巾把屈曲的肢体捆紧。有骨折时不能用此法。

（4）绑止血带法：用弹性止血带绑住出血伤口近心端大血管。

注意：止血带下应垫纱布或柔软衣物；上肢出血，绑上臂的上1/3处，下肢出血，绑大腿中、上1/3交界处；绑止血带的压力，应以摸不到远端血管跳动、伤口出血停止为度；每隔1h松开止血带2~3min。松开时要在伤口上加压以免出血。填塞止血法和止血粉止血法，须在备有无菌纱布和止血药粉的情况下才能使用。

2. 固定

固定的注意事项为：

（1）凡骨折、关节伤、血管神经伤、大面积软组织伤等，在送医疗单位前均须固定。

（2）先止血、包扎，然后固定，固定必须牢靠。

（3）刺出伤口的折骨不要送回，按现状固定。

（4）固定范围要包括伤部上下两个关节。

（5）肢体骨突部位要加垫保护。

（6）运送中减少震动，抬高患肢，保暖，注意观察心跳、呼吸和神智。

3. 搬运

搬运的注意事项为：因地制宜，就地取材，根据伤情采取不同搬运方法，千万不要因搬运不当加重损伤。

4. 心肺复苏

心肺复苏是针对由各种原因引起的心跳、呼吸停止和意识丧失等所采取的急救措施。其方法是对确无心跳、呼吸，对喊话和轻摇均无反应者应实施心肺复苏术。

（1）呼唤他人，协助抢救。

（2）轻柔、平缓地将病人放置仰卧位。

（3）头后仰，颈垫高，使下颌与耳垂连线与地面垂直，气道即打开。

（4）用手放在病人前额，拇指、食指捏住病人鼻孔，用力向病人嘴中吹气，频率为12次/min。

（5）双臂绷直，垂直向下按压胸骨，深度达4~5cm。

单人抢救法：心脏按压频率为80~100次/min、按压与吹气之比为15：2。即：快速吹气2次，然后以80次/min的速度，按压心脏15次。反复进行。

双人抢救法：一人按60次/min的速度，按压心脏；另一人在按压心脏5次后，吹气1次。两人交换位置时，间隔不应超过5s。

（二）在危险化学品事故现场创建流动便携式ICU

在危险化学品发生事故时，第一时间内现场死亡人数是最多的。创建流动便携式ICU（intensive care unit）病房能有效降低危险化学品事故伤员的死亡率和伤残率。

1. 在危险化学品事故现场创建流动便携式ICU的意义

众所周知，在危险化学品事故发生时，第一时间内现场死亡人数是最多的。所以，现场救护人员在快速做好分类的同时，立即对伤员进行基本生命支持，必要时进行高级生命支持。据统计，国内外历次战争数据显示，伤后死亡率构成为：伤后即刻占40%，伤后5min占25%，伤后5~30min占15%，伤后30min以上占20%。另据统计，创伤伤员第一死亡高峰在1h之内，此时死亡的数量占创伤死亡的50%，而第二死亡高峰出现在伤后2~4h之内，其死亡数占创伤死亡的30%。所以，对于现场急救来说，时间就是生命。传统的急救观念往往使得处于生死之际的伤员丧失了最宝贵的几分钟、十几分钟"救命的黄金时间"。因此，提倡和实施现代救护的新概念和技能势在必行，创建流动便携式ICU病房是实现这一目标的重要步骤。

2. 实施原则

对危险化学品事故中构成危及伤员生命的伤情或病情，应充分利用现场的条件，予以紧急抢救，使伤情稳定或好转，为后送创造条件，尽最大努力确保伤员生命安全。

3. 实施程序

（1）任务前根据承担任务的特点和要求，完成医疗救护队的组织建设、业务培训和任务前动员，并对现场流动便携式ICU病房、医疗救护车辆、通信设备、急救设备、药品等进行调试和检查。

（2）任务中根据突发危险化学品事故的现场情况，由现场急救指挥部决定进入医疗救护程序的方式，现场流动便携式ICU病房及医疗救护人员对伤员的伤情进行初步检查，迅速诊断伤情，立即实施最必需的医疗急救措施，如进行通畅气道、给氧、止血、心肺复苏、抗休克等，特别必要时实施现场急救手术，尽可能地稳定伤情，及时消除或减轻强烈刺激对伤员造成的心理不适。主要伤情处置规范按救治规则进行，当伤员病情允许后送时，由现场医疗救护队队长决策，向指挥长报告，在指挥长的统一指挥下，将伤员后送，后送期间需要进行不间断救治。

（3）任务后做好伤员的病情和记录交接，后送任务完成。对任务的救治工作进行总结。

五、危险化学品的中毒急救

1. 经呼吸道吸入中毒急救治疗的方法

呼吸道吸入中毒的急救治疗，应当首先保持呼吸道通畅。

（1）防止声门痉挛、喉头水肿的发生，采用2%碳酸氢钠、10%异丙肾上腺素、1%麻黄素雾化吸入，呼吸困难严重者及早做气管切开手术。

（2）防止肺水肿的发生，应绝对卧床休息给予激素，并适当限制输液量。发生肺水肿则应吸氧并用抗泡沫剂10%硅酮或20%~30%乙醇于氧化湿化瓶吸入，及早用氢化可的松100~200mg于10%葡萄糖100~200mL静脉滴注，以减少血管通透性。神志躁动不安，可用异丙嗪25mg肌肉注射。

（3）防止脑水肿的发生，对作用于神经系统的毒物，出现脑水肿，要限制液体输入量，降低颅压，采用20%的甘露醇或25%山梨醇250mL，静脉注射或快滴，并用三磷酸腺酐20mg肌肉注射或静脉注射谷氨酸钠等以保护脑细胞。

（4）对引起血红蛋白变性的毒物，则应根据病因进行治疗，如苯的硝基化合物应及时注射美蓝或硫代硫酸钠；对氰化物应迅速吸亚硝酸异戊酯，或3%亚硝酸钠10mL注射，再注射硫代硫酸钠；对一氧化碳可用高压氧或吸氧。

（5）防止溶血而引起的肾功能衰竭，如对砷化氢采取早期吸氧解毒及利尿，如尿毒症明显可腹膜透析或人工肾透析。除了这5项主要症候外，可按病因特效解毒药及一般临床对症治疗。

2. 经皮肤吸收中毒急救治疗的方法

经皮肤吸收毒物，或腐蚀造成皮肤灼伤的毒物，应立即脱去受污染的衣物。用大量清水冲洗皮肤，也可用微温水，禁用热水。冲洗时间不少于15min，冲洗越早、越彻底越好，然后用肥皂水洗净，以中和毒物的液体湿敷。皮肤吸收中毒的过程，往往有一段时间，要注意观察清洗是否彻底。苯胺清洗不彻底，一定时间后出现发绀，即口唇和指甲明显青紫，需吸氧并注射美蓝缓解复原，不能认为已经清洗过便不再有中毒发生。黄磷清洗后还要在暗室内检查有无磷光。灼伤皮肤要按化学灼伤处理。

3. 误服吞咽中毒急救治疗方法

误服吞咽除及时反复漱口、除去口腔毒物外，还应当采取以下措施：

（1）催吐。催吐在服毒后4h内有效，简单的办法是用手指、棉棒或金属匙柄刺激咽部舌根。空腹服毒者可先口服一大杯冷开水或豆浆，然后催吐。呕吐时头部低位。对昏迷、痉挛发作，及吞入强酸、强碱等腐蚀品以及汽油、煤油等有机溶剂时，禁用或慎用。

（2）洗胃。洗胃是常规治疗，有催吐禁忌症者慎用。用清水、生理盐水或其他能中和毒物的液体洗胃。洗胃液每次不超过500mL，以免把毒物冲入小肠；应反复洗，并通过鼻腔留置胃管一定时间，以便吸出由胃排泄的毒物。

（3）清泻。口服或由胃管送入大剂量的泻药，如硫酸镁、硫酸钠等，对脂溶性毒物，忌用油类导泻剂，口服腐蚀性毒物者禁用。

（4）应用解毒、防毒及其他排毒药物。

4. 急救治疗的具体实施

（1）皮肤黏膜除毒。皮肤污染毒物时，应立即脱去污染衣服，若皮肤无创面，一般用清水（忌用热水）冲洗。若为不溶解于水的毒物，可用适当的溶剂（如酚可用10%酒精或植物油）冲洗。

由酸引起的皮肤灼伤创面，在用清水洗后，可继续用0.5%碳酸氢钠溶液冲洗；由碱引起的皮肤灼伤创面，则可选用1%醋酸或1%枸橼酸冲洗。

如毒物侵入眼内，应立即用大量清水冲洗眼部结膜，冲洗时间不应少于10min。如为碱性毒物，再用3%硼酸液冲洗，予以中和；如为酸性毒物，则用2%碳酸氢钠溶液清洗中和。冲洗中和后可滴入0.5%醋酸可的松以减轻局部炎症反应，并采用0.5%氯霉素或0.5%红霉素溶液滴眼。疼痛较剧烈时可予1%地卡因溶液滴眼。

（2）催吐。对口服中毒者，应力争将尚未被吸收的毒物迅速从胃中清除出来。若患者神志清醒，胃内含有食物或固体毒物，常不易被洗出，因而更适合催吐。也可皮下注射阿朴吗啡5mg，有较强的催吐作用。

对腐蚀性毒物（酸、碱）中毒，以及昏迷、惊厥、肺水肿、严重高血压、心力衰竭和休克的中毒病人禁用催吐。

（3）洗胃。插入胃管后，先抽出内容物，再灌注洗胃液。每次灌注量不超过500mL。反复灌洗直到洗出液澄清、无味为止。洗胃时，病人应侧卧，头部稍低于躯体，以防吸入性肺炎。病情严重、深度昏迷或腐蚀剂中毒者，不宜洗胃。

常用洗胃液有：温水，适用于毒物性质不明时；2%~4%鞣酸溶液（或浓茶），适用于生物碱及若干金属化合物中毒；1∶2000~1∶5000高锰酸钾溶液，适用于巴比妥类、氰化物、生物碱等中毒；1%~2%碳酸氢钠溶液，适用于硫酸亚铁、有机磷农药等中毒，但敌百虫中毒时忌用，因能增其毒性。

腐蚀性毒物（如强酸、强碱）误服中毒时，应用牛奶、蛋清、淀粉糊、氢氧化铝凝胶等灌入胃内，以减低腐蚀作用，保护胃黏膜。

（4）导泻及灌肠。清除进入肠道的毒物，并阻止毒物自肠道吸收。常用的导泻药为50%硫酸镁50mL。由于镁离子有抑制呼吸的作用，为安全起见可改用硫酸钠20~30g，于洗胃后由胃管注入或口服。采用20%甘露醇作为导泻剂是理想的选择。20%甘露醇为高渗透液，口服在胃肠道内不被吸收，可使肠内容物的渗透压升高，阻止肠道内水分的吸收，使肠腔容积增大，肠道被扩张，因而刺激肠壁，增强肠道蠕动，使肠内容物迅速进入大肠，排出水样粪便，属于容积性泻药。洗胃后一次口服20%甘露醇250mL，口服后30min至2h即可排便。甘露醇味甜，易为患者接受，可用于各种口服中毒者的导泻，且无硫酸镁中Mg^{2+}大量吸收和在体内蓄积导致中枢神经系统抑制的后顾之忧。老年人、严重便秘者口服甘露醇要慎重，前者易因腹泻严重导致休克，后者应注意腹部情况，以防肠道蠕动增强引起结肠梗阻而导致肠穿孔。腐蚀性毒物中毒时禁用导泻药。

灌肠液常采用温水、生理盐水或肥皂水，以1000mL做高位灌肠。

（5）利尿。对已吸收入体内的毒物，可采用多饮水、大量输液及使用利尿药物的办法，以增加尿量，促进毒物的排出。饮用大量饮料，如水、浓茶或桔子汁等软性饮料，以及绿豆汤。

静脉注射50%葡萄糖40~60mg，加维生素C 500mg；或10%葡萄糖溶液1000mL，加维生素C 2g静脉滴入。利尿药物可用速尿20mg或20%甘露醇250mL快速静脉滴注。有休克、心功能不全和肾脏严重病变者，则应慎用利尿药物。利尿过程中应注意水和电解质平衡。

5. 常见危险化学品中毒急救措施

常见危险化学品中毒急救措施如表6-3所示。

表6-3　　　　　　　　　　　常见危险化学品中毒急救措施

序号	品种	中毒急救措施
1	氰及其化合物	患者吸入亚硝酸异戊酯、氰气，静卧，保暖。患者神志清醒，可服氰化物解毒剂，或注射硝酸钠液并随即注射硫代硫酸钠液
2	氟及其化合物	溅入眼内，迅速离开污染区，脱去污染衣着，用大量清水冲洗，至少15min以上。皮肤灼伤，在水洗后，可用稀氨水敷浸，患者静卧保暖
3	氯气	迅速离开污染区，休息、保暖、吸氧，给患者2%碳酸氢钠雾化吸入及洗眼，高浓度氯气吸入时，可窒息骤死，重度中毒者应预防肺水肿发生
4	一氧化碳	使患者迅速离开污染区，如呼吸停止，则应立即口对鼻人工呼吸，恢复呼吸后，给患者吸氧或高压氧。昏迷复苏病人，应注意脑水肿的出现，有脑膜刺激症候及早用甘露醇或高能葡萄糖等脱水治疗
5	光气	使吸入患者急速离开污染区，安静休息（很重要），吸氧。眼部受刺激、皮肤接触用水冲洗，脱去染毒衣着，可注射20%乌洛托平20mL
6	溴水	使患者急速离开污染区，接触皮肤立即用大量水冲洗，然后用稀氨水或硫代硫酸钠液洗敷，更换干净衣服。如进入口内，立即漱口、饮水及镁乳
7	磷化氢	吸入患者应速离污染区，安静休息，并保温。经口进入，及早彻底用高锰酸钾液洗胃或用硫酸铜液催吐，忌用鸡蛋、牛奶及油类泻剂。呼吸困难注射山梗菜碱或安钠咖，注意不可用解磷定（PAM）和其他巯基类药物
8	硫化氢	吸入患者急速离开污染区，安静休息保暖，如呼吸停止，立即人工呼吸、吸氧。眼部受刺激用水或2%碳酸氢钠液冲洗，结膜炎可用醋酸可的松软膏点眼，静脉注射美蓝加入葡萄糖溶液，或注射硫代硫酸钠，促使血红蛋白复原，控制中毒性肺炎与肺水肿发生
9	砷及其化合物	吸入或误服，及时注射解毒剂，如二巯基丙醇、二巯基丙磺酸钠及二巯基丁二钠等，对症治疗
10	砷化氢	吸入患者静卧吸氧，注射解毒药，如BAL、二巯基丁二钠等，纠正酸中毒
11	碳氧化合物及硝酸	吸入患者须密切观察，即使患者未感到严重不适，也须迅速离开污染区，安静休息，及时送医院治疗。如呼吸停止应立即人工呼吸，硝酸液体对皮肤有极强腐蚀作用，灼伤须立即冲洗
12	二氧化硫	将吸入患者迅速移到空气新鲜处，吸氧，呼吸停止立即人工呼吸。呼吸刺激等咳嗽症状，可雾化吸入2%碳酸氢钠，喉头痉挛窒息时应切开气管，并注意控制肺水肿发生
13	硫酸二甲酯及硫酸二乙酯	吸入及灼伤皮肤，立即离开污染区，用大量清水冲洗；眼睛及皮肤用0.5%去氧可的松软膏或鲜牛奶滴眼，静卧保暖，避免光线刺激，吸氧及2%碳酸氢钠雾化吸入，喉头痉挛水肿应及早切开气管
14	四氯化碳	误服的须立即漱口，送医院急救
15	五氯酚及五氯酚钠	皮肤接触，清洗皮肤大量饮水并采用物理降温及氯丙嗪药物降温，服用硫酸镁泻剂，接触者务必观察24h及时降温，防止高热缺氧而死亡
16	石油类	吸入患者立即离开污染缺氧环境，清洗皮肤，休息保暖。如果吸入汽油多，也可发生吸入性肺炎
17	汞及其化合物	吸入患者迅速脱离污染区，皮肤、眼接触时，用大量水及肥皂彻底清洗，休息保暖。经口进入，立即漱口，饮牛奶、豆浆或蛋清水，注射二巯基丙磺酸钠或二巯基丁二钠、BAL等
18	铍及其化合物	接触中毒者必须迅速离开污染区，脱去污染衣物。衣物隔离存放，单独洗刷。眼及皮肤均须用水冲洗，再用肥皂彻底清净，如有伤口速就医。吸入中毒，给予吸氧并防止肺水肿发生
19	铊及其盐类	中毒者离开污染区，立即脱去污染衣服。用温水、肥皂彻底清洗皮肤。吞服者以5%碳酸氢钠或3%硫代硫酸钠液洗胃，注射二巯基丁二钠，1g溶于20~40mL生理盐水静注或用二巯基丙醇

续表

序号	品种	中毒急救措施
20	苯的氨基、硝基化合物	吸入及皮肤吸收者立即离开污染区，脱去污染衣物。用大量清水彻底冲洗皮肤，用温水或冷水冲洗，休息、吸氧，并注射美蓝及维生素C葡萄糖液
21	苯酚	中毒者离开污染区。脱去污染衣物，用大量水冲洗皮肤及眼，皮肤洗后用酒精或聚乙二醇擦洗皮肤
22	甲醇及醇类	中毒者离开污染区。经口进入者，立即催吐或彻底洗胃
23	强酸类	皮肤用大量清水或碳酸氢钠液冲洗，酸雾吸入者用2%碳酸氢钠雾化吸入。经口误服，立即洗胃，可用牛奶、豆浆及蛋白水、氧化镁悬浮液，忌用碳酸氢钠及其他碱性药洗胃
24	强碱类	大量清水冲洗受污染皮肤，特别对眼要用流动水及时彻底冲洗，并用硼酸或稀醋酸液中和碱类。经口误服，引起消化道灼伤，饮用牛奶、豆浆及蛋白水
25	有机磷农药	去除污染，彻底清洗皮肤。安静休息，注射阿托品及氯磷定、解磷定等解毒药（敌百虫中毒禁用碳酸氢钠及碱性药物，对硫磷等禁用过锰酸钾洗胃）
26	有机汞农药	及早用2%碳酸氢钠洗胃（禁用生理食盐水洗胃），巯基络合剂解毒
27	硒及其化合物	皮肤或眼污染用大量清水洗净，10%硫代硫酸钠静脉注射，皮肤可擦硫代硫酸钠霜
28	碲及其化合物	脱离污染，服维生素C，每日500~1000mg，不宜用二巯基丙醇
29	钡及其化合物	口服中毒，用5%硫酸钠洗胃，随后导泻，口服或注射硫酸钠或硫代硫酸钠

6. 常用的特效解毒药物

常用的特效解毒药物如表6-4所示。

表6-4　　　　　　　　　　常用的特效解毒药物

序号	解毒药物名称	解毒机理和使用方法
1	依地酸钙（Ca-EDTA）	本药的全称为乙二胺四乙酸二钠钙（CaNa$_2$-EDTA）。ED-TA能与体内多种金属离子络合成稳定而可溶的金属络合物，从尿排出。根据这一原理，临床上用于无机铅中毒的治疗，有明显的排铅效果。此外，对锰、若干放射性元素（如钚、钍、铀、钇等）也有一定的促排作用。 本药经胃肠道吸收差，静脉注入后，经过肾脏，1h内约排出50%，24h内达95%以上。在体内无蓄积性，主要分布于细胞外液，不能透过血脑屏障。 用法为每日1~2g加入生理盐水或5%葡萄糖溶液200~300mL中，静脉滴注。一般以3天为一疗程，停药3~4天后可重复使用。副作用为：少部分病人注药后可有短暂的头晕、恶心、乏力、关节痛等反应，偶有剂量过大或连续用药超过一周而引起肾脏损害者。用药期间应注意查尿常规，有肾脏病史者慎用
2	二巯基丙醇（BAL）	本药是一种在碳链上带有邻位双巯基的化合物，其巯基（-SH）能与酶和其他组织蛋白质的巯基争夺某些重金属离子而与之结合为更稳定的环状化合物，从而达到解毒作用。 本药对急、慢性砷中毒，急性汞中毒有明显疗效，并可用于治疗锑、金中毒和肝-豆状核变性病（促进铜的排泄）。 本药的制剂一般为10%的油剂，作深部肌肉注射，每次2.5~5mg/kg。急性汞中毒时，最初之日每4h一次，第3日起可延长至6~8h一次或酌情减量，7~10日为一疗程。对铬溃疡等皮肤损害，可配成软膏外用。 本药副作用为：注射后15~30min，可出现头痛、恶心、咽喉烧灼感、口唇及肢体发麻、面部充血发红、心动过速和一次性血压升高。如于注射本药前半小时口服眩晕停25mg或乘晕宁50mg，即可明显减轻或阻止上述副作用的发生

续表

序号	解毒药物名称	解毒机理和使用方法
3	二巯基丙磺酸钠（Unithiol）	本药的化学结构和解毒原理与二巯基丙醇相似。用药后可使血和排泄物中毒物浓度显著增加。其毒性明显低于二巯基丙醇，在水中易溶解，故可经静脉给药。 本药对砷、汞中毒有显著排毒作用和疗效，对铋、铬、铅、硫酸铜等中毒也有一定疗效。急性中毒时可肌肉或静脉注，每次剂量为5mg/kg，第1日3~4次，第2日2~3次，第3~7日每日1~2次，7日为一疗程。慢性中毒时，250mg/次，肌肉注射，每日1次，3天为一疗程，停药4天后可重复用药，一般用药3~5个疗程。副作用为：可有轻度头晕、心悸。个别病例有过敏反应，表现为皮疹、发热
4	二巯基丁二酸钠（Na-DMS）	为我国首创的广谱金属解毒药，其化学结构和解毒原理与前两种巯基化合物相仿。对锑、汞、铅、砷等金属中毒均有显著的疗效和排毒作用。用法为以生理盐水或5%葡萄糖溶液现配成5%~10%溶液，缓慢静脉注射，亦可酌加普鲁卡因（先作皮试）后肌肉注射。急性中毒时，每日可给药4~6g，分2~4次注射，一般可用药3~5天，以后酌情减量或停药。慢性中毒时每日1~2g，3天为一疗程，停药3~4天后可重复给药，一般可用药3~5个疗程。 此药毒副作用较小，主要有口臭、头痛、头晕、恶心、乏力和四肢酸痛等。由于本药水溶液不稳定，久置后毒性增加，因此应现用现配
5	美蓝（Methylene Blue）	属噻嗪类染料，是一种氧化还原剂，随着剂量的不同可产生不同的作用。小剂量（1~2mg/kg）时具有还原作用，当美蓝进入体内组织后，即和还原性辅酶（DPN·H）起作用，使美蓝成为白色美蓝，后者作用于高铁蛋白，使之还原为血红蛋白。因此小剂量美蓝用于治疗各种化工毒物（如苯胺、硝基苯）以及药物引起的高铁血红蛋白血症。 大剂量（>10mg/kg）美蓝具有氧化作用，可使血红蛋白氧化为高铁血红蛋白，用于治疗急性氰化物中毒，高铁血红蛋白与氰离子结合，使被抑制的细胞色素氧化酶活性恢复。 注射速度过快或大剂量美蓝静脉注射，可引起头痛、头晕、恶心、多汗等反应。用药后尿呈蓝色，有时可产生尿道灼痛、心肌损害（心电图示T波平坦、倒置等改变）。 美蓝仅能做静脉注射，不能做皮下和肌肉注射，以免引起局部疼痛和组织坏死
6	硫代硫酸钠（Sodium Thiosulfate）	为白色结晶粉末，在潮湿空气中易潮解，易溶于水。在硫氰酸酶的参与下，硫代硫酸钠能与体内游离的或与高铁血红蛋白结合的氰离子相结合，形成无毒的硫氰酸盐（SCN⁻）。另外，硫代硫酸钠在体内还能与若干金属离子相结合，形成无毒的硫化物排出体外，故除应用于治疗氰化物中毒外，还可用于铋、碘、汞、砷等中毒。本药毒性小，偶见头晕和乏力等不适反应。 治疗急性氰化物中毒时的每次剂量为50% 25~50mL，静脉注射。治疗金属离子中毒或脱敏的剂量为10% 10~20mL，静脉注射，每日1~2次
7	解磷注射液（苯克磷）	本药由苯甲托品、开马君、双复磷共同构成，为急性有机磷中毒的特效解毒药。本药易于透过血脑屏障、解毒作用强于阿托品及解磷定，起效迅速，注射1min内即可见效。用法为轻度中毒时1~2mL，肌肉注射，中度及重度中毒时2~4mL，静脉注射，可并用氯磷定250mg肌肉注射，1~2h后可重复注射，直至中毒症状减轻后，酌情减量。注射剂量过大时，可有恶心、头晕、心悸等表现
8	4，4-二甲基氨基苯酚（4-DMAP）	为一种新型的高铁血红蛋白形成剂。主要用于中度和重度急性氰化物中毒的解救。本药特点为效价高、作用快、副作用小，不引起血压下降，可肌肉注射或口服，使用方便。剂量和用法为中度中毒病人（有恶心、呕吐等症状者）立即肌肉注射10% 4-DMAP 2mL（200mg）；重症中毒病人（包括呼吸及心跳停止者），立即肌肉注射10% 4-DMAP 2mL，同时并用25%~50%硫代硫酸钠溶液20mL，以加强抗毒效果。如症状缓解较慢或中毒症状再出现，可在1h后重复一半量。一般在肌肉注射后10~15min，患者的皮肤、口唇及指甲出现紫绀，表示高铁血红蛋白已经形成，是产生药效的指征，一般3h后紫绀消退。使用4-DMAP后严禁再用亚硝酸钠类药物，一般重复用药也应慎重，防止形成过量高铁血红蛋白，加重缺氧症状。对于轻度中毒病人，可口服4-DMAP 1片（180mg）及对氨基苯丙酮（PAPP）1片（90mg），中毒症状一般可在服后20min缓解

六、危险化学品化学烧伤与救治

（一）化学烧伤

烧伤是指热力引起皮肤或其他组织的损害。某些化学物质引起的皮肤和组织损害，称为化学烧伤，其病理和临床过程与热力烧伤有相似之处，故化学烧伤属一般烧伤范畴。化学物质侵入人体后，可产生局部和全身损害，其损害程度与化学物品种、浓度、接触时间长短、面积大小以及现场急救措施是否及时、准确、有效等因素有关。

局部损害：由于化学物质的性能不同，局部损害程度也不同，例如酸可凝固组织蛋白；碱则皂化脂肪组织；有的化学物质可毁坏组织的胶体状态，使细胞脱水与组织蛋白结合；有的则因本身燃烧或热的损害而引起烧伤，如磷烧伤等。值得指出的是，某些化学物质的蒸气或燃烧爆炸导致眼及呼吸道的化学烧伤较一般热力烧伤更常见。

全身损害：化学烧伤的严重性是造成全身损害。某些化学物质从创面、正常皮肤、黏膜、呼吸道、消化道等部位吸收，引起中毒和内脏继发性破坏，甚至死亡。有的烧伤并不太严重，但由于合并化学中毒后，增加救治的困难，如氢氟酸灼伤。许多化学物质经肝解毒，经肾排出体外，故临床上可见肝、肾损害，如酚、磷烧伤；有的化学物质的蒸气可直接刺激呼吸道黏膜引起呼吸道烧伤。另外，不少挥发性高的化学物质多由呼吸道排出，可刺激肺泡并增加毛细血管通透性而引起肺水肿，如氨烧伤；有的化学物质如苯的氨基、硝基化合物，可直接破坏红细胞，造成大量溶血并使携氧功能发生障碍，增加肝、肾功能的负担和损害；有的可损伤神经系统，引起中毒性脑病、脑水肿。

（二）化学烧伤的早期处理原则

化学烧伤的现场早期处理极为重要，与一般热力灼伤的原则相同，除应迅速撤离致伤环境、镇静、止痛、保护创面、抗休克、保持呼吸道通畅外，应立即用大量流水冲洗创面，再以药物中和。有吸收中毒的化学物质烧伤时，应立即采取解毒措施；对通过肾脏排泄的毒物，发生烧伤时应加强利尿，以使毒物迅速排出。

（1）"灭火"，所谓"灭火"是把化学物质尽快从烧伤的皮肤上消除。最简单而有效的"灭火"方法是脱去污染衣服，快速地用大量流动清水冲洗被化学物污染而受伤的皮肤和眼睛，其目的一是起稀释作用，二是机械作用，将化学物质从创面、黏膜上冲洗干净，因此水要充足，时间要长，一般应在20min以上。其冲洗时间可参考被烧伤皮肤pH值恢复正常为标准。如同时伴热力烧伤，冲洗尚有冷疗的作用。头面部烧伤要注意眼、鼻、耳、口腔内的清洗，尤其是眼，应首先冲洗，但动作要轻巧。有些化学物质应按其理化特性分别处理，如四氯化钛（发烟剂）、金属钠和石灰等，沾染皮肤可引起烧伤，但由于这些物质遇水后水解产生大量热更会加重皮肤烧伤，因此不能立即用水清洗，应尽快用布（或纸）把化学物吸掉，再用水彻底清洗，随着持续的大量流动水冲洗，热量也可逐渐消散。

关于中和剂的应用问题，有不同的意见。但从现场急救实际出发，一般多不可能获得大量中和剂，而且有人提出中和剂可能产生热，会加深创面的损害；另外，有的中和剂本身就有刺激和毒性。根据临床实践，在使用大量流动清水冲洗后，再用中和剂，可减轻病变的损害程度，但中和剂时间不宜过久，一般为2~4h，并且必须再用清水冲掉中和剂。常见毒物的清洗剂及中和剂见表6-5。

表6-5　　　　　　　　　　　　化学烧伤创面的急救处理

化学物质	清洗剂	中和剂	清创要求
硫酸	水	5%碳酸氢钠溶液	去除外源性脏物及剪除已破之表皮
硝酸	水	5%碳酸氢钠溶液	去除外源性脏物及剪除已破之表皮
盐酸	水	5%碳酸氢钠溶液	去除外源性脏物及剪除已破之表皮
三氯醋酸	水	5%碳酸氢钠溶液	去除外源性脏物及剪除已破之表皮
酚	水，乙醚或酒精	5%碳酸氢钠溶液，饱和硫酸钠溶液湿敷	去除外源性脏物及剪除已破之表皮
氢氟酸	水	5%碳酸氢钠溶液，创面用氧化镁甘油糊膏，局部动脉注射10%葡萄糖酸钙	去除外源性脏物及剪除已破之表皮
氢氧化钠	水	0.5%~5%醋酸或5%氯化铵或10%枸橼酸	去除外源性脏物及剪除已破之表皮
氢氧化钾	水	0.5%~5%醋酸或5%氯化铵或10%枸橼酸	去除外源性脏物及剪除已破之表皮
石灰	擦去石灰粉末，然后以大量流水冲洗	0.5%~5%醋酸或5%氯化铵或10%枸橼酸	去除外源性脏物及剪除已破之表皮
氨水	水	0.5%~5%醋酸或5%氯化铵或10%枸橼酸	去除外源性脏物及剪除已破之表皮
磷	水	使用硫酸铜溶液，使磷颗粒容易清除，再用5%碳酸氢钠溶液湿敷1日，无碳酸氢钠溶液可以用湿布敷之	移除磷颗粒
氰化物		先用1:1000高锰酸钾冲洗，然后用5%硫化铵溶液湿敷	

（2）解毒根据致伤物质的性质，及时采用解毒及对抗药物的治疗，或加速化学毒物从体内排泄。在现场无法选用适当解毒剂或在医院一时无法肯定何种毒物性质时，可先采用大量高渗葡萄糖及维生素C静脉注射、给氧、输新鲜血液等。如无禁忌，可及早使用糖皮质激素和利尿剂，然后根据病情及毒物选用解毒剂。同时根据化学毒物对体内受累的靶器官，早期采用预防性治疗的对症处理，例如，磷烧伤应注意保护肝、肾功能；苯酚烧伤应保护肾功能；氨烧伤应防治肺水肿及低氧血症；氯化钡烧伤应防治低血钾及心肌损害等。应注意烧伤的补液量与速度问题，并应细致地加强医学监护，对出现任何一点微小变化的症状、体征及实验室检查，均应及时处理，防止治疗矛盾再造成医源性病变。

（三）烧伤面积和深度对判断预后的作用

根据我国实测大量人体后所获得的"新九分法"见表6-6。小面积烧伤时可采用手掌法，即用病员本人的一侧五指并拢的手掌面积是1%，可以较快地估计烧伤面积。

表6-6　　　　　　　　　　　中国九分法（成人）

部位		面积（%）	计算法（%）
头颈部	头部	6	9（1个9）
	颈部	3	
双上肢	上臂	2×3.5	18（2个9）
	前臂	2×3	
	手部	2×2.5	
躯干	躯干前面	13	27（3个9）
	躯干后面	13	
	会阴	1	
双下肢（包括臀部）	臀部	2×2.5（女性为2×3）	46（5个9+1）
	大腿	2×10.5	
	小腿	2×6.5	
	足部	2×3.5（女性2×3）	
全身	合计	100	100（11个9+1）

关于烧伤深度的分类，一般采用三度四分法，即一度烧伤（Ⅰ度）、浅二度烧伤（浅Ⅱ度）、深二度烧伤（深Ⅱ度）和三度烧伤（Ⅲ度）。其局部病理变化及临床特征见表6-7。

表6-7　　　　　　　　　　　烧伤深度的鉴别

深度分类	损伤深度	临床表现	愈合过程
Ⅰ度	表皮层	红斑、轻度红、肿、痛、热，感觉过敏，无水泡，干燥	2~3天后症状消失，以后脱屑，无疤
浅Ⅱ度	真皮浅层	剧痛，感觉过敏，水泡形成，壁薄，基底潮红，明显水肿	两周左右愈合，无疤，有色素沉着
深Ⅱ度	真皮深层	可行或无水泡，壁厚，白色潮湿，基底上有小红斑点，水肿明显，痛觉迟钝，数日后如无感染可出现网状栓塞血管	3~4周后愈合，先结薄痂，脱痂后由残留上皮增生和创缘上皮爬行愈合，或痂下有疤。如残留上皮感染破坏则成Ⅲ度
Ⅲ度	全层皮肤，累及皮下用织或更深	皮革样，失去弹性和知觉，干、苍白或炭化，无水泡。痂下严重水肿，数日后出现粗大树枝状栓塞血管	3~5周焦痂自然分离，出现肉芽组织，范围小者可疤痕愈合，范围大再需要植皮

单纯热力烧伤创面的初期处理是尽可能简单清创，而化学烧伤清创要求剪除水泡、清除剥离的表皮及残存的化学致伤剂，尽量做到彻底清创。若情况许可应立即切除，

以清除化学物，终止其致伤作用。术后用弹力面罩、弹力绷带等加压以减少疤痕增生。

（四）危险化学品烧伤特征及救治

1. 发生化学品烧伤的种类和特性

发生危险化学品烧伤的种类和特性如表6-8所示。

表6-8　　　　　　　　　发生危险化学品烧伤的种类和特性

序号	种类	特性
1	酸烧伤	常见引起酸烧伤的化学物有盐酸、硫酸、硝酸、碳酸、三氯醋酸、氯磺酸氢氟酸等。酸与皮肤、黏膜接触后，可使组织蛋白凝固，形成一层薄膜（氢氟酸除外），从而保护创面免受继续损害，故酸烧伤一般较浅，常为Ⅱ度。但若高浓度的强酸接触时间较长，亦可引起Ⅲ度烧伤
2	氢氟酸烧伤	氢氟酸是氟化氢（HF）的水溶液，是一种强烈的腐蚀剂，除有一般酸类物质的作用外，还有强渗透性，并有溶解脂肪和脱钙的作用。烧伤病变较深常可使骨骼坏死，形成难以愈合的溃疡。若烧伤面积大，尚可出现低血钙症，导致心律紊乱。吸入其酸雾则可造成呼吸道损伤
3	氯磺酸烧伤	氯磺酸遇水时生产盐酸和硫酸并产生大量热，对皮肤、黏膜有强烈的刺激性和腐蚀性
4	磷及磷化物烧伤	磷在工业、农业、军火生产中应用广泛。磷的化合物中，磷化氢毒性剧烈，磷的氯化物与氧化物（如三氯化磷，五氯化磷，三氯氧磷及五氧化二磷等）属刺激性气体，可出现呼吸道损伤。磷的二种同素异形体中，以黄磷毒性最大，它溶于油脂，不溶于水，遇空气可自燃生成五氧化二磷，遇水成磷酸。黄磷经皮肤局部吸收后，约1~10h可发生肝脏损害，大面积严重烧伤时可并发肝、心、肺、肾等脏器损害
5	碱烧伤	常见碱烧伤的化学物有苛性碱（氢氧化钠、氢氧化钾）、石灰、氨水、电石等。碱烧伤的致伤特点为碱离子与组织蛋白结合，形成碱性化合物；碱性物质有吸水作用，吸出细胞水分，皂化脂肪组织，故碱对皮肤有较强的浸透性破坏作用。碱性蛋白是可溶性的，能使碱离子进一步深入到组织内，若不及时急救处理，会形成深度烧伤。如生石灰与水结合产生氢氧化钙并释放出大量的热而加重烧伤深度，成为化学烧伤和热烧伤的复合伤
6	铬酸烧伤	铬酸及铬盐在工业上用于制革、塑料、橡胶、纺织、印染和电镀等工业。铬盐腐蚀性和毒性大，铬酸烧伤常合并中毒。金属铬本身无毒，其化合物以六价铬毒性最大，在酸性条件下，六价铬可还原为三价铬；在碱性条件下，低价铬氧化成高价铬
7	苯酚烧伤	苯酚，又称酚、石炭酸、氢氧化苯，分子式C_6H_5OH，系白色、半透明针状结晶体。溶于水可达71%~97%（25℃），在乙醇、氯仿、乙醚、醋酸酯、甲苯、甘油和橄榄油中可溶解50%以上。纯酚与空气及日光接触变为粉红色。本品对皮肤、黏膜有强烈的腐蚀作用。低浓度酚能使蛋白变性，高浓度可使蛋内质沉淀，对各种细胞都有直接损害作用

2. 危险化学品烧伤的特征和急救治疗

危险化学品烧伤的特征和急救治疗如表6-9所示。

表6-9　　　　　　　　　危险化学品烧伤的特征和急救治疗

序号	化学烧伤类别	烧伤表现或临床特征和急救治疗
1	酸烧伤	1.临床特征 　不同的酸烧伤，其皮肤可有不同的颜色变化。例如硫酸烧伤创面呈青黑色或棕黑色；硝酸烧伤先呈黄色后转黄褐色；盐酸烧伤呈黄蓝色；苯酚烧伤先呈红色后转红棕色；三氯醋酸烧伤先呈白色，以后转为青铜色。痂皮的柔软度，亦为判断酸烧伤深浅的方法之一，浅度较软，深度较韧。痂皮色深、坚硬，如皮革样，脱水明显而皮陷者，多为Ⅲ度。酸与皮肤、黏膜接触后，不但使蛋白凝固，而且使细胞脱水，因此酸烧伤后一般水疱较少，除非同时伴有热力烧伤

续表

序号	化学烧伤类别	烧伤表现或临床特征和急救治疗
1	酸烧伤	2.急救治疗 （1）迅速脱去或剪去污染的衣服，烧伤创面立即用大量流动清水冲洗，冲洗时间约15~30min。硫酸创面需大量水快速冲洗，使之稀释，并使热量消散。 （2）清创，清除水泡，以防酸液残留创面。 （3）创面一般采用暴露疗法或半暴露疗法。 （4）头面部化学烧伤要注意对眼、呼吸道的处理，应防治化学性眼炎及肺水肿
2	氢氟酸烧伤	1.烧伤表现 （1）局部损伤早期出现红斑、局部肿胀及水泡，泡液为暗，红色和果酱色坏死后呈苍白色或灰白色大理石状，周围绕以红晕，痂为暗褐色。低浓度烧伤其创面疼痛于1~4h才出现。 （2）全身中毒经皮肤吸收引起急性氟中毒，出现抽搐、心律紊乱等低血钙症，甚至因室颤而死亡。呼吸道吸入致黏膜损伤，导致肺水肿或窒息
		2.急救治疗 立即用大量流动清水冲洗，对皮肤皱折及指甲沟处冲洗时间应延长大于30min。常用中和解毒疗法： （1）损伤部位用碱性肥皂洗涤及石灰水浸泡。 （2）用冰的氢氟酸烧伤治疗液浸泡或湿敷，也可制成霜剂外敷包扎（配方：5%氟化钙20mL+ 2%利多卡因20mL+地塞米松5mg+二甲基亚砜60mL）。 （3）季铵盐类溶液（氯化苄基二甲基铵）浸泡或湿敷。 （4）25%硫酸镁溶液浸泡、湿敷。 （5）钙离子直流电透入；烧伤部位以5%氯化钙溶液作阳极导入，同侧远端部位以生理盐水作阴极导入，每日1~2次，每次20~30min。 （6）动脉注射葡萄糖酸钙，在烧伤部位近端的桡动脉、股动脉、足背动脉等都可进行，即用10%葡萄糖酸钙10~20mL+ 25%葡萄糖溶液20~40mL动脉缓注
3	氯磺酸烧伤	1.烧伤表现 （1）烧伤皮肤痂皮坚韧、较硬，呈皮革样，颜色呈棕褐色或黑色，由于多为热和酸的复合伤，故常为深度烧伤。 （2）吸入其酸雾，对黏膜有明显刺激和腐蚀作用，常发生气管黏膜脱落、出血及肺水肿
		2.急救治疗 （1）皮肤污染后立即用大量流动清水冲洗，切忌用少量水冲洗，以免产生放热反应而加重损伤。 （2）消化道进入时可用2.5%氧化镁溶液或牛奶、豆浆、蛋清等口服。严禁洗胃，以免加重损伤而导致胃穿孔。 （3）合并中毒时按刺激性气体中毒治疗原则进行处理
4	磷及磷化物烧伤	1.烧伤表现 （1）创面冒白烟是嵌入皮肤之黄磷颗粒继续燃烧的特征，因为磷和磷化物烧伤通常均为热力烧伤和磷酸烧伤所致的复合伤。 （2）磷烧伤后，无机磷从创面被吸收可引起全身中毒，出现中毒性肝、心、肾等病变。 （3）浅Ⅱ度或深Ⅱ度烧伤时创面呈褐色焦痂，有大蒜味；Ⅲ度创面呈黑色。 （4）在黑暗环境中，创面能见到蓝绿色的荧光
		2.急救治疗 由于磷及其化合物都可从创面或黏膜吸收而引起全身中毒，故不论磷烧伤的面积大小，都要做好现场急救处理： （1）脱去污染的衣服，用大量流动清水清洗创面及其周围皮肤。若用少量清水冲洗，不仅不能使磷和其化合物冲掉，反而使磷向四周溢散，扩大烧伤面积。

续表

序号	化学烧伤类别	烧伤表现或临床特征和急救治疗
4	磷及磷化物烧伤	（2）创面处理清创前，将烧伤部位浸入冷水中，持续在流动水中浸浴更好。用1%~2%硫酸铜溶液清洗创面，硫酸铜的作用是与磷的表层结合成为不继续燃烧的磷化铜，减少对组织的破坏。如创面已不产生白烟，表示硫酸铜应用的量和时间已够，应停止使用。因为硫酸铜可从创面吸收，故大量应用时会产生溶血，造成中毒。用镊子将创面上的黑色磷化铜颗粒剔除，一般可在暗室中进行检查有无磷闪光物质，必须彻底清除。磷颗粒清除后，再用大量等渗盐水或清水冲洗，清除残余的硫酸铜液和磷燃烧的化合物；然后用5%碳酸氢钠溶液湿敷，中和磷酸，以减少继续对深部组织的损害。创面清洗干净后，一般应用包扎疗法，以免暴露时残余的磷与空气接触燃烧。为了减少磷及磷化合物的吸收以及防止其向深层破坏，对深度磷烧伤应采取早期切痂，防止磷中毒。 （3）全身支持，对症疗法有血红蛋白尿时，应及早用利尿、脱水剂，并碱化尿液；有呼吸困难或肺水肿时，要保持呼吸道通畅，给予吸氧，解痉药物雾化吸入，必要时做气管切开。并注意补液量不可过多，静脉注射10%葡萄糖酸钙 20~40mL，每日2~3次，直到低钙、高磷血症纠正。保肝治疗，给予高热量、高蛋白、高碳水化合物饮食及大剂量维生素及糖皮质激素。 （4）注意事项：创面忌用油脂性外用药或油纱布包敷，防止磷溶解在油脂内被吸收；磷烧伤面积大于2.5%者，有合并中毒性心、肝等病变之可能，应进行预防性治疗
5	碱烧伤	1.烧伤表现 （1）碱烧伤的创面特征因碱的性质、浓度、接触时间而异。不同浓度的苛性碱烧伤后，创面呈黏滑或肥皂状焦痂、潮红及小水泡，创面较深，往往都在深Ⅱ度以上。与碱性物质接触时间越长，皮肤越硬，如皮革样。 （2）石灰烧伤的创面较干燥，呈褐色，腐皮与皮肤的基底层附着，疼痛剧烈。氨烧伤时，经暴露干燥后创面成为黑色皮革状焦痂，浅度烧伤有水泡。 （3）碱烧伤常呈溶解性坏死，使创面继续加深，焦痂软，感染后易并发创面脓毒症。碱蒸气对眼和上呼吸道刺激强烈，常引起眼和上呼吸道烧伤 2.急救治疗 （1）及早用大量流动清水冲洗，冲洗时间不应少于20min，若伤后2h才冲洗，则烧伤可深及肌肉，甚至骨骼。苛性碱烧伤后要求冲洗至创面无滑腻感。冲洗后亦可用3%硼酸中和液，但用中和液后，应再用清水冲洗。 （2）创面冲洗干净后，最好采用暴露疗法。深度烧伤时应及早切痂植皮。 （3）全身处理同一般烧伤，注意口、鼻、咽喉等呼吸道烧伤，密切医学观察，及时进行对症处理，如喉头水肿而出现呼吸困难者，应做气管切开
6	铬酸烧伤	1.烧伤表现 （1）铬盐烧伤常同时合并火焰或热烧伤。铬烧伤后皮肤表面呈黄色。铬酸盐和重铬酸盐都可引起皮肤溃疡，俗称"铬疮"呈圆形，直径2~5mm，色苍白或暗红，边缘隆起，中央凹陷，表面高低不平。铬疮多见于手背，手指背面或其两侧。口鼻黏膜也可形成溃疡、出血，或鼻中隔穿孔。 （2）铬离子可从创面吸收引起全身中毒，肾脏是铬酸在体内排出的主要途径，故早期尿中就可出现蛋白、各种管型和血红蛋白，严重时可导致急性肾功能衰竭尿闭和尿毒症 2.急救治疗 （1）局部创面用大量流动清水冲洗，创面水疱应剪破清创后，用5%硫代硫酸钠液冲洗或湿敷，或用1%硫酸钠湿敷。也可用维生素C及焦亚硫酸各2份、酒石酸1份、葡萄糖1份和氯化铵1份配制成10%合剂，作为表面解毒剂，使6价铬还原，降低毒性，此合剂比清水冲洗更有效；亦可应用10%依地酸钙钠（Na$_2$Ca – EDTA）溶液冲洗创面，以减轻创面对铬离子的吸收。 （2）Ⅲ度铬烧伤伴有热力烧伤时，可以早期切痂、植皮。 （3）防止全身中毒，应及时氧疗、给予大剂量维生素C、输新鲜血或换血疗法，必要时进行人工肾透析疗法，以防止肾功能衰竭

续表

序号	化学烧伤类别	烧伤表现或临床特征和急救治疗
7	苯酚烧伤	**1.烧伤表现** （1）皮肤被苯酚烧伤后，出现棕绿色、棕褐色的酚尿。 （2）1%~2%苯酚溶液对皮肤有轻微刺激作用；5%溶液产生烧伤感；较高浓度的苯酚对皮肤有腐蚀作用，引起烧伤，烧伤的创面呈白色或黄色的痂皮或焦痂，严重者可引起皮肤组织坏死甚至坏疽。 （3）大面积的苯酚烧伤可经创面吸收中毒，引起肾小管坏死，并发急性肾功能衰竭，严重时可抑制血管、呼吸及体温调节中枢，引起血压下降甚至呼吸和循环衰竭
		2.急救治疗 （1）脱去被苯酚污染的衣服，在现场立即用大量流动清水冲洗创面20min以上，再用50%~70%酒精涂擦创面，然后再用水冲洗，也可用浸过甘油、聚乙二醇或聚乙二醇和酒精混合液（7:3）的棉布将酚擦去，然后用清水冲洗创面。 （2）用5%碳酸氢钠溶液湿敷1h，再用清水冲洗，根据烧伤部位采用暴露、半暴露疗法。 （3）深度烧伤宜早期切痂、植皮。 （4）为防止苯酚对肾脏损害，应大量补液，加用溶质利尿剂（24h用量为甘露醇3g/kg），使苯酚迅速自尿中排出。 （5）苯酚烧伤并发急性肾功能衰竭时，应及早腹膜透析或血液透析，以挽救病人的生命。 （6）并发全身中毒时，应进行密切的医学观察，注意神志、血压、呼吸和心率，及时对症处理

（五）化学性眼烧伤

1.概述

酸、碱等化学物质溅入眼部引起的损伤，称为化学性眼烧伤，其程度和愈合取决于化学物质的性质、浓度、渗透力以及化学物质与眼部接触的时间。结合膜、角膜的上皮细胞以及角膜内皮细胞均具亲脂性，而角膜基质和巩膜则具亲水性，故水溶性物质要穿透角膜及结合膜就比较困难，而脂溶性物质则易穿透而进入前房。酸是水溶性的，与组织接触后，在极短时间内可将组织间定形成痂膜，使酸不易再向深层穿透，因而损伤较碱烧伤轻；而碱性溶液可使组织皂化，形成胶样的碱性蛋白化合物，致碱液能继续穿透深层组织，引起虹膜睫状体炎、白内障或青光眼，甚至眼球萎缩。

2.眼睑烧伤

（1）眼睑烧伤表现。眼睑烧伤后，水肿严重，伤后36~48h最显著。水肿期间，眼睑常外翻，眼张不开，当水肿开始回吸收后，才逐渐消退。眼睑的浅度烧伤愈合后常不留疤痕，对功能影响也较小；深度烧伤愈合后，由于疤痕形成与挛缩，致眼睑外翻，闭合不能，角膜外露，易引起暴露性角膜炎，眼的分泌物增多，眼周创面潮湿软化，易发生感染。创面感染后，可进一步扩散至结膜囊内，引起结膜炎、角膜炎，甚至全眼球炎。

（2）急救治疗：

1）立即用自来水冲洗眼部，时间要充分，以去除和稀释化学物质。冲洗时，应注意穹窿部结膜，并去除坏死组织。石灰和电石颗粒烧伤时，应先用植物油棉签清除，再用水冲洗。对化学物性质不明的眼烧伤，可用石蕊试纸测定结膜囊液体的pH值。

2）浅度眼烧伤，要注意防止感染，局部用生理盐水冲洗后，可用抗生素；宜用暴露疗法，防止分泌物流入眼内，引起结膜炎或角膜炎。

3）深度烧伤可早期切痂、植皮。切痂范围要宽一些，以使皮肤收缩后，不致影响眼睑闭合。

3. 眼球烧伤

（1）眼球烧伤表现：

1）眼球烧伤后有疼痛、流泪、畏光、异物感及视力模糊等症状。

2）轻症者，部分结合膜充血、水肿，部分角膜上皮脱落，荧光素染色（＋）。如无感染，一般在一周内可痊愈。

3）重症者，结合膜坏死，呈灰白色，看不清血管网；角膜深层混浊，表面被盖薄膜，似毛玻璃状，瞳孔隐约可见。一般烧伤后2~3周在结合膜处出现血管，纤维组织和上皮细胞长入角膜毁损部分。愈合后形成白斑或薄翳。角膜烧伤易并发感染，感染后角膜很快混浊，前房积脓，结膜重度充血水肿，若治疗不及时，可致角膜溃烂，眼内容物脱出，严重时可致眼球感染。角膜损伤不能单以肉眼观察为准，尽可能用裂隙灯检查，借此了解眼部深层组织病变。

（2）急救治疗：

1）用大量清洁水持续冲洗，也可用盆将面部浸入水中，不断睁开眼睛，将损伤物清洗干净。一般冲洗时间应在20min以上。清水冲洗后，再用生理盐水冲洗，也可用弱碱弱酸中和液冲洗（酸烧伤用2%碳酸氢钠溶液，碱烧伤用1%~2%醋酸液或2%枸橼酸液），但必须在组织损伤前应用才有效果，但在现场急救时，应争分夺秒地用清洁水冲洗，而不强调用中和剂而延误冲洗时间。

2）清除眼内异物可用1%潘妥卡因作表面麻醉后，用拉钩轻轻拉开肿胀的眼睑，将异物用浸湿的棉签轻轻剔除。若为石灰烧伤，可用蘸油的棉签拭除石灰碎粒；磷烧伤时先用0.5%硫酸铜液洗眼，然后再剔除黑色的磷化铜碎粒。特别要注意穹窿部结膜皱褶处的化学物。

3）及早用抗生素眼液滴眼，防止感染，每0.5~4h滴一次。晚上临睡前，眼内涂以抗生素眼膏。若感染重，可在结膜下注射庆大霉素、多黏菌素等。

4）用1%阿托品液点眼散瞳，每日2~4次，防止并发虹膜睫状体炎，并用1%~5%狄奥宁溶液滴眼，每日2~4次。

5）糖皮质激素可阻止血管新生，有助于化学性炎症及渗出的改善，可静脉滴注。

但有角膜溃疡时，因可延缓伤口愈合，故不宜局部应用。在角膜溃疡愈合后，可用0.5%皮质激素滴眼，减少炎症及疤痕增生。

6）结合膜烧伤时，应防止睑球黏连，每口数次用玻璃棒分离黏连处。

7）为改善局部营养，减轻组织坏死，可用维生素A、D丸口服，小牛血清或人体纤维结合蛋白（Fn）溶于抗生素眼药水中滴眼，以及口服血管扩张药物，如地巴唑20~30mg或路丁20mg，每日3次。

8）角膜损伤严重时，可在结膜下注射自体血1~2mL，每日1次；或注射结膜囊内自体血清，以加强角膜、结膜组织再生，有营养角膜结膜上皮细胞和抗毒作用。

/ 第七章 /
危险化学品消防安全

第一节　燃烧和灭火

一、燃烧的要素

根据燃烧条件，燃烧必须同时具备可燃物、助燃物和点火源。

（1）可燃物。凡能与空气中的氧或氧化剂起剧烈反应的物质均称为可燃物。可燃物包括可燃固体，如煤、木材、纸张、棉花等；可燃液体，如汽油、酒精、甲醇等；可燃气体，如氢气、一氧化碳、液化石油气等。

（2）助燃物。凡能帮助和维持燃烧的物质，均称为助燃物。常见的助燃物是空气和氧气以及氯气和氯酸钾等氧化剂。

（3）点火源。凡能引起可燃物质燃烧的能源，统称为点火源。如明火、撞击、摩擦高温表面、电火花、光和射线、化学反应热等。

可燃物、助燃物和点火源是构成燃烧的3个要素，缺少其中任何一个，燃烧便不能发生；另外，燃烧反应在温度、压力、组成和点火能量等方面都存在极限值。在某些条件下，如可燃物未达到一定的浓度，助燃物数量不够，点火源不具备足够的温度或热量，即使具备了燃烧的3个条件，燃烧也不会发生。例如，氢气在空气中的浓度小于4%时就不能点燃，而一般可燃物质在空气中的氧气低于14%时也不会发生燃烧。对于已经进行着的燃烧，若消除其中一个条件，燃烧便会终止，这就是灭火的基本原理。

二、灭火的基本原理

灭火就是破坏燃烧条件使燃烧反应终止的过程，其基本原理归纳为冷却、窒息、隔离和化学抑制4个方面。

（1）冷却灭火。对一般可燃物来说，能够持续燃烧的条件之一就是它们在火焰或热的作用下达到了各自的着火温度。因此，对一般可燃物火灾，将可燃物冷却到其燃点或闪点以下，燃烧反应就会中止。水的灭火机理主要是冷却作用。

（2）窒息灭火。各种可燃物的燃烧都必须在其最低氧气浓度以上进行，否则燃烧不能持续进行。因此，通过降低燃烧物周围的氧气浓度可以起到灭火的作用。通常使用的二氧化碳、氮气、水蒸气等的灭火机理主要是阻氧作用。

（3）隔离灭火。把可燃物与引火源或氧气隔离开来，燃烧反应就会自动中止。火灾中，关闭有关阀门，切断流向着火区的可燃气体和液体的通道；打开有关阀门，使已经发生燃烧的容器或受到火势威胁的容器中的液体可燃物通过管道导至安全区域，都是隔离灭火的措施。

（4）化学抑制灭火。就是使用灭火剂与链式反应的中间体自由基反应，从而使燃烧的链式反应中断使燃烧不能持续进行。常用的干粉灭火剂、卤代烷灭火剂的主要灭火机理就是化学抑制作用。

三、灭火器的类型选择和数量设置

灭火器的类型选择和数量设置可参考表7-1。

表7-1　　　　　　　　　灭火器的类型选择和数量设置

（引自DB 11/755—2010）

场所	类型选择	数量设置
甲、乙类火灾危险性的库房	泡沫灭火器 干粉灭火器	1个/80m²
丙类火灾危险性的库房	泡沫灭火器 清水灭火器 酸碱灭火器	一个/100m²
液化石油气、可燃气体罐区	干粉灭火器	按储罐数量计算，每罐设2个
易燃和可燃液体装卸栈台	泡沫灭火器 干粉灭火器	按栈台长度每10~15m设1个
办公区域	泡沫灭火器 清水灭火器 酸碱灭火器	1个/50~80m²

注　表内灭火器数量是指手提式灭火器（即10L泡沫灭火器、80kg干粉灭火器、5kg二氧化碳灭火器）的数量。

第二节　危险化学品防火防爆措施

一、气态危险化学品的防火防爆措施

气态危险化学品的火灾爆炸危险主要来自在常温下以气态存在的易燃气体。易燃气体是指在空气中遇火、受热或与氧化剂接触能燃烧或爆炸的气体，如氢气、乙炔气、石油液化气、城市煤气等。

气态物质与液态、固态物质燃烧过程不同，不需要蒸发、熔化等过程，在常温下已具备好了燃烧条件，只需外界提供氧化剂或分解物和点火源就能燃烧。比液态、固

态物质易于起火。

气态危险化学品的防火防爆措施如下：

（1）控制热源。对气态危险化学品，应控制热源（着火源），在使用、储存可燃气体的场所，要严禁火种。

（2）做好泄漏检查。在使用、储存易燃气体的大、中型场所，应配置可燃气体监控式检漏报警装置和便携式检漏报警装置。

（3）过压保护装置。充装气体的容器都是压力容器，因此应严格控制压力容器中相关超压保护装置的有效性，如安全阀、防爆膜、易熔塞等安全装置，保证其不得被油漆污垢等堵塞，也不得有损伤。应定期对安全附件进行检查和维修校验。

（4）高压气瓶的搬运、存放和充装应注意：

1）在搬动存放气瓶时，应装上防震垫圈，旋紧安全帽，以保护开关阀，防止其意外转动和减少碰撞。

2）搬运充装有气体的气瓶时，最好用特制的担架或小推车，也可以用手平抬或垂直转动。但绝不允许用手执着开关阀移动。

3）充装有气的气瓶装车运输时，应妥善加以固定，避免途中滚动碰撞；装卸车时应轻抬轻放，禁止采用抛丢、下滑或其他易引起碰击的方法。

4）充装有互相接触后可引起燃烧、爆炸气体的气瓶（如氢气瓶和氧气瓶），不能同车搬运或同存一处，也不能与其他易燃易爆物品混合存放。

5）气瓶瓶体有缺陷、安全附件不全或已损坏，不能保证安全使用的，切不可再送去充装气体，应送交有关单位检查合格后方可使用。

（5）一般高压气瓶使用原则：

1）高压气瓶必须分类分处保管，直立放置时要固定稳妥；气瓶要远离热源，避免曝晒和强烈振动；一般实验室内存放气瓶量不得超过两瓶。

2）在钢瓶肩部，用钢印打出下述标记：制造厂、制造日期、气瓶型号、工作压力、气压试验压力、气压试验日期及下次送验日期、气体容积、气瓶重量。

3）为了避免各种钢瓶使用时发生混淆，常将钢瓶上漆上不同颜色，写明瓶内气体名称。

4）高压气瓶上选用的减压器要分类专用，安装时螺扣要旋紧，防止泄漏；开、关减压器和开关阀时，动作必须缓慢；使用时应先旋动开关阀，后开减压器；用完，先关闭开关阀，放尽余气后，再关减压器。切不可只关减压器，不关开关阀。

5）使用高压气瓶时，操作人员应站在与气瓶接口处垂直的位置上。操作时严禁敲打撞击，并经常检查有无漏气，应注意压力表读数。

6）氧气瓶或氢气瓶等，应配备专用工具，并严禁与油类接触。操作人员不能穿戴沾有各种油脂或易感应产生静电的服装手套操作，以免引起燃烧或爆炸。

7）可燃性气体和助燃气体气瓶，与明火的距离应大于10m（确难达到时，可采取隔离等措施）。

8）用后的气瓶，应按规定留0.05MPa以上的残余压力。可燃性气体应剩余0.2~0.3MPa（2~3kg/cm²表压），H_2应保留2MPa，以防重新充气时发生危险，不可用完用尽。

9）各种气瓶必须定期进行技术检查。充装一般气体的气瓶应每3年检验一次；如在使用中发现有严重腐蚀或严重损伤的，应提前进行检验。

（6）几种特殊气体的性质和安全：

1）乙炔。乙炔是极易燃烧、容易爆炸的气体。含有7%~13%乙炔的乙炔—空气混合气，或含有30%乙炔的乙炔—氧气混合气最易发生爆炸。乙炔和氯、次氯酸盐等化合物也会发生燃烧和爆炸。

存放乙炔气瓶的地方，要求通风良好。使用时应装上回闪阻止器，还要注意防止气体回缩。如发现乙炔气瓶有发热现象，说明乙炔已发生分解，应立即关闭气阀，并用水冷却瓶体，同时最好将气瓶移至远离人员的安全处加以妥善处理。发生乙炔燃烧时，绝对禁止用四氯化碳灭火。

2）氢气。氢气密度小，易泄漏，扩散速度很快，易和其他气体混合。氢气与空气混合气的爆炸极限：空气中含量为18.3：59.0（体积），此时，极易引起自燃自爆，燃烧速度约为2.7m/s。

氢气应单独存放，最好放置在室外专用的小屋内，以确保安全，严禁放在实验室内，严禁烟火。应旋紧气瓶开关阀。

3）氧气。氧气是强烈的助燃烧气体，高温下，纯氧十分活泼；温度不变而压力增加时，可以和油类发生急剧的化学反应，并引起发热自燃，进而产生强烈爆炸。

氧气瓶一定要防止与油类接触，并绝对避免让其他可燃性气体混入氧气瓶；禁止用（或误用）盛其他可燃性气体的气瓶来充灌氧气。氧气瓶禁止放于阳光暴晒的地方。

4）氧化亚氮（笑气）。氧化亚氮具有麻醉兴奋作用，受热时可分解成为氧和氮的混合物，如遇可燃性气体即可与此混合物中的氧化合燃烧。

二、液态危险化学品的防火防爆措施

液态危险化学品的火灾爆炸危险主要来自易燃液体，其大都是有机化合物，很多是属于石油化工产品，常温下极易着火燃烧。

液态危险化学品的防火防爆措施为：

（1）使用、储存易燃液体的场所应是一、二级耐火建筑，通风良好，周围严禁烟火，远离火种、热源、氧化剂及酸类等，并根据有关规程标准来选用防爆电器。

（2）夏季仓库应采取隔热降温措施，对于低沸点的乙醚、二硫化碳、石油醚宜采取降温冷藏措施。在装卸和搬运中要轻拿轻放，严禁滚动、摩擦、拖拉等危及安全的操作。

（3）作业时禁止使用易产生火花的铁制工具及脚穿带铁钉的鞋。

（4）易燃液体在灌装时，容器内应留有5%以上的空隙，以防止易燃液体受热膨胀而发生燃烧或爆炸事故。易燃液体不得与其他危险化学品混放。

（5）实验室内可设危险品柜，将应用的少量瓶装易燃液体按性质分格储存，固体放在上格，液体放在下格；同一格内不得混放氧化剂、还原剂等性质相抵触的物品。

（6）绝大多数易燃液体的蒸气具有一定的毒性，会从呼吸道侵入人体而造成危害，应特别注意易燃液体的包装是否完好。

三、固态危险化学品的防火防爆措施

固态危险化学品（不包括已列入爆炸）通常定义为：受热、摩擦、冲击或与氧化剂接触能发生剧烈化学反应，能引起燃烧，其粉尘更具有爆炸性的固态化学品。按其燃烧条件不同，分为易燃固体、自然物品、遇湿易燃物品。此外，在氧化剂和有机过氧物的分类中，大部分货物都属于固态的危险化学品。

固态危险化学品的防火防爆措施为：

（1）固态危险化学品应尽量少储存，即领即用。

（2）除了与液态危险化学品的防火防爆措施相同外，还需特别注意不同类别要分类存放，并根据特性准备相应的灭火器材和设施，不可误用。

（3）易燃固体、自然物品发生火灾爆炸时，一般都可用水和泡沫扑救；少数不行，如三硫化二磷、铝粉、烷基铝、保险粉等，应根据具体情况选择干砂或不用压力喷射的干粉扑救。

（4）遇湿易燃物品如金属钾、钠以及三乙基铝（液态）等，由于灭火措施特殊，在储存时要求分库或隔离分堆单独储存。这类物品中有一定数量是绝对禁止用水、泡沫、酸碱灭火器等湿性灭火剂来扑救的。

（5）从灭火角度来看，氧化剂和有机过氧化物是一个杂类，既有固体、液体，又有气体，既不像遇湿易燃物品那样一概不能用水或泡沫扑救，也不像易燃固体那样几乎都可以用水和泡沫扑救。有些氧化剂本身不燃，但遇可燃物品或酸碱却能着火爆炸，有些可用水（最好雾状水）和泡沫扑救，有些木能用二氧化碳扑救，而酸碱灭火剂则几乎都不适用。

第三节　危险化学品灭火方法

一、各类危险化学品灭火方法

各类危险化学品灭火方法参见表7-2。

表7-2　　　　　　　　各类危险化学品灭火方法

（引自GB 17914—2013、GB 17915—2013、GB 17916—2013）

序号	类别	品名	灭火方法	禁用灭火剂
1	爆炸品	黑药	雾状水	
		化合物	雾状水、水	
2	压缩气体和液体气体	压缩气体和液化气体	大量水，冷却钢瓶	
3	易燃液体	中、低、高闪点易燃液体	泡沫、干粉	
		甲醇、乙醇、丙酮	抗溶泡沫	
4	易燃固体	易燃固体	水、泡沫	
		发乳剂	水、干粉	酸碱泡沫
		硫化磷	干粉	水
5	自燃物品	自燃物品	水、泡沫	
		烃基金属化合物	干粉	水
6	遇湿易燃物品	遇湿易燃物品	干粉	水
		钠、钾	干粉	水、二氧化碳、四氯化碳
7	氧化剂和有机过氧化物	氧化剂和有机过氧化物	雾状水	
		过氧化钠、钾、镁、钙等	干粉	水
8	无机剧毒品	砷酸、砷酸钠	水	
		砷酸盐、砷及其化合物、亚砷酸、亚砷酸盐	水、沙土	
		亚硒酸盐、亚硒酸酐、硒及其化合物	水、沙土	
		硒粉	沙土、干粉	水
		氯化汞	水、沙土	
		氰化物、氰熔体、淬火盐	水、沙土	酸碱泡沫
		氢氰酸溶液	二氧化碳、干粉、泡沫	
9	有机剧毒品	敌死通、氯化苦、氟磷酸异丙酯、1240乳剂、3911、1440	沙土、水	
		四乙基铅	干沙、泡沫	

续表

序号	类别	品名	灭火方法	禁用灭火剂
9	有机剧毒品	马钱子碱	水	
		硫酸二甲酯	干沙、泡沫、二氧化碳、雾状水	
		1605乳剂、1059乳剂	水、沙土	酸碱泡沫
10	无机有毒品	氟化钠、氟化物、氟硅酸盐、氧化铅、氯化钡、氧化汞、汞及其化合物、碲及其化合物、碳酸铍、铍及其化合物	沙土、水	
11	有机有毒品	氰化二氯甲烷、其他含氰的化合物	二氧化碳、雾状水、沙土	
		苯的氯代物（多氯代物）	沙土、泡沫、二氧化碳、雾状水	
		氯酸酯类	泡沫、水、二氧化碳	
		烷烃（烯烃）的溴代物，其他醛、醇、酮、酯、苯等的溴化物	泡沫、沙土	
		各种有机物的钡盐、对硝基苯氯（溴）甲烷	沙土、泡沫雾状水	
		肼的有机化合物、草酸、草酸盐类	沙土、水、泡沫、二氧化碳	
		草酸酯类、硫酸酯类、磷酸酯类	泡沫、水、二氧化碳	
		胺的化合物、苯胺的各种化合物、盐酸苯二胺（邻、间、对）	沙土、泡沫、雾状水	
		二氨基甲苯、乙萘胺、二硝基二苯胺、苯肼及其化合物、苯酚的有机化合物、含硝基的苯酚钠盐、硝基苯酚、苯的氯化物	沙土、泡沫、雾状水、二氧化碳	
		糠醛、硝基萘	泡沫、二氧化碳、雾状水、沙土	
		滴滴涕原粉、毒杀酚原粉、666原粉	泡沫、沙土	
		氯丹、敌百虫、马拉松、烟雾剂、安妥、苯巴比妥钠盐、阿米妥尔及其钠盐、赛力散原粉、1–萘甲腈、炭疽芽孢苗、乌巴因、粗蒽、依米丁及其盐类、苦杏仁酸、戊巴比妥及其钠盐	水、沙土、泡沫	

续表

序号	类别	品名	灭火方法	禁用灭火剂
12	腐蚀品	发烟硝酸、硝酸	雾状水、沙土、二氧化碳	高压水
		发烟硝酸、硫酸	干沙、二氧化碳	水
		盐酸	雾状水、沙土、干粉	高压水
		磷酸、氢氟酸、氢溴酸、溴素、氢碘酸、氟硅酸、氟硼酸	雾状水、沙土、二氧化碳	高压水
		高氯酸、氯磺酸	干沙、二氧化碳	
		氯化硫	干沙、二氧化碳、雾状水	高压水
		磺酰氯、氯化亚砜	干沙、干粉	水
		氯化铬酰、三氯化磷、三溴化磷	干粉、干沙、二氧化碳	水
		五氯化磷、五溴化磷	干沙、干粉	水
		四氯化硅、三氯化铝、四氯化钛、五氯化锑、五氧化磷	干沙、二氧化碳	水
		甲酸	雾状水、二氧化碳	高压水
		溴乙酰	干沙、干粉、泡沫	高压水
		苯磺酰氯	干沙、干粉、二氧化碳	水
		乙酸、乙酸酐	雾状水、沙土、二氧化碳、泡沫	高压水
		氯乙酸、乙氯乙酸、丙烯酸	雾状水、沙土、泡沫、二氧化碳	高压水
		氢氧化钠、氢氧化钾、氢氧化锂	雾状水、沙土	高压水
		硫化钠、硫化钾、硫化钡	沙土、二氧化碳	水或酸、碱式灭火剂
		水合肼	雾状水、泡沫、干粉、二氧化碳	
		氨水	水、沙土	
		次氯酸钙	水、沙土、泡沫	
		甲醛	水、泡沫、二氧化碳	

二、灭火一般注意事项

（1）正确选择灭火剂并充分发挥其效能。常用的灭火剂有水、蒸汽、二氧化碳、干粉和泡沫等。由于灭火剂的种类较多，效能各不相同，所以在扑救火灾时，一定要根据燃烧物料的性质、设备设施的特点、火源点部位（高、低）及其火势等情况，选择冷却、灭火效能特别高的灭火剂扑救火灾，充分发挥灭火剂各自的冷却与灭火的最大效能。

（2）注意保护重点部位。例如，当某个区域内有大量易燃易爆或毒性化学物质时，就应该把这个部位作为重点保护对象，在实施冷却保护的同时，要尽快地组织力量消灭其周围的火源点，以防灾情扩大。

（3）防止复燃复爆。将火灾消灭以后，要留有必要数量的灭火力量继续冷却燃烧区内的设备、设施、建（构）筑物等，消除着火源，同时将泄漏出的危险化学品及时处理。对可以用水灭火的场所要尽量使用蒸汽或喷雾水流稀释，排除空间内残存的可燃气体或蒸气，以防止复燃复爆。

（4）防止高温危害。火场上高温的存在不仅造成火势蔓延扩大，也会威胁灭火人员安全。可以使用喷水降温、利用掩体保护、穿隔热服装保护、定时组织换班等方法避免高温危害。

（5）防止毒物危害。发生火灾时，可能出现一氧化碳、二氧化碳、二有毒物质。在扑救时，应当设置警戒区，进入警戒区的抢险人员应当佩戴个体防护装备，并采取适当的手段消除毒物。

三、几种特殊化学品火灾扑救注意事项

（1）扑救气体类火灾时，切忌盲目扑灭火焰，在没有采取堵漏措施的情况下，必须保持稳定燃烧。否则，大量可燃气体泄漏出来与空气混合，遇点火源就会发生爆炸，造成严重后果。

（2）扑救爆炸物品火灾时，切忌用沙土盖压盖，以免增强爆炸物品的爆炸威力；另外扑救爆炸物品堆垛火灾时，水流应采用吊射，避免强力水流直接冲击堆垛，以免堆垛倒塌引起再次爆炸。

（3）扑救遇湿易燃物品火灾时，绝对禁止用水、泡沫、酸碱等湿性灭火剂扑救。一般可使用干粉、二氧化碳、卤代烷扑救，但钾、钠、铝、镁等物品用二氧化碳、卤代烷无效。固体遇湿易燃物品应使用水泥、干沙、干粉、硅藻土等覆盖。对镁粉、铝粉等粉尘，切忌喷射有压力的灭火剂，以防止将粉尘吹扬起来，引起粉尘爆炸。

（4）扑救易燃液体火灾时，比水轻又不溶于水的液体用直流水、雾状水灭火往往无效，可用普通蛋白泡沫或轻泡沫扑救；水溶性液体最好用抗溶性泡沫扑救。

（5）扑救毒害和腐蚀品的火灾时，应尽量使用低压水流或雾状水，避免腐蚀品、毒害品溅出；遇酸类或碱类腐蚀品最好调制相应的中和剂稀释中和。

（6）易燃固体、自燃物品火灾一般可用水和泡沫扑救，只要控制住燃烧范围，逐

步扑灭即可。但有少数易燃固体、自燃物品的扑救方法比较特殊。如2，4-二硝基苯甲醚、二硝基萘、萘等是易升华的易燃固体，受热放出易燃蒸气，能与空气形成爆炸性混合物，尤其是在室内，易发生爆炸。在扑救过程中应不时向燃烧区域上空及周围喷射雾状水，并消除周围一切点火源。

第四节　灭火剂与灭火器

一、几种常用灭火剂

1.水

水是自然界中分布最广、最廉价的灭火剂，由于水具有较高的比热容［4.186J/（g·℃）］和潜化热（2260J/g），在灭火中其冷却作用十分明显，其灭火机理主要依靠冷却和窒息作用进行灭火。水灭火剂的主要缺点是产生水渍损失和造成污染、不能用于带电火灾的扑救。

2.泡沫灭火剂

泡沫灭火剂是通过与水混溶、采用机械或化学反应的方法产生泡沫的灭火剂。一般由化学物质、水解蛋白或由表面活性剂和其他添加剂的水溶液组成。通常有化学泡沫灭火剂、机械脘基泡沫灭火剂、洗涤剂泡沫灭火剂。泡沫灭火剂的灭火机理主要是冷却、窒息作用，即在着火的燃烧物表面上形成一个连续的泡沫层，通过泡沫本身和所析出的混合液对燃烧物表面进行冷却，以及通过泡沫层的覆盖作用使燃烧物与氧隔绝而灭火。泡沫灭火剂的主要缺点是水渍损失和污染、不能用于带电火灾的扑救。

目前，在灭火系统中使用的泡沫主要是空气机械脘基泡沫。按发泡倍数可分为3种：发泡倍数在20倍以下的称为低倍数泡沫；在21~200倍之间的称为中倍数泡沫；在201~1000倍之间的称为高倍数泡沫。

3.干粉灭火剂

干粉灭火剂是用于灭火的干燥、易于流动的微细粉末，由具有灭火效能的无机盐和少量的添加剂经干燥、粉碎、混合而成微细固体粉末组成。主要是化学抑制和窒息作用灭火。除扑救金属火灾的专用干粉灭火剂外，常用干粉灭火剂一般分为BC干粉灭火剂和ABC干粉灭火剂两大类，如碳酸氢钠干粉、改性钠盐干粉、磷酸二氢铵干粉、磷酸氢二铵干粉、磷酸干粉等。

干粉灭火剂主要通过在加压气体的作用下喷出的粉雾与火焰接触、混合时发生的物理、化学作用灭火。一是靠干粉中的无机盐的挥发性分解物与燃烧过程中燃烧物质所产生的自由基或活性基发生化学抑制和负化学催化作用，使燃烧的链式反应中断而灭火；二是靠干粉的粉末落到可燃物表面上，发生化学反应，并在高温作用下形成一层覆盖层，从而隔绝氧窒息灭火。干粉灭火剂的主要缺点是对于精密仪器火灾易造成污染。

4. 二氧化碳灭火剂

二氧化碳是一种气体灭火剂，在自然界中存在也较为广泛，价格低，获取容易，其灭火主要依靠窒息作用和部分冷却作用。主要缺点是灭火需要浓度高，会使人员受到窒息毒害。

5. 卤代烷灭火剂

卤代烷灭火剂的灭火机理是卤代烷接触高温表面或火焰时，分解产生的活性自由基，通过溴和氟等卤素氢化物的负化学催化作用和化学净化作用，大量捕捉、消耗燃烧链式反应中产生的自由基，破坏和抑制燃烧的链式反应，而迅速将火焰扑灭；是靠化学抑制作用灭火。另外，还有部分稀释氧和冷却作用。卤代烷灭火剂主要缺点是破坏臭氧层。常用的卤代烷灭火剂有1211和1301两种。1211灭火剂的分子式为CF_2ClBr，是一种低沸点的液化气体，具有灭火效力高，毒性低，腐蚀性小，久储不变质，灭火后不留痕迹，不污染被保护物，电绝缘性能好等优点，但其化学稳定性较好，对大气中臭氧层破坏较严重，为此国际上先进工作国家已开始淘汰。1301灭火剂的毒性较低，在卤代烷灭火剂中毒性是较低的一种，因此可在有人状态下使用，但1301的稳定性比1211灭火剂更好，对大气中臭氧层的破坏更大，因此也是要被取代的产品。

二、几种常用灭火器使用方法

灭火器是由筒体、器头、喷嘴等部件组成，借助驱动压力将所充装的灭火剂喷出，达到灭火的目的。是扑救初起火灾的重要消防器材。灭火器按所充装的灭火剂可分为泡沫、干粉、卤代烷、二氧化碳、酸碱、清水等几类。

1. 泡沫灭火器

泡沫灭火器指灭火器内充装的为泡沫灭火剂，可分为化学泡沫灭火器和空气泡沫灭火器。

（1）化学泡沫灭火器内装硫酸铝（酸性）和碳酸氢钠（碱性）两种化学药剂。使用时，两种溶液混合引起化学反应产生泡沫，并在压力作用下喷射出去进行灭火。空气泡沫灭火器充装的是空气泡沫灭火剂，它的性能优良，保存期长，灭火效力高，使用方便，是化学泡沫灭火器的更新换代产品。它可根据不同需要充装蛋白泡沫、氟蛋白泡沫、聚合物泡沫、轻水（水成膜）泡沫和抗溶性泡沫等。

（2）泡沫灭火器的适用范围是B类、A类火灾，不适用带电火灾和C、D类火灾。抗溶泡沫灭火器还可以扑救水溶性易燃、可燃液体火灾。

（3）化学泡沫灭火器的使用方法：手提筒体上部的提环靠近火场，在距着火点10m左右，将筒体颠倒过来，一只手握紧提环，另一只手握住筒体的底圈，将射流对准燃烧物。在扑救可燃液体火灾时，如已呈流淌状燃烧，则将泡沫由远及近喷射，使泡沫完全覆盖在燃烧液面上；如在容器内燃烧，应将泡沫射向容器内壁，使泡沫沿容器内壁流淌，逐步覆盖着火液面。切忌直接对准液面喷射，以免由于射流的冲击将燃烧的液体冲出容器而扩大燃烧范围。在扑救固体火灾时，应将射流对准燃烧最猛烈处进行灭火。在使用过程中，灭火器应当始终处于倒置状态，否则会中断喷射。

（4）化学泡沫灭火器的维护保养要求如下：

1）放置于阴凉、干燥、通风，并取用方便的部位。不可靠近高温或受日光曝晒以防碳酸氢钠分解，冬季要防冻，并定期检查喷嘴是否堵塞，使之保持通畅。

2）每年定期检查碳酸氢钠溶液是否失效。检查方法是从筒体内取出3份碳酸氢钠溶液，在瓶胆内取出1份硫酸铝溶液，将两种溶液迅速一起到入量杯内，看产生的泡沫是否大于4份溶液体积的6倍以上。如小于6倍，则应更换灭火剂。

3）每次更换灭火药剂或使用期已满2年以上的，应每年进行水压试验，试验压力为该灭火器试验压力的1.5倍，试验合格后方可继续使用，并在灭火器上标明试压试验日期。

（5）空气泡沫灭火器的使用方法：将灭火器提到距着火物6m左右，拔出保险销，一只手握住开启压把，另一只手紧握喷枪，用力捏紧开启压把，打开密封或刺穿储气瓶密封片，空气泡沫即可从喷枪中喷出。灭火方法与化学泡沫灭火器相同。但与化学泡沫灭火器不同的是，空气泡沫灭火器在使用时，灭火器应当是直立状态的，不可颠倒或横卧使用，否则会中断喷射；也不能松开开启压把，否则也会中断喷射。

（6）空气泡沫灭火器的维护保养如下：

1）灭火器应当放置在阴凉、干燥、通风，并取用方便的部位。环境温度应为4~40℃，冬季应注意防冻。

2）定期检查喷嘴是否堵塞，使之保持通畅。每半年检查灭火器是否有工作压力。对储压式空气泡沫灭火器只需检查压力显示表，如表针指向红色区域即应及时进行修理；对储气瓶式空气泡沫灭火器，则要打开器盖检查二氧化碳储气瓶，检查称重是否与钢瓶上的重量一致，如小于钢瓶总重量25g以上的，应当进行检查修理。

3）每次更换灭火剂或者出厂已满3年的，应对灭火器进行水压强度试验，水压强度合格才能继续使用。

4）灭火器的检查应当由经过培训的专业人员进行，维修应由取得维修许可证的专业单位进行。

2. 二氧化碳灭火器

二氧化碳灭火器利用其内部充装的液态二氧化碳的蒸气压将二氧化碳喷出灭火。由于二氧化碳灭火剂具有灭火不留痕迹，并有一定的电绝缘性能等特点，因此更适宜于扑救600V以下的带电电器、贵重设备、图书资料、仪器仪表等场所的初起火灾，以及一般可燃液体的火灾。即其适用范围是A、B类火灾和低压带电火灾。

（1）在使用二氧化碳灭火器灭火时，将灭火器提到或扛到火场，在距燃烧物5m左右，放下灭火器，拔出保险销，一只手握住喇叭筒根部的手柄，另一只手紧握启闭阀的压把，对没有喷射软管的二氧化碳灭火器，应把喇叭筒往上扳70°~90°，使用时不能直接用手抓住喇叭筒外壁或金属连接管，以防止手被冻伤。灭火时，当可燃液体呈流淌状燃烧时，使用者应将二氧化碳灭火剂的喷流由近而远向火焰喷射；如果可燃液体在容器内燃烧时，使用者应将喇叭筒提起，从容器的一侧上部向燃烧的容器中喷射，但不能将二氧化碳射流直接冲击在燃液面上，以防止可燃液体冲出容器而扩大火势，造成灭火困难。

（2）推车式二氧化碳灭火器一般由两个人操作，使用时由两人一起将灭火器推或拉到燃烧处，在离燃烧物10m左右停下，一人快速取下喇叭筒并展开喷射软管后，握住喇叭筒根部的手柄，另一人快速按顺时针方向旋动手轮，并开到最大位置。灭火方法与手提式的方法一样。

使用二氧化碳灭火器时，在室外使用的，应选择在上风方向喷射，在室内窄小空间使用的，灭火后操作者应迅速离开，以防窒息。

（3）二氧化碳灭火器的维护保养如下：

1）灭火器存放在阴凉、干燥、通风处，不得接近火源，环境温度应在-5~45℃之间。

2）灭火器每半年应检查一次重量，用称重法检查。称出的重量与灭火器钢瓶底部打的钢印总重量相比较，如果低于钢印所示量50g的，应送维修单位检修。

3）每次使用后或每隔5年，应送维修单位进行水压试验。水压试验压力应与钢瓶底部所打钢印的数值相同，水压试验同时还应对钢瓶的残余变形率进行测定，只有水压试验合格且残余变形率小于6的钢瓶才能继续使用。

3. 卤代烷灭火器

凡内部充装卤代烷灭火剂的灭火器统称为卤代烷灭火器。常用的有1211和1301灭火器。

（1）1211灭火器利用装在筒体内的氮气压力将1211灭火剂喷出灭火。由于1211灭火剂是化学抑制灭火，其灭火效率很高，具有无污染、绝缘等优点，可适用于除金属火灾外的所有火灾，尤其适用于扑救精密仪器、计算机、珍贵文物及贵重物资仓库等的初起火灾。

（2）1211灭火器在使用时，应手提灭火器的提把或肩扛灭火器将灭火器带到火场。在距燃烧物5m左右，放下灭火器，先拔出保险销，一手揿住开启压把，另一手握在喷射软管前端的喷嘴处，如灭火器无喷射软管，可一手握住开启压把，另一手扶住灭火器底部的底圈部分。先将喷嘴对准燃烧处，用力握紧开启压把，使灭火器喷射。当被扑救可燃液体呈流淌状燃烧时，使用者应对准火点由近而远并左右扫射，向前快速推进，直至火焰全部扑灭。如果可燃液体在容器中燃烧，应对准火焰左右晃动扫射，当火焰被赶出容器时，喷射流跟着火焰扫射，直至把火焰全部扑灭，但应注意不能将喷流直接喷射在燃烧液面上以防止灭火剂的冲力将可燃液体冲出容器而扩大火势，造成灭火困难。如果扑救可燃固体物质的初起表面火灾时，则将喷流对准燃烧最猛烈处喷射，当火焰被扑灭后，应及时采取措施，不让其复燃。1211灭火器使用时不能颠倒，也不能横卧，否则灭火剂不会喷出。另外在室外使用时，应选择在上风方向喷射，在窄小空间的室内灭火时，灭火后操作者应迅速撤离，因1211灭火剂也有一定毒性，以防对人体的伤害。

（3）1211灭火器的维护保养如下：

1）应存放在通风、干燥、阴凉及取用方便的场合，环境温度应在–10~45℃之间为好。

2）不要存放在加热设备附近，也不应放在有阳光直晒的部位及有强腐蚀性的地方。

3）每隔半年左右检查灭火器上显示内部压力的显示器，如发现指针已降到红色区域时，应及时送维修部门检修。

4）每次使用后不管是否有剩余应送维修部门进行再充装，每次再充装前或出厂3年以上的，应进行水压试验，试验压力与标签上所标的值相同，试验合格方可继续使用。

5）如灭火器上无内部压力显示表的，可采用称重的方法，当称出的重量小于标签所标明重量的90%时，应送维修部门修理。在实际购买时应选购有内部压力显示表的1211灭火器为好。

（4）1301灭火器内部充入的灭火剂为三氟一溴甲烷，该灭火剂是无色透明状液体，但它的沸点较低，蒸气压力较高，因此1301灭火器筒体受压较大，其壁厚也较厚，尤其应注意不能将1301灭火剂充灌到1211灭火器筒体内，否则极易发生爆炸危险。

（5）1301灭火器的使用方法和适用范围与1211灭火器相同，但由于1301灭火剂喷出成气雾状，在室外有风状态下使用时，其灭火能力没有1211灭火器高，因此更应在上风方向喷射。

（6）1301灭火器的维护方法与1211灭火器相同。

4. 干粉灭火器

干粉灭火器以液态二氧化碳或氮气作动力，将灭火器内干粉灭火剂喷出进行灭火。它适用于扑救石油及其制品、可燃液体、可燃气体、可燃固体物质的初起火灾等。由于干粉有50kV以上的电绝缘性能，因此也能扑救带电设备火灾。这种灭火器广泛应用于工厂、矿山、油库及交通等场所。

（1）干粉灭火器适用范围：碳酸氢钠干粉灭火器适用于易燃、可燃液体、气体及带电设备的初起火灾；磷酸铵盐干粉灭火器除可用于上述几类火灾外，还可扑救固体类物质的初起火灾。但都不能扑救轻金属燃烧的火灾。

（2）在使用干粉灭火器灭火时，可手提或肩扛灭火器快速奔赴火场，在距燃烧物5m左右，放下灭火器。如在室外，应选择在上风方向喷射。使用的干粉灭火器若是外挂式储气瓶的，操作者应一手紧握喷枪，另一手提起储气瓶上的开启提环。如果储气瓶的开启是手轮式的，则按逆时方向旋开，并旋到最高位置，随即提起灭火器。当干粉喷出后，迅速对准火焰的根部扫射。使用的干粉灭火器若是内置式储气瓶的或者是储压式的，操作者应先将开启把上的保险销拔下，然后握住喷射软管前端喷嘴根部，另一只手将开启压把压下，打开灭火器进行喷射灭火。有喷射软管的灭火器或储压式灭火器，在使用时，一只手应始终压下压把，不能放开，否则会中断喷射。

（3）干粉灭火器扑救可燃、易燃液体火灾时，应对准火焰根部扫射。如被扑救的液体火灾呈流淌燃烧时，应对准火焰根部由近而远，并左右扫射，直至把火焰全部扑灭。如果可燃液体在容器内燃烧，使用者应对准火焰根部左右晃动扫射，使喷射出的干粉流覆盖整个容器开口表面；当火焰被赶出容器时，使用者仍应继续喷射，直至将火焰全部扑灭。在扑救容器内可燃液体火灾时，应注意不能将喷嘴直接对准液体表面喷射，防止喷流的冲击力使可燃液体喷出而扩大火势，造成灭火困难。如果可燃液体在金属容器内燃烧时间过长，容器壁温已高于被扑救可燃液体的自燃点，此时极易造成灭火后复燃的现象，可与泡沫类灭火器联用，则灭火效果更佳。

（4）干粉灭火器的维护保养如下：

1）灭火器应放置在通风、干燥、阴凉并取用方便的地方，环境温度为-5~45℃。

2）灭火器应避免高温、潮湿和有严重腐蚀场合，防止干粉灭火剂结块、分解。

3）每半年检查干粉是否结块，储气瓶内二氧化碳气体是否泄漏。检查二氧化碳储气瓶，应将储气瓶拆下称重，称出的重量与储气瓶上钢印所标的数值是否相同，如小于所标值7g以上的，应送维修部门修理。如系储压式则检查其内部压力显示表，指针是否指在绿色区域。如指针已在红色区域，则说明内部压力已泄漏无法使用，应赶快送维修部门检修。

4）灭火器一经开启必须再充装，再充装时，绝对不能变换干粉灭火剂的种类，即碳酸氢钠干粉灭火器不能换装磷酸铵盐干粉。

三、气溶胶新型灭火剂

1. 组成

气溶胶灭火剂是由氧化剂、还原剂、黏合剂及少量特定功能的添加剂组成的固态含能化学物质，属于烟火型灭火剂。气溶胶灭火系统由气溶胶灭火剂以及相应的储存和启动装置组成，灭火剂在储存装置内启动燃烧反应后直接喷放到防护区，属于无管网灭火系统。气溶胶胶粒具有高分散度、高浓度等特点，可较长时间悬浮在空气中，大部分微粒直径小于$1\mu m$，具有很大的比表面积，因而反应活性高，对燃烧反应的活性游离基具有吸附作用。胶粒主要成分为金属盐类、金属氧化物以及水蒸气、CO_2、N_2等，其中碱金属盐（钾盐等）及其氧化物（K_2O等）起主要灭火作用，灭火效率较高。

气溶胶的灭火机理主要是化学抑制，其次是降温冷却。

2. 类型

（1）气溶胶干粉灭火剂。当干粉灭火剂的粒子被粉碎到直径在$10\sim0.25\mu m$之间、符合尘雾粒径的范围以后，它在空气中形成的气溶胶干粉灭火剂就将具备如下的物理化学性质：

1）气溶胶中，干粉粒子与空气中的分子一样，有热运动、扩散和"大气分布"等性质，而干粉粒子具有相似的性质。因此，把固体灭火剂制成气溶胶干粉灭火剂以后，就可以使固体灭火剂具备气体灭火剂的动力性质，有利于灭火剂的扩散、分布，达到全淹没灭火的目的。

2）干粉灭火剂粒子被粉碎以后作为分散相，其分散度越高，总面积越大，界面能也越大，越容易与周围的介质相互作用。气溶胶干粉灭火剂的化学活泼性被提高以后，其灭火的效能也被大幅度提高，可以达到普通干粉灭火剂的6~10倍。

3）不同类别的粉尘在静止空气中沉降的性质不同，见表7-3。

表7-3　　　　　　　不同类别的粉尘在静止空气中沉降的性质

粉尘名称	粒子直径（μm）	沉降性质
尘埃	100~10	加速沉降
尘雾	10~0.25	等速沉降
尘云	0.1以下	不会沉降，作布朗运动

如果按尘雾粒子的直径范围10~0.25μm加工固体灭火剂，把干粉颗粒粉碎成为呈等速沉降的尘粒，这样，在火场上空就会出现暂时稳定的气溶胶，灭火剂灭火的浓度会在较长时间内保持不变。所以，火场上已经被扑灭的火焰就不可能再复燃了。

4）在有人经常活动的场所，空气不是静止的，在这种条件下，直径小于2μm的粉尘粒子实际上会长久悬浮。因此，为了在火灭以后，火场上不会留下灭火剂无法沉降的粉尘而污染环境，形成对人健康有害的气溶胶，气溶胶干粉粒径小于3μm的粒子应尽可能地减少。

（2）烟火气溶胶（PGAs）灭火剂。烟火气溶胶灭火剂是一类新型灭火剂，由氧化剂、还原剂和黏合剂等组成。烟火气溶胶灭火剂燃烧时，会产生可抑制火焰的微米级固体微粒气溶胶，具有灭火效力高、无毒、不导电、储存周期长、空间/重量比低的特点，可作为哈龙灭火剂的替代物使用。目前，PGAs灭火剂主要存在火焰外喷和气溶胶浮力大的问题。由于高温烟火反应会产生极高的温度，因此会有火焰的外喷现象。在高温条件下形成的气溶胶，往往具有很大的浮力，这种浮力使得扑灭被保护区域低凹处火灾的时间延长。

烟火气溶胶灭火剂的灭火作用主要有吸热和化学抑制两个方面：

1）吸热作用。PGAs灭火剂形成的气溶胶固体微粒直径在1μm左右，这个粒径远小于灭火粉末的极限粒径。进入到火焰中的微粒，从火焰中吸收热量而使自身温度升高（热容作用），当温度上升到一定值时，这些微粒发生熔化、气化或分解，可进一步吸收热量。以$KHCO_3$为例，其吸热分解反应如下：

$$2KHCO_3 \longrightarrow K_2CO_3 + H_2O \uparrow + CO_2 \uparrow \quad （T > 150℃，\Delta H_0 = 47kJ/mol）$$

$$K_2CO_3 \longrightarrow 2K + \frac{1}{2}O_2 \uparrow + CO_2 \uparrow \quad （T > 1000℃，\Delta H_0 = 747kJ/mol）$$

单位质量（每克）的$KHCO_3$完全分解需要吸收4.2kJ的热量，其吸热降温作用比较明显。

2）化学抑制作用。气溶胶形成时的各种物质，从化学上可干预火焰中发生的链式反应，有效地终止有焰燃烧。当气溶胶作用于火焰燃烧区时，可发生均相和非均相反应，使火焰熄灭。非均相化学抑制作用发生在固体粒子表面，即火焰中的自由基被固体粒子表面吸附而消失，从而减弱了链式反应。非均相抑制过程如下：

$$A \cdot + S \longrightarrow AS \qquad\qquad AS + A \cdot \longrightarrow A_2 + S$$

式中　A·——被熄灭火焰中的自由基；

　　　S——固体气溶胶微粒表面；

　　　A_2——分子。

从上述反应可以看出，新产生的AS与另一个自由基反应生成稳定的A_2分子，同时又重新产生了能进一步与自由基反应的固体气溶胶微粒表面S，即固体气溶胶微粒起到了负催化剂的作用。均相抑制过程主要发生在气相之间。当灭火剂微粒在火焰中分解气化形成的气体产物与火焰中的自由基发生反应时，使自由基重组，从而使链式反应得到抑制。以钾盐为例，在热的作用下，钾可以钾蒸气或钾离子的形式存在，但在均相抑制过程中，只能以钾蒸气的形式存在，故其均相抑制过程如下：

$$K+OH\cdot+M \longrightarrow KOH+M \quad KOH+H \longrightarrow H_2O+K \quad KOH+OH\cdot \longrightarrow H_2O+KO$$

式中，M代表输入的能量（即反应发生需要的能量，当反应完成后，再被释放出来）。对大于极限粒径的大粒子来说，非均相化学抑制过程起到了主要作用。由于大粒子在火焰中的驻留时间短，灭火效力相对较低；对小于极限粒径的小粒子来说，气化分解生成的气体物质对火焰的均相抑制过程起主导作用，并且由于小粒子在火焰中的驻留时间较长，其非均相抑制作用也得到了增强。此外，小粒子的气化分解能使火焰得到冷却，因而在气溶胶灭火过程中存在着物理灭火作用与化学灭火作用间的协同效应，灭火效力较高。

（3）固体微粒气溶胶发生剂。固体微粒气溶胶发生剂可应用于火灾扑救，是一类正在被研究开发和应用的哈龙灭火剂替代物。这种气溶胶发生剂是含有氧化剂、燃烧剂和黏合剂的固体材料，可以通过燃烧产生微米级的固体微粒气溶胶。

四、植物型复合阻燃新型灭火剂

1. 技术原理

植物型复合阻燃灭火剂是以水、天然植物和草木灰为主要原料，连同助剂制成的一种多功能、多用途的复合阻燃灭火剂，在高效阻燃灭火的同时，实现安全无害和保护人类环境的目标。

植物型复合阻燃灭火剂完全不同于现有的其他灭火剂，其技术上的突破点是利用生物化学和物理化学原理及技术产生阻燃活性，迫使燃烧物质的燃烧性质从根本上改性，使其由易燃性变为难燃性、不燃性，从而达到灭火的目的。而这种灭火机理和功能是现有其他灭火剂所不具备的，特别是从它的阻燃灭火效果、对于人类环境的保护以及替代哈龙灭火剂的可行性来说，都显示出了巨大的优越性。它的诞生为国内外消防灭火领域填补了一项空白，其应用前景十分广阔和乐观。

2. 阻燃灭火机理

（1）改变物质燃烧性质。由于植物型复合阻燃灭火剂中含有一定量的复合阻燃活性物质，这些物质自身具有很强的改变物质燃烧性质的能力。当这些物质与燃烧物质相体接触时，可迅速对燃烧物质相体产生强烈的亲和性相体渗透，并同时迅速进行相体乳化。在渗透、乳化的同时，将复合阻燃活性物质溶含在被乳化的相体中，由此改变了原物质的燃烧性质，使其失去易燃、可燃性，变为不易燃、难燃和不燃物质，达到从根本上改变物质燃烧性质的目的。

（2）吸热降温。水是植物型复合阻燃灭火剂的主要成分。水的比热为4.2J/g，当1L水蒸发气化时，需要吸收约2253J的热量，体积扩大1720倍。在水蒸气占到燃烧空间30%体积或降温至燃烧物质闪点和燃点以下时，燃烧自行停止。

（3）稀释。植物型复合阻燃灭火剂不但自身是阻燃性物质，而且其极易溶于水，因此对于水溶性的易燃可燃物质还能同时具有稀释、阻燃的双重作用。当灭火剂供给强度使燃烧物体的可燃浓度或燃烧强度下降到维持燃烧极限值以下时，火焰可自行熄灭。

（4）结膜封闭。由于植物型复合阻燃灭火剂中所含的活性物质和结膜物质对温度敏感性很强、易聚结成膜，并能在燃烧物质温度和界面张力变化的条件下，形成不同结膜（如泡膜、胶膜、焦膜、复合膜等）覆盖在燃烧物质表面上，起到隔氧隔热作用，从而封闭了可燃气化物，切断了燃烧热传递，最终迫使燃烧停止。

植物型复合阻燃灭火的阻燃灭火功能优异，潜力和威力巨大，适于扑救A、B和C类火灾。

五、新型植物蛋白泡沫灭火剂

植物蛋白作泡沫灭火剂与目前常用的动物蛋白泡沫灭火剂、合成活性剂类灭火剂和哈龙灭火剂相比具有明显的优势。它不含硫化氢、硫醇、硫醚等恶臭物质，环保性能优良；灭火性能高，储存稳定性强；可以与干粉灭火剂联合使用，灭火速度更快。此外，其生产原料来源广泛、价格便宜且储存使用时间长达8年左右，大大降低了使用成本。

六、其他新型灭火剂

1. 纳米粉体灭火剂

纳米粒子因其独特的尺寸效应、局域场效应、量子效应而表现出常规材料所不具备的优异性能。当把传统干粉灭火剂制成纳米粉末灭火剂时，纳米粉末与火焰的接触面积就会大大增加，纳米粒子也不再是惰性体，而变为化学活性物质，其对自由基的吸附、捕捉能力也大大增加，因此灭火效能急剧提高，是干粉灭火剂未来发展的重要方向。

2. 催化型干粉灭火剂

在普通干粉灭火剂中加入某些微量的金属盐或强酸，则灭火效能会显著增加。这些加入的微量物质相当于催化剂，对灭火效果起着很明显的催化作用，故将这类加入微量金属盐或强酸的干粉称为催化型干粉灭火剂。

3. 载体型干粉灭火剂

将灭火组分吸附或结晶、包覆于固体物料表面制备的干粉灭火剂称载体型干粉灭火剂。干粉灭火剂灭火时，只有临界粒径以下的小粒子可全部起灭火作用，大粒子则仅在表面层起灭火作用，灭火效果与粒子比表面积密切相关。因此，将灭火组分负载到廉价、多孔、大比表面积的载体上，不但可使灭火粒子的比表面积大大增加，还相应减少了灭火剂的使用量，既有利于灭火效能的充分发挥，还降低了生产成本。如同化学工程中的负载型金属催化剂一样，有时利用载体技术来制备一些灭火效能非常高，而价格异常昂贵的特殊高效灭火剂。载体有水溶型和非水溶型之分，非水溶型载体主要为一些比表面积大的矿物，如 Al_2O_3、沸石、珍珠岩、膨润土和石棉等。水溶型载体是在非水溶剂中负载上灭火组分的，而非水溶型载体则是在水溶液中负载上灭火组分的。

4. 多元组分干粉灭火剂

将自身具有灭火效能的各种灭火剂组分按照一定性质和比例混合，可制得灭火性能更佳的多组分干粉灭火剂，称为多元干粉灭火剂，如在 $NaHCO_3$ 干粉灭火剂中加入适量氯化钠、氯化钾，则扑灭B、C类火灾的干粉灭火剂最小用量将减少一半，而灭火效能提高一倍多。

第八章
危险化学品现场应急处置

第一节　危险化学品火灾现场应急处置

一、爆炸物品火灾应急处置

爆炸物品一般都有专门或临时的储存仓库。这类物品由于内部结构含有爆炸性基团，受摩擦、撞击、震动、高温等外界因素激发，极易发生爆炸，遇明火则更危险。遇爆炸物品火灾时，一般应采取以下基本对策：

1. 迅速反应

迅速判断和查明再次发生爆炸的可能性和危险性，紧紧抓住爆炸后和再次发生爆炸之前的有利时机，采取一切可能的措施，全力制止再次爆炸的发生。

2. 正确灭火

切忌用沙土盖压，以免增强爆炸物品爆炸时的威力。扑救爆炸物品堆垛时，水流应采用吊射，避免强力水流直接冲击堆垛，以免堆垛倒塌引起再次爆炸。

3. 人员及爆炸物品疏散

如果有疏散可能，人身安全上确有可靠保障，应迅即组织力量及时疏散着火区域周围的人员及爆炸物品，使着火区周围形成一个隔离带。

4. 主要安全

灭火人员应尽量利用现场现成的掩蔽体或尽量采用卧姿等低姿射水，尽可能地采取自我保护措施。消防车辆不要停靠在离爆炸物品太近的水源处。灭火人员发现有发生再次爆炸的危险时，应立即向现场指挥报告，现场指挥应迅即做出准确判断，确有发生再次爆炸征兆或危险时，应立即下达撤退命令。灭火人员看到或听到撤退信号后，应迅速撤至安全地带，来不及撤退时，应就地卧倒。

二、压缩或液化气体火灾应急处置

压缩或液化气体总是被储存在不同的容器内，或通过管道输送。其中，储存在较小钢瓶内的气体压力较高，受热或受火焰熏烤容易发生爆裂。气体泄漏后遇火源已形成稳定燃烧时，其发生爆炸或再次爆炸的危险性与可燃气体泄漏未燃时相比要小得多。遇压缩或液化气体火灾一般应采取以下基本对策：

1. 准确判断火情

（1）扑救气体火灾时，切忌盲目扑灭火势，在没有采取堵漏措施的情况下，必须保持稳定燃烧。否则，大量可燃气体泄漏出来与空气混合，遇着火源就会发生爆炸，后果将不堪设想。

（2）现场指挥员应密切注意各种危险征兆，遇有火势熄灭后较长时间未能恢复稳定燃烧或受热辐射的容器安全阀出现火焰变亮耀眼、尖叫、晃动等爆裂征兆时，指挥员必须适时做出准确判断，及时下达撤退命令。现场人员看到或听到事先规定的撤退信号后，应迅速撤退至安全地带。

2. 控制火势

（1）首先应扑灭外围被火源引燃的可燃物火势，切断火势蔓延途径，控制燃烧范围，并积极抢救受伤和被困人员。如果是输气管道泄漏着火，应设法找到气源阀门。阀门完好时，只要关闭气体的进出阀门，火势就会自动熄灭。

（2）储罐或管道泄漏关阀无效时，应根据火势判断气体压力和泄漏口的大小及其形状，准备好相应的堵漏材料（如软木塞、橡皮塞、气囊塞、黏合剂、弯管工具等）。

3. 措施正确

（1）如果火势中有压力容器或有受到火焰辐射热威胁的压力容器时，应尽量在水枪的掩护下疏散到安全地带，不能疏散的应部署足够的水枪进行冷却保护。为防止容器爆裂伤人，进行冷却的人员应尽量采用低姿射水或利用现场坚实的掩蔽体防护。对卧式储罐，冷却人员应选择储罐四侧角作为射水阵地。

（2）堵漏工作准备就绪后，即可用水扑救火势，也可用干粉、二氧化碳或卤代烷灭火剂灭火，但仍需用水冷却烧烫的罐体或管壁。火扑灭后，应立即用堵漏材料堵漏，同时，用雾状水稀释和驱散泄漏出来的气体。如果确认泄漏口非常大，根本无法堵漏时，只需冷却着火容器及其周围的容器和可燃物品，控制着火范围，直到燃气燃尽，火势便可自动熄灭。

三、易燃液体火灾应急处置

易燃液体通常也是储存在容器内或用管道输送的。与气体不同的是，液体容器有的密闭，有的敞开，一般都是常压，只有反应锅（炉、釜）及输送管道内的液体压力较高。不管液体是否着火，如果发生泄漏或溢出，都将顺着地面（或水面）漂散流淌，而且，易燃液体还有相对密度和水溶性等，涉及能否用水和普通泡沫扑救的问题以及危险性很大的沸溢和喷溅问题，因此，扑救易燃液体火灾往往是一场艰难的战斗。遇易燃液体火灾时，一般应采用以下基本对策：

1. 控制火势

（1）首先应及时了解和掌握着火液体的品名、相对密度、水溶性以及有无毒害、腐蚀、沸溢、喷溅等危险性，以便采取相应的灭火和防护措施。

（2）切断火势蔓延的途径，冷却和疏散受火势威胁的压力及密闭容器和可燃物，控制燃烧范围，并积极抢救受伤和被困人员。如有液体流淌时，应筑堤（或用围油栏）拦截飘散流淌的易燃液体或挖沟导流。

2. 正确选择灭火剂

对较大的储罐或流淌性火灾，应准确判断着火面积。小面积（一般50m²以内）的液体火灾，一般可用雾状水扑灭；若用泡沫、干粉、二氧化碳、卤代烷灭火剂灭火一般更有效。大面积液体火灾则必须根据其相对密度、水溶性和燃烧面积的大小，选择正确的灭火剂扑救。

（1）比水轻又不溶于水的液体（如汽油、苯等），用直流水、雾状水灭火往往无效，可用普通蛋白泡沫或轻水泡沫灭火剂灭火。用干粉、卤代烷灭火剂扑救时，灭火效果要视燃烧面积的大小和燃烧条件而定，最好辅助以用水冷却罐壁。

（2）比水重又不溶于水的液体（如二硫化碳）起火时可用水扑救，水能覆盖在液面上灭火。用泡沫灭火剂也有效。用干粉、卤代烷灭火剂扑救时，灭火效果也要视燃烧面积的大小和燃烧条件而定。最好辅助以用水冷却罐壁。

（3）具有水溶性的液体（如醇类、酮类等），虽然从理论上讲能用水稀释扑救，但用此法想要使液体闪点消失，水必须在溶液中占很大的比例。这不仅需要大量的水，也容易使液体溢出流淌，而普通泡沫灭火剂又会受到水溶性液体的破坏（如果普通泡沫灭火剂强度加大，可以减弱火势），因此，最好用抗溶型泡沫灭火剂扑救。用干粉或卤代烷灭火剂扑救时，灭火效果还要视燃烧面积的大小和燃烧条件而定，也需用水冷却罐壁。

（4）扑救毒害性、腐蚀性或燃烧产物毒害性较强的易燃液体火灾时，扑救人员必须佩戴防护面具，采取防护措施。

（5）扑救原油和重油等具有沸溢和喷溅危险的液体火灾时，如有条件，可采用放水、搅拌等防止发生沸溢和喷溅的措施。在灭火的同时，必须注意计算可能发生沸溢、喷溅的时间和观察是否有沸溢、喷溅的征兆。指挥员发现危险征兆时，应迅即做出准确判断，及时下达撤退命令，避免造成人员伤亡和装备损失。扑救人员看到或听到统一撤退信号后，应立即撤至安全地带。

（6）遇到易燃液体管道或储罐泄漏着火，在控制蔓延，把火势限制在一定范围内的同时，对输送管道应设法关闭进、出阀门。如果管道阀门已损坏或是储罐泄漏，应迅速准备好堵漏材料，然后先用泡沫、干粉、二氧化碳灭火剂或雾状水等扑灭地上的流淌火焰，为堵漏扫清障碍；然后，再扑灭泄漏口的火焰，并迅速采取堵漏措施。与气体堵漏不同的是，液体一次堵漏失败，可连续堵几次，只要用泡沫覆盖地面，并控制住液体流淌和控制好周围着火源，不必点燃泄漏口的液体。

四、易燃固体、自燃物品和遇湿易燃物品火灾应急处置

1. 易燃固体火灾

易燃固体、易燃物品一般都可用水或泡沫扑救，相对其他种类的化学危险物品而言是比较容易扑救的，只要控制住燃烧范围，逐步扑灭即可。但也有少数易燃固体、自燃物品的扑救方法比较特殊，如2，4-二硝基苯甲醚、二硝基萘、萘、黄磷等。

（1）2，4-二硝基苯甲醚、二硝基萘、萘等，是能升华的易燃固体，受热即可释放出易燃蒸气。火灾时，可用雾状水、泡沫灭火剂扑救，并切断火势蔓延途径，但应注意的是，不能以为明火焰扑灭即已完成灭火工作，因为受热以后升华的易燃蒸气能在不知不觉中飘逸，能在上层与空气形成爆炸性混合物，尤其是在室内，易发生爆燃。因此，扑救这类物品引发的火灾时，千万不能被假象所迷惑。在扑救过程中，应不时向燃烧区域上空及周围喷射雾状水，并用水浇灭燃烧区域及其周围的一切火源。

（2）黄磷是自燃点很低，在空气中能很快氧化升温并自燃的自燃物品。遇黄磷火灾时，首先应切断火势蔓延途径，控制燃烧范围。对着火的黄磷应用低压水或雾状水扑救。高压直流水冲击会引起黄磷飞溅，导致灾害扩大。黄磷熔融液体流淌时，应用泥土、沙袋等筑堤拦截，并用雾状水冷却，对磷块和冷却后已固化的黄磷，应用钳子放入储水容器中；来不及放入时，可先用沙土掩盖，但应做好标记，等火势扑灭后，再逐步集中到储水容器中。

（3）少数易燃固体和自燃物品不能用水和泡沫灭火剂扑救，如三硫化二磷、铝粉、烷基铝、保险粉等。对于这类物质，应根据具体情况区别处理，宜选用干沙和不用压力喷射的干粉灭火剂扑救。

2. 自燃物品火灾

（1）火灾特点：

1）有些自燃物品的化学性质非常活泼，能在空气中自燃，扑救中忌水，如三乙基铝在空气中自燃，遇水则发生爆炸

2）燃烧后熔融，能扩大火势，如黄磷、硝化纤维胶片等。

3）积热不散自燃，火势凶猛，如硝化纤维类物品和含植物油的物品等。

（2）扑救方法。扑救自燃物品火灾时，首先要控制火势，缩小燃烧范围。对于受火势威胁和有可能导致火势蔓延的易燃易爆危险物品，应及时疏散隔离，把燃烧控制在一定范围内。

1）锌、锑、硼、铝等有机金属化合物燃烧，不可用水扑救，可使用干粉灭火剂、食盐、干沙等。

2）硝化纤维类物品、含植物油的物品（油纸）等自燃起火，可使用大量水扑救，并不断翻动，防止复燃。

3）疏散物质，防止火势蔓延。

3. 遇湿易燃物品火灾

遇湿易燃物品能在遇潮湿和水时，可发生化学反应，产生可燃气体和热量，有时即使没有明火也能自动着火或爆炸，如金属钾、钠以及液态三乙基铝等。因此，这类物品有一定数量时，绝对禁止用水、泡沫灭火剂、酸碱灭火器等湿性灭火剂扑救。这类物品的这一特殊性，给其火灾时的扑救带来了很大的困难。

通常情况下，遇湿易燃物品由于其发生火灾时的灭火措施特殊，在储存时要求分库或隔离分堆单独储存，但在实际操作中，有时往往很难完全做到，尤其是在生产和运输过程中，更难以做到。对包装坚固、封口严密、数量又少的遇湿易燃物品，在储存规定上允许同室分堆或同柜分格储存。这就给其火灾的扑救工作带来了更大的困难，灭火人员在扑救中应谨慎处置。对遇湿易燃物品火灾，一般采取以下基本对策：

（1）首先应了解清楚遇湿易燃物品的品名、数量、是否与其他物品混存、燃烧范围、火势蔓延途径。

（2）如果只有极少量（一般50g以内）遇湿易燃物品，则不管其是否与其他物品混存，仍可用大量的水或泡沫灭火剂扑救。水或泡沫灭火剂刚接触着火点时，短时间内可能会使火势增大，但少量遇湿易燃物品燃尽后，火势很快就会熄灭或减少。

（3）如果遇湿易燃物品数量较多，且未与其他物品混存，则绝对禁止用水或泡沫、酸碱等湿性灭火剂扑救。遇湿易燃物品应用干粉、二氧化碳、卤代烷扑救，只有金属钾、钠、铝、镁等个别物品用二氧化碳、卤代烷无效。固体遇湿易燃物品应用水泥、干沙、干粉、硅藻土和蛭石等覆盖。水泥是扑救固体遇湿易燃物品火灾时，比较容易得到的灭火剂。对遇湿易燃物品中的粉尘如镁粉、铝粉等，切忌喷射有压力的灭火剂，以防止将粉尘吹扬起来，与空气形成爆炸性混合物而导致爆炸发生。

（4）如果有较多的遇湿易燃物品与其他物品混存，则应先查明是哪类物品着火，遇湿易燃物品的包装是否损坏。可先用开关水枪向着火点吊射少量的水进行试探，如未见火势明显增大，证明遇湿物品尚未着火，包装也未损坏，应立即用大量水或泡沫灭火剂扑救。扑灭火势后，要立即组织力量将淋过水或仍在潮湿区域的遇湿易燃物品疏散到安全地带分散开来。如射水试探后火势明显增大，则证明遇湿易燃物品已经着火或包装已经损坏，应禁止用水、泡沫灭火剂、酸碱灭火器扑救。若是遇湿易燃液体应用干粉等灭火剂扑救，若是遇湿易燃固体应用水泥、干沙等覆盖，如遇钾、钠、铝、镁轻金属发生火灾，最好用石墨粉、氯化钠以及专用的轻金属灭火剂扑救。

（5）如果其他物品火灾威胁到相邻的较多遇湿易燃物品时，应先用油布或塑料膜等其他防水布将遇湿易燃物品遮盖好，然后再在上面盖上棉被并淋上水。如果遇湿易燃物品堆放处地势不太高，可在其周围用土筑一道防水堤。在用水或泡沫灭火剂扑救火灾时，对相邻的遇湿易燃物品应留有一定的力量进行监护。

由于遇湿易燃物品性能特殊，又不能用常用的水和泡沫灭火剂扑救，从事这类物品生产、经营、储存、运输、使用的人员及消防人员，平时应经常了解和熟悉其品名和主要危险特性。

五、消防防化服在危险化学品火灾现场的使用

1. 作用

消防防化服是专门为消防人员或专业工作人员进入化学危险品或腐蚀性物质的火灾或事故现场进行灭火战斗、抢险救援时穿着的一种防护装备，可以保护作业或救援人员保护自身免遭化学危险品或腐蚀性物资的侵害。由阻燃防化层、防火隔热层、舒适层组成，具有应急呼叫和通信联络等多种功能，有些还将空气呼吸器进行内置，常与手套及阻燃、耐电压、抗穿刺靴或消防胶靴一起构成整套服装。

2. 使用方法

（1）先撑开服装的颈口、胸襟、两脚伸进裤子内，将裤子提至腰部，再将两臂伸进两袖，并将内袖口环套在拇指上。

（2）将上衣护胸布折叠后，拉过胸襟布盖严，然后将前胸白扣扣牢。

（3）将腰带收紧后扣牢。

（4）带好消防面具后再将头罩罩在头上，并将颈扣带扣好。

（5）最后戴上手套，将内袖压入手套里。

3. 使用注意事项

（1）消防防化服不得与火焰及熔化物直接接触。

（2）使用消防防化服前必须认真检查服装有无破损，如有破损，严禁使用。

（3）使用时，必须注意头罩与面具的面罩紧密配合，颈扣带、胸部的大白扣必须扣紧，以保证颈部、胸部气密。腰带必须收紧，以减少运动时的"风箱效应"。

（4）每次使用后，根据脏污情况用肥皂水或0.5%~1%的碳酸钠水溶液洗涤，然后用清水冲洗，放在阴凉通风处，晾干后包装。

（5）折叠消防防化服时，将头罩开口向上铺于地面。折回头罩、颈扣带及两袖，再将服装纵折，左右重合，两靴尖朝外一侧，将手套放在中部，靴底相对卷成以卷，横向放入防化服包装袋内。

（6）消防防化服在保存期间严禁受热及阳光照射，不许接触活性化学物质及各种油类。

第二节　危险化学品中毒应急处置

一、急性化学物中毒的现场抢救措施

现场抢救目的是使中毒者尽快脱离有毒环境，采取简单有效的紧急处置措施防止急性吸收毒物，保护已受损的器官，为进一步的抢救和治疗赢得时间。

现场抢救应根据毒物的种类、性质、中毒方式和患者的病情确定急救方法。

1. 窒息性气体中毒

高浓度的硫化氢、一氧化碳、二氧化碳等有毒气体，或其他原因导致空气中氧浓度降低到14%（特别是10%）以下时，可导致接触者意识立即丧失。如救护者没采取防护措施进入中毒现场，则极容易立即昏倒，造成更大的人员伤亡事故。因此，必须向中毒现场内送风，救护者进入现场必须佩戴防毒面具系好安全带，并有专人对抢救情况进行监视。对中毒者应移至事故现场的上风侧，进行人工呼吸等处理。

2. 刺激性气体中毒

酸雾、氨、氯及其化合物、硫氧化物、金属化合物、百草枯和有机磷等刺激性气体弥漫扩散迅速，容易导致多人同时中毒。救护者进入现场必须佩戴防毒面具、系好安全带，并有专人对抢救情况进行监视。紧急情况下，可以系好安全带用湿毛巾捂口鼻进入现场，但注意停留时间不能过长。对中毒者，应尽快移至事故现场的上风侧进行抢救。

3. 强酸强碱等化学品导致眼睛和皮肤灼伤

硫酸、硝酸、盐酸、氢氟酸、石灰、氢氧化钠、氨水、酚、苯、有机磷等化学品飞溅到身体时，应立即脱去身上衣物、鞋帽和袜子，并迅速用清水冲洗20~30min，忌用热水。如强酸、强碱等化学品进入眼睛，通过洗眼器用清水冲洗。

4. 脱离现场后的紧急处理措施

（1）呼吸、心跳停止的应立即进行心肺复苏。

（2）呼吸急促、脉搏细弱的应进行人工呼吸、吸氧或指压人中。

（3）清除口腔、鼻腔分泌物，保持呼吸通畅通。

（4）送就近医院进一步抢救、治疗。

5. 急性化学物的急救和治疗原则

（1）减少毒物吸收。清除未被吸收的毒物是最重要且最简单、有效的病因治疗，其效果远远大于毒物吸收后解毒治疗。要迅速脱离有毒环境，脱去被毒物污染的衣物，清洗皮肤、口腔和鼻腔。口服中毒者应反复洗胃。

（2）促使毒物排泄。催吐、导泄、利尿和血液净化。

（3）维持和抢救重要生命体征。维持呼吸道畅通，生命体征监护。

（4）使用解毒药。

（5）预防合并症。主要是预防脑水肿、电解质紊乱、感染、脏器功能衰竭等。

（6）对症处理。

二、化学事故应急防护用品的配备原则及维护

在危险化学品事故现场，救援人员经常要直接面对高温、有毒、易燃易爆及腐蚀性的化学物质，或进入严重缺氧的环境，为防止这些危险因素对救援人员造成中毒、烧伤、低温伤等伤害，必须加强个人的安全防护，保证防护用品的配备符合要求，并能及时维护。

1. 应急防护用品分类

通常用于化学事故应急救援的个人防护用品按用途可分成两大类：一类是呼吸器官和面部防护用品，另一类是身体皮肤和四肢防护用品。

（1）呼吸道防护用品。按其使用环境（气源不同）、结构和防毒原理主要分为过滤式和隔离式两类。

过滤式防毒用品是通过滤毒药剂滤除空气中的有毒有害物质。过滤式防毒用品只能在不缺氧的劳动环境和低浓度毒污染下使用，一般不能用于罐、槽等密闭狭小容器中作业人员的防护。当化学事故现场空气中氧体积分数低于19.5%时就不能使用。

隔离式防毒用品依靠本身的自给氧气、空气，或通过导气管送风、吸取有毒区域外的洁净空气，可在缺氧、有毒、严重污染或情况不明的危险化学品事故处置现场使用，一般不受环境条件限制。它的使用时间和活动距离，分别受自给氧气、空气容量或送风、吸气长管的长度限制。

（2）皮肤防护用品。皮肤防护用品是在化学事故应急救援中，用于保护人体的体表皮肤免受毒气、强酸、强碱、腐蚀品及高温等侵害的特殊用品。它主要包括防化服、

防火服、防火防化服以及与之配套使用的其他防护器材，如防化手套和防化靴、防火隔热手套、隔热胶靴。

2. 应急防护用品配备与维护

（1）呼吸防护器材的配备。在熟悉和掌握各种防护器材的性能、结构和防护对象的情况下，应根据化学事故现场毒物的浓度、种类，现场环境和劳动强度等因素，合理选择不同种类和级别的防护用品，如表8-1所示，并且使用者应选择适合自己的面罩型号。一般情况下，选择呼吸防护器材应遵循有效、舒适和经济的原则，同时还应考虑以下几方面的因素。

表8-1　　　　　　　　　呼吸道防护用品的类别和使用范围

品名类别				使用范围
过滤式	全面罩式	头罩式防毒面具		毒气体积分数：大型罐低于2%（氮体积分数<3%）中型罐低于1%（氮体积分数<2%）
		面罩式防毒面具	导管式	
			直接式	毒气体积分数低于0.5%
	半面罩式	双罐式防毒口罩		毒气体积分数低于0.1%
		单罐式防毒口罩		
		简易式防毒口罩		毒气浓度低于200mg/m³
隔离式	自给式	供氧气式	氧气呼吸器	毒气浓度过高、毒性不明或缺氧的可移动性作业
			空气呼吸器	
		生氧式	生氧面具	
			自救器	短暂时间内出现事故时用
	送风式	电动式	送风头（面）罩	毒气浓度较高或缺氧的固定性作业
		人工式		
	自吸式	头（口）罩接长导气管		

1）选用何种类型的呼吸防护器材：在污染物质性质、浓度不明或确切的污染程度未查明的情况下，必须使用隔绝式呼吸防护器材；在使用过滤式防护器材时，要注意不同的毒物使用不同的滤料。

2）呼吸防护器材能否起作用：新的防护器材要有检验合格证，库存防护用品要检查是否在有效期内，使用过的器材是否需要更换新的滤料等。

3）佩戴呼吸防护器材：一定要保证呼吸防护用具的密封性，佩戴面具感到不舒服或时间过长时，要摘下防护器材或检查滤料是否要更换。

（2）防毒口罩的维护。使用后，如果橡胶主体脏污，可用肥皂水清洗或用0.5%高锰酸钾溶液消毒。若药剂尚未失效，应立即将滤毒罐装在塑料袋内，扣紧袋口，避免受潮，以备下次使用。

（3）过滤式防毒面具的维护：

1）使用后的滤毒罐，应将顶盖、底塞分别盖上、堵紧，防止罐内滤毒药剂受潮或吸附有毒气体。对于失效的滤毒罐，则应及时报废，更换新的滤毒药剂或作再生处理。

2）使用后的头罩，如橡胶罩体脏污，要清洗、消毒，洗涤后晾干，切勿火烤或曝晒，以防老化。暂时不用的头罩，应在橡胶部件上均匀撒上滑石粉，以防黏合；然后将头罩先纵折，后横折，将橡胶罩体包住眼窗，在面具袋内分格存放。

3）现场备用的过滤式防毒面具，应放置在专用柜内，柜门应铅封，并定期进行维护。

4）过滤式防毒面具平时应放置在操作岗位，远离热源和易燃物。注意防潮、防日晒，避免与酸碱、油类和有毒物料等接触。

5）不允许使用者自行重新装填过滤式呼吸防护用品所附的滤毒罐或滤毒盒内的吸附过滤材料，也不允许采取任何方法自行延长已经失效的过滤元件的使用寿命。

6）不允许清洗过滤元件。对可更换过滤元件的过滤式呼吸防护用品，清洗前应将过滤元件取下。

7）防毒过滤元件不应敞口储存。

（4）氧气呼吸器的维护：

1）平时应放置在便于取用的专用柜内，避免日光照射，保持清洁，严禁沾染油脂等可燃物料，并远离热源。

2）使用后的氧气呼吸器，应由专业人员检查质量性能情况，并进行头罩清洗、消毒、氧气瓶充气或更换，以便日后随时可用。

3）若长期搁置不用，应倒出清洁罐内的氢氧化钙，所用橡胶部件均应涂以滑石粉，以防黏合；氧气瓶则应保留一定的剩余压力。

（5）生氧面具的维护：

1）平时应放置在便于取用的安全场所。注意避免接触各种化学物料，远离热源，防止日晒。

2）使用后的头罩，应立即拧紧生氧器螺帽盖，保持气密，以防受潮变质。

3）药剂失效后，应从装药孔倒出，如倒不尽，可用水浸泡后倒出，但浸水后须经严格干燥才能装药。失效药剂呈强碱性，必须小心处理。

4）头罩脏污应清洗、消毒后晾干。切忌用其他化学药剂洗涤，以免损坏橡胶部件。

（6）自给式空气呼吸器的维护：

1）使用后应立即更换用完或部分使用的气瓶。

2）定期检查和维护，有关部件应使用专用润滑剂润滑。在具有相应压力容器检测资格的机构定期检测。

3）面罩及其连接导管应定期清洗和消毒。清洗面罩时，应按使用说明书要求拆卸有关元件，使用软毛刷在温水中加入适量中性洗涤剂清洗，清水冲洗干净后在清洁场所避日风干。面罩应储存在清洁、干燥、通风、无油污、无阳光直射和无腐蚀性气体的地方。

三、作业场所防危险化学品中毒措施

1. 控制毒物源

（1）采用低毒、无毒物质取代有毒、高毒原材料，限制使用剧毒、高毒原料。尽量以无毒或低毒原料取代剧毒、高毒原料是从根本上解决毒物危害的首选办法和最主要的防毒措施，但不是所有毒物都能找到无毒、低毒的代替物。

（2）采用新工艺、新技术和新材料，减少毒物产生。采用新工艺、新技术和新材料，尽量开发、采用无毒害或毒害小的工艺，避免或减少有毒产品的产生，研发新产品以降低有毒产品的毒性或取代有毒产品。

（3）防止无毒物质变性为有毒物质。某些无毒物质在受热、受潮湿、遇火或与性质相抵触的物质混合时，可发生反应、变性而形成有毒物质或产生毒性更强的物质，因此在生产、运输、储存的各个环节都应采取防范措施。

（4）禁止违法生产有毒产品。不得生产、经营、进口和使用国家明令禁止使用的、可能产生有毒产品的设备、材料或产品。

2. 控制泄漏

（1）改进设备、实现生产过程的密闭和自动化。改进工艺流程和设备系统，实现生产过程和全封闭和自动化，可有效控制毒物的释放和散发，这也是防毒的主要措施。

（2）密封包装。采用封闭、结实的包装，如包装袋、容器、管道等，将有毒产品密封，防止有毒物质挥发和释放。

（3）严密储存。有毒物品应储存在阴凉、通风、干燥的场所，不可露天存放，不应接近酸、碱类物质或热源。剧毒品应专库储存或存放在彼此间隔的单间内。

（4）防止包装、容器破损。包装或储存有毒产品的包装袋、容器和管道应经常检查，操作时应倍加小心，防止发生破损而导致有毒物质的泄漏。

（5）妥善处置有毒废弃物。有毒的废弃物不论是废气、废液还是废渣都应严格按照无毒化处理，不应随便丢弃、转移和处置，避免残留毒物泄漏。

3. 降低毒物浓度措施

降低毒物浓度的目的是排放毒物，增加新鲜空气，降低工作场所空气毒物的浓度。

常用的措施有以下几种：

（1）密闭—排毒装置。生产工艺尽可能管道化，使用密闭的生产设备；或者把敞口设备改为密闭设备，尽量减少有毒物质外逸和散发。系统装置由密闭罩、通风管、净化装置和通风机构成，可将有毒气体封闭收集，经净化后排放，有效降低作业场所空气中毒物的含量。

（2）通风排毒装置。在可能有有毒气体释放的重点设备和部位应安装排气罩，这是控制毒源、防止毒物扩散的局部技术装置，这些设备包括密闭罩、开口罩和通风橱等。有剧毒品的场所还应安装专用的机械强制通风排毒设备，尽量降低空气中毒物的浓度。

（3）排放气体净化。废气的无害化排放，是企业必须遵守的环保义务，也是防毒的主要措施。根据有毒物质的特性和生产工艺的不同，采用相应的有害气体的净化设施和方法，如洗涤法、吸附法、过滤法、静电法、燃烧法和高空排放法等，以达到无毒排放的目标。

（4）隔离措施。将有毒作业场所与无毒作业场所、休息场所隔开，使作业人员与有毒环境相隔离，避免直接接触到毒物。隔离措施形式多样，如把操作地点与生产设备隔离，可将生产设备安在隔离室内，而用排风使隔离保持负压状态；或是把操作地点设在隔离室内，保持送风使隔离室内处于正压状态；或是通过仪表控制生产，使操作地点远离生产设备，这种方式也称为远程控制。

4. 监测报警措施

监测报警的目的是及时发现异常和紧急情况，以便立即采取措施应对。常用的措施有以下几种：

（1）安全监视。设置专、兼职监督人员，定期或随时检查和监督有毒产品生产设备、管道、容器以及作业人员的操作行为，及时发现和排除各类隐患。

（2）检测。定期检测工作场所有毒物质的浓度，以便量化、准确地判断作业现场的安全状态，及时发现异常迹象。

应定期检测作业场所有毒物质的浓度，依据检测目的的不同，检测的类型有以下几种：

1）评价监测。适用于建设项目职业病危害因素预评价、职业病危害因素控制效果评价和职业病危害因素现状评价等。

2）日常监测。适用于对工作场所空气中有害物质浓度日常的定期监测。

3）监督监测。适用于职业卫生监督部门对用人单位进行监督时，对工作场所空气中有害物质浓度进行的监测。

4）事故性监测。适用于对工作场所发生职业危害事故时，进行的紧急采样监测。

根据现场情况确定采样点，监测至空气中有害物质浓度低于短时间接触容许浓度或最高容许浓度为止。

作业场所常用的检测设备种类繁多，生产单位日常自行检测使用的是气体检测仪。企业可采用相应的检测仪表进行日常监测、记录，并建立检测档案。

（3）报警装置。由于设备意外故障或事故等原因可能导致毒物突发大量释放，因此，应在可能发生此类事故的部位安装单个探测警报仪，也可以安装探测警报系统同时监测多个部位，这样一旦出现毒物浓度超标便可及时自动报警。

5. 防毒标识

防毒标识有禁止标识、警告标识、指令标识和提示标识等类型。在有毒场所设置防毒标识的作用是，通过醒目的标识，将有毒场所与无毒场所分开，防止无关人员靠近、误入，提醒操作人员随时注意防毒和使用劳保用品。

6. 生产场所防毒标识

根据需要，作业场所的入口或显著位置，应设置警示线和标识。

（1）警告标识：如"当心中毒"、"当心有毒气体"等。

（2）指令标识：如"戴防毒面具"、"穿防护服"、"注意通风"等。

（3）提示标识：如"紧急出口"、"救援电话"等。

（4）告知卡：应在使用高毒物品的作业岗位的醒目位置设置告知卡，告知毒物名称、理化特性、健康危害、应急处理、警示标志、防护要求和应急电话等内容。电力生产现场常用职业危害告知卡式样参见附录四。

7. 储存场所防毒标识

储存有毒化学危险品的场所应设置明显的防毒标识，标志应符合《危险货物包装标志》（GB 190—2009）的规定。同一区域储存两种或两种以上不同级别的毒物时，应按最高等级毒物的性能设标识。

8. 运输防毒标识

按《危险化学品管理条例》的规定设置"有毒"、"剧毒"等标识，提醒行人不可靠近和停留，其他车辆驾驶员应回避，以防止发生交通事故。

9. 危险化学品中毒应急处置卡

在危险化学品储存和使用地点，设置危险化学品中毒应急处置卡，讲明其可能出现的现象和危害，掌握救护要点和事故处置要点。电力生产现场常用危险化学品中毒应急处置卡式样参见附录四。

10. 建立岗位安全风险告知卡

岗位安全风险告知卡标明的主要内容有安全风险、可能引发事故隐患类别、主要管控措施及应急措施等。电力生产现场常用岗位安全风险告知卡式样参见附录五。

第三节　危险化学品泄漏应急处理

一、气体泄漏应急处理

1. 氢气泄漏应急处理

当氢气发生泄漏时，应立即切断气源，进行通风加速扩散。迅速撤离泄漏区域人员至上风处，严格限制出入，切断火源。应急处理人员佩戴隔离式呼吸防护器，穿消防防护服，如有可能将漏出气体用排风机（防爆型）送至空旷地方。

2. 煤气泄漏应急处理

迅速撤离泄漏污染区人员至上风处，并立即进行隔离，严格限制出入，切断火源。应急处理人员必须佩戴隔离式呼吸防护器，穿防毒服，从上风处进入现场，尽可能切断漏源。合理通风，加速扩散。将中毒者迅速地救出煤气危险区域，到空气新鲜处进行急救。在未查明事故原因和采取必要措施前，不得向煤气设施恢复送气。

3. 液化石油气泄漏应急处理

当发生泄漏时应尽可能切断泄漏源，如关闭阀门泄漏处，或在法兰处使用专用防火具，并注入堵漏剂。迅速撤离泄漏区域人员至上风处，严格限制出入，切断火源。应急处理人员应佩戴隔离式呼吸防护器，穿戴隔热服和手套，不要直接接触泄漏物，用水蒸气、氮气或惰性气体稀释泄漏物。少量气瓶可移至空旷地带，隔绝一切火种，并合理通风。

4. 泄漏处理硫化氢泄漏应急处理

迅速撤离泄漏污染区人员至上风处，并立即进行隔离，小量泄漏时隔离150m，大量泄漏时隔离300m，严格限制出入，切断火源。应急处理人员应佩戴隔离呼吸防护器，穿防毒服，从上风处进入现场，尽可能切断泄漏源。合理通风，加速扩散。喷雾状水稀释、溶解。构筑围堤收容产生的废水，如有可能，将残余气或漏出气用排风机送至水洗塔或与塔相连通的内柜内。漏气容器要妥善处理，修复、检验后才能使用。

5. 氯气泄漏应急处理

氯气泄漏时，现场负责人应立即组织关闭阀门，进行堵漏，撤离无关人员，抢救中毒者。应急、救护人员必须佩戴有效呼吸防护器；应急处理应利用现场机械通风设施和尾气处理装置等，降低氧气污染程度；氯气钢瓶泄漏时，转动钢瓶使泄漏部位位于氯的气态空间：易熔塞处泄漏时，应有竹签、木塞做堵漏处理；瓶阀泄漏时，拧紧六角螺母；瓶体泄漏时，应用内衬橡胶垫片的铁箍箍紧，以上泄漏也可用专用的"应急压罩"罩住泄漏点。另外，凡泄漏钢瓶应尽快使用完毕，也可以将漏气钢瓶浸入碱液中和处理。严禁在泄漏的钢瓶上喷水，处理完的钢瓶返回生产厂。

6. 乙炔泄漏应急处理

泄漏应立即切断气源，停止作业，清除火源迅速撤离泄漏区人员至上风向，严格限制出入。应急处理人员佩戴隔离式呼吸防护器，穿消防服，用喷雾状水稀释、溶解，合理通风，收容产生的大量废水，如有可能用排风机送到空旷地带，隔绝一切火种。

二、液体泄漏应急处理

1. 汽油泄漏应急处理

迅速撤离泄漏污染区人员至安全区，并进行隔离，严格限制出入，切断火源。应急处理人员应佩戴自给正压式呼吸防护器，穿消防防护服。尽可能切断泄漏源，防止进入下水道等限制性空间。小量泄漏用沙土、蛭石或其他惰性材料吸收，或在确保安全情况下就地焚烧。大量泄漏可构筑围堤收容，用泡沫覆盖，降低蒸气灾害，或用防爆泵转移至槽车或专用容器内进行回收或运至废物处理场所处置。

2. 泄漏处理苯泄漏应急处理

迅速撤离泄漏污染人员至安全区，并进行隔离，严格限制出入。切断火源，应急处理人员佩戴隔离式呼吸防护器，穿防毒服，尽可能切断泄漏源。小量泄漏，用活性炭或其他惰性材料吸收，也可用不燃性分散剂制成的乳液刷洗，洗液稀释后放入废水系统。大量泄漏可构筑围堤收容，用泡沫覆盖，降低蒸气危害，喷雾装水冷却或稀释蒸气，将泄漏物稀释成不燃物，用防爆泵转移至槽车或专用容器内，回收或运至废物处理场所处置。

3. 液氨泄漏应急处理

迅速撤离泄漏污染区人员至上风处，并立即隔离150m，严格限制出入，切断火源。应急处理人员应佩戴隔离式呼吸防护器，穿防毒服，尽可能切断泄漏源，进行合理通风，加速泄漏气体的扩散。高浓度泄漏区，喷含盐酸的雾状水进行中和、稀释和溶解。构筑围堤或挖坑收集产生的大量废水。如有可能，将残余气或漏出气用排风机送至水洗塔或与塔相连的通风橱内，储罐区建议设稀酸喷洒设施，漏气容器要妥善处理，修复、检验后再用。

三、危险化学品堵漏技术装备及使用

危险化学品一旦发生泄漏，无论是否发生爆炸或燃烧，都必须设法消除泄漏。在危险化学品泄漏事故应急救援过程中，绝大多数采用的都是带压堵漏技术，可分为注剂式带压堵漏技术和带压粘接堵漏技术。其中注剂式带压堵漏过程中使用的设备主要包括密封注剂、堵漏夹具、注剂接头、注剂阀、高压注剂枪、快装接头、高压输油管、压力表、压力表接头、回油尾部接头、油压换向阀接头、手动液压油泵等。

带压堵漏技术是指在连续性生产中的设备、管道、阀门、法兰等各部位，因某种原因造成泄漏时，泄漏介质具有带温、带压、有毒、易燃、危害极大等特性，且处于外泄状态，人为利用泄漏部位原来的密封空腔或者在泄漏部位上建立一个密封空腔，采用大于介质系统内的外部推力，将适当的密封剂注入密封空腔内并填满密封腔，利用密封剂具有耐温、耐压、耐介质腐蚀，且在一定的条件下能迅速固化的特点，在泄漏部位形成一个新的密封结构，彻底堵截介质泄漏通道，从而消除泄漏，使装置在不停车状态下消除泄漏，满足装置长周期运行。

尽管堵漏技术在生产过程中得到较为广泛的应用，但是，在危险化学品应急救援时，因危险化学品本身的理化特性以及事故现场的复杂性，如事发现场不符合安全操作规定的、人员不能靠近的修漏点或毒性程度极大的流体、泄漏缺陷当量直径较大等情况，堵漏技术控制泄漏的应用也遇到不少问题。

四、危险化学品个体防护装备及使用

危险化学品一旦泄漏，对人体的危害主要是中毒，包括急性中毒和慢性中毒。这主要是因为这些危险化学品大多都能与人体体液或组织发生作用，扰乱或者破坏人体的正常生理功能，引起机体产生暂时性或者永久性的病理状态，甚至危及生命。因此，应急救援人员在实施抢险救援的过程中，必须配备专业的个体防护装备。防护装备主要包括空气呼吸器、消防防化服、防毒面具、防化手套、防化靴等。

空气呼吸器是一种自给的开放式空气呼吸器，又称储气式防毒面具，有时也称为消防面具以压缩气体钢瓶中的压缩空气为气源，具有质量轻、体积小、使用维护方便、佩戴舒适、性能稳定等优点，是从事抢险救灾、灭火作业理想的个人呼吸保护装置。广泛应用于消防、化工、船舶、石油、冶炼、仓库、试验室、矿山等部门，供消防员或抢险救护人员在浓烟、毒气、蒸汽或缺氧等各种环境下安全有效地进行灭火、抢险救灾和救护工作。

空气呼吸器的主要组成有面罩、气瓶、肩带、减压器、供给阀等。其原理是当工作人员从肺部呼出气体，通过全面罩的呼吸阀排入大气中。当工作人员吸气时，有适量的新鲜空气由气体储存气瓶开关，减压器中软导管供给阀，全面罩将气体吸入人体肺部，完成了整个呼吸循环过程。在这个呼吸循环过程中，由于在全面罩内设有吸气阀门和呼气阀各两个，它们在呼吸过程中单方向开启，因此，整个气流方向始终是沿

一个方向前进，构成整个的呼吸循环过程。打开气瓶阀，高压空气依次经过气瓶阀、减压器，进行一级减压后，输出约0.7MPa的中压气体，再经中压导气管送至供气阀，供气阀将中压气体按照佩戴者的吸气量，进行二级减压，减压后的气体进入面罩，供佩戴者呼吸使用，人体呼出的浊气经面罩上的呼气阀排到大气中，这样气体始终沿着一个方向流动而不会逆流。

第四节　危险化学品事故应急预案的编制和演练

一、危险化学品事故应急预案编制的基本要求

编制应急预案必须以科学的态度，在全面调查的基础上，实行领导与专家相结合的方式，开展科学分析和论证，使应急预案真正具有科学性。同时，应急预案应符合使用对象的客观情况，具有实用性和可操作性，以利于准确、迅速地控制事故。

国家安全生产监督管理总局令第17号《生产安全事故应急预案管理办法》第五条规定，应急预案的编制应当符合下列基本要求：

（1）符合有关法律、法规、规章和标准的规定。

（2）结合本地区、本部门、本单位的安全生产实际情况。

（3）结合本地区、本部门、本单位的危险性分析情况。

（4）应急组织和人员的职责分工明确，并有具体的落实措施。

（5）有明确、具体的事故预防措施和应急程序，并与其应急能力相适应。

（6）有明确的应急保障措施，并能满足本地区、本部门、本单位的应急工作要求。

（7）预案基本要素齐全、完整，预案附件提供的信息准确。

（8）预案内容与相关应急预案相互衔接。

二、应急预案的编制程序

应急预案的编制应当包括以下6个过程：

（1）成立工作组。结合本单位部门职能分工，成立以单位主要负责人为领导的应急预案编制工作组，明确编制任务、职责分工，制订工作计划。

（2）资料收集。收集应急预案编制所需的各种资料（相关法律法规、应急预案、技术标准、国内外同行业事故案例分析、本单位技术资料等）。

（3）危险源与风险分析。在危险因素分析及事故隐患排查、治理的基础上，确定本单位的危险源、可能发生事故的类型和后果，进行事故风险分析，并指出事故可能

产生的次生、衍生事故，形成分析报告，分析结果作为应急预案的编制依据。

（4）应急能力评估。对本单位应急装备、应急队伍等应急能力进行评估，并结合本单位实际，加强应急能力建设。

（5）应急预案编制。针对可能发生的事故，按照有关规定和要求编制应急预案。应急预案编制过程中，应注重全体人员的参与和培训，使所有与事故有关的人员均掌握危险源的危险性、应急处置方案和技能，应急预案应充分利用社会应急资源，与地方政府预案、上级主管单位以及相关部门的预案相衔接。

（6）应急预案的评审、发布与备案。要素评审由本单位主要负责人组织有关部门和人员进行。形式评审由上级主管部门或地方政府负责安全管理的部门组织审查。评审后，按规定报有关部门备案，并经生产经营单位主要负责人签署发布。

三、应急预案体系

1. 综合应急预案

综合应急预案是从总体上阐述处理事故的应急方针、政策，应急组织结构及相关应急职责，应急行动、措施和保障等基本要求和程序，是应对各类事故的综合性文件。综合应急预案的主要内容包括总则、生产经营单位概况、组织机构及职责、预测与预警、应急响应、信息发布、后期处置、保障措施、培训与演练、奖惩、附则11个部分。

2. 专项应急预案

专项应急预案是针对具体的事故类别（如危险化学品泄漏等事故）、危险源和应急保障而制订的计划或方案，是综合应急预案的组成部分，应按照综合应急预案的程序和要求组织制定，并作为综合应急预案的附件。专项应急预案应制定明确的救援程序和具体的应急救援措施。专项应急预案的主要内容包括事故类型和危害程度分析、应急处置基本原则、组织机构及职责、预防与预警、信息报告程序、应急处置、应急物资与装备保障7个部分。

3. 现场处置方案

现场处置方案是针对具体的装置、场所、设施、岗位所制定的应急处置措施。现场处置方案应具体、简单、针对性强。现场处置方案应根据风险分析及危险性控制措施逐一编制，做到事故相关人员应知应会，熟练掌握，并通过应急演练，做到迅速反应、正确处置。现场处置方案的主要内容包括事故特征、应急组织与职责、应急处置、注意事项4个部分。

除上述3个主体组成部分外，生产经营单位应急预案需要有充足的附件支持，主要包括：有关应急部门、机构或人员的联系方式；重要物资装备的名录或清单；规范化格式文本；关键的路线、标识和图纸；相关应急预案名录；有关协议或备忘录（包括与相关应急救援部门签订的应急支援协议或备忘录等）。

综合应急预案、专项应急预案和现场处置方案较详细的主要内容可参见国家安全生产应急救援指挥中心组织编制的《生产经营单位安全生产事故应急预案编制导则》（AQ/T 9002—2006）。

四、事故应急预案的演练

应急预案演练是各类事故及灾害应急准备过程中的一项重要工作，是检验、评价和保持应急能力的重要手段，它对于评估应急准备状态，检验应急人员的实际操作水平，发现并及时修改预案中的缺陷和不足等具有重要意义。

1. 应急演练类型

可采用不同规模的应急演练方法对应急预案的完整性和周密性进行评估，如桌面演练、功能演练和全面演练等。

（1）桌面演练是指由应急组织的代表或关键岗位人员参加的，按照应急预案及其标准工作程序，讨论紧急情况时应采取行动的演练活动。桌面演练的特点是对演练情景进行口头演练，一般是在会议室内举行。其主要目的是锻炼参演人员解决问题的能力，以及解决应急组织相互协作和职责划分的问题。

桌面演练一般仅限于有限的应急响应和内部协调活动，应急人员主要来自本地应急组织，事后一般采取口头评论形式收集参演人员建议，并提交一份简短的书面报告，总结演练活动和提出有关改进应急响应工作的建议。桌面演练方法成本较低，主要为功能演练和全面演练做准备。

（2）功能演练是指针对某项应急响应功能或其中某些应急响应行动举行的演练活动，主要目的是针对应急响应功能，检验应急人员以及应急体系的策划和响应能力。演练地点主要集中在若干个应急指挥中心或现场指挥部，并开展有限的现场活动，调用有限的外部资源。

功能演练比桌面演练规模要大，需动员更多的应急人员和机构，因而协调工作的难度也随着更多组织的参与而加大。演练完成后，除采取口头评论形式外，还应向单位提交有关演练活动的书面汇报，提出改进建议。

（3）全面演练是指针对应急预案中全部或大部分应急响应功能，检验、评价应急组织应急运行能力的演练活动。全面演练一般要求持续几个小时，采取交互式方式进行，演练过程要求尽量真实，调用更多的应急人员和资源，并开展人员、设备及其他资源的实战性演练，以检验相互协调的应急响应能力。与功能演练类似，演练完成后，除采取口头评论、书面汇报外，还应提交正式的书面报告。

桌面演练、功能演练和综合演练的比较如表8-2所示。

表8-2　　　　　　　　　　桌面演练、功能演练和综合演练比较

演练类型	桌面演练	功能演练	综合演练
方式	以口头讨论为主	以模拟行动为主	以实战行动为主
目的	为提高指挥人员制定应急策略、解决实际问题的能力	为检验应急人员以及应急救援系统的响应能力	为全方位地锻炼和提高相关应急人员的组织指挥、应急处置以及后勤保障等综合应急能力
涉及内容	模拟紧急情景中应采取的响应行动；应急响应过程中的内部协调活动	相应的应急响应功能，如指挥与控制；应急响应过程中的内部、外部协调活动	应急预案中载明的大部分要素演练内容
演练地点	会议室为主；应急指挥中心	应急指挥中心；实施应急响应功能的地点；工厂或交通事故现场	应急指挥中心；现场指挥所；地区或工厂现场
所需评价人员数量	一般需1~2人	一般需2~3人	一般需10~50人
总结方式	口头评论；参与人员汇报；演练报告	口头评论；参与人员汇报；演练报告	口头评论；参与人员汇报；演练报告

2. 应急演练类型的选择

应急演练的组织者或策划者在确定采取哪种类型的演练方法时，应考虑以下因素：

（1）应急预案和响应程序制定工作的进展情况。

（2）本辖区面临风险的性质和大小。

（3）本辖区现有应急响应能力。

（4）应急演练成本及资金筹措状况。

（5）有关政府部门对应急演练工作的态度。

（6）应急组织投入的资源状况。

（7）国家及地方政府部门颁布的有关应急演练的规定。

无论选择何种演练方法，应急演练方案必须与辖区重大事故应急管理的需求和资源条件相适应。

3. 演练的参与人员

应急演练的参与人员包括参演人员、控制人员、模拟人员、评价人员和观摩人员。这5类人员在演练过程中都有着重要的作用，并且在演练过程中都应佩戴能表明其身份的识别符。

（1）参演人员，是指在应急组织中承担具体任务，并在演练过程中尽可能对演练情景或模拟事件做出真实情景下可能采取响应行动的人员，相当于通常所说的演员。参演人员所承担的具体任务主要包括：救助伤员或被困人员；保护财产或公众健康；

获取并管理各类应急资源；与其他应急人员协同处理重大事故或紧急事件。

（2）控制人员，是指根据演练情景，控制演练时间进度的人员。控制人员根据演练方案及演练计划的要求，引导参演人员按响应程序行动，并不断给出情况或消息，供参演的指挥人员进行判断、提出对策。其主要任务包括：确保规定的演练项目得到充分的演练，以利于评价工作的开展；确保演练活动的任务量和挑战性；确保演练的进度；解答参演人员的疑问，解决演练过程中出现的问题；保障演练过程的安全。

（3）模拟人员，是指演练过程中扮演、代替某些应急组织和服务部门，或模拟紧急事件、事态发展的人员。其主要任务包括：扮演、替代正常情况或响应实际紧急事件时应与应急指挥中心、现场应急指挥所相互作用的机构或服务部门；模拟事故的发生过程；模拟受害或受影响人员。

（4）评价人员，是指负责观察演练进展情况并予以记录的人员。其主要任务包括：观察参演人员的应急行动，并记录观察结果；在不干扰参演人员工作的情况下，协助控制人员确保演练按计划进行。

（5）观摩人员，是指来自有关部门、外部机构以及旁观演练过程的观众。

第五节　危险化学品事故应急预案的组织与实施

一、事故报警

事故报警的及时与准确是能否及时实施应急救援的关键。发生事故的单位，除了积极组织自救外，必须及时事故向有关部门报告。对于重大或灾害性的事故，以及尚不能及时控制的事故，应尽早争取社会救援，以便尽快控制事态的发展。报警内容包括事故单位，事故发生的时间、地点，危险物名称和数量，事故原因，事故性质（化学毒品外溢、爆炸、燃烧）、危害程度和对救援的要求，以及报警人与联系电话等。为了做好事故的报警工作，在一些国家和地区还规定了事故的报警电话号码。

二、实施事故应急预案的基本程序

事故应急救援预案的实施可按以下的基本步骤进行。

1. 接报

指接到执行救援的批示或要救援的报告。接报是实施救援工作的第一步，对成功实施救援起到重要的作用。

接报人一般应由总值班担任。接报人应做好以下几项工作：

（1）问清报告人姓名、单位部门和联系电话。

（2）问明事故发生的时间、地点、事故单位、事故原因、主要毒物、事故性质（毒物外溢、爆炸、燃烧）、危害波及范围和程度、对救援的要求，同时做好电话记录。

（3）按救援程序，派出救援队伍。

（4）向上级有关部门报告。

（5）保持与急救队伍的联系，并监视事故发展状况，必要时派出后继梯队予以增援。

2. 设点

指各救援队伍进入事故现场，选择有利地形（地点）设置现场救援指挥部或救援、急救医疗点。各救援点的位置选择关系到能否有序地开展救援和保护自身的安全。救援指挥部、救援和医疗急救点的设置应考虑以下各项因素：

（1）地点。应选在上风向的非事故威胁区域，但注意不要远离事故现场，便于指挥和救援工作的实施。

（2）位置。各救援队伍应尽可能在靠近现场救援指挥部的地方设点并随时保持与指挥部的联系。

（3）路段。应选择交通路口，利于救援人员或转送伤员的车辆通行。

（4）条件。指挥部、救援或急救医疗点，可设在室内或室外，应便于人员行动或群众伤员的抢救，同时要尽可能利用原有通信、水和电等资源，有利救援工作的实施。

（5）标志。指挥部、救援或医疗急救点，均应设置醒目的标志，方便救援人员和伤员识别。悬挂的旗帜应轻质面料制作，以便救援人员随时掌握现场风向。

3. 报到

各救援队伍进入救援现场后，向现场指挥部报到。其目的是接受任务，了解现场情况，便于统一实施救援工作。

4. 救援

进入现场的救援队伍要尽快按照各自的职责和任务开展工作。

（1）现场救援指挥部。应尽快地开通通信网络，迅速查明事故原因和危害程度，制定救援方案，组织指挥救援行动。

（2）侦检队。应快速检测化学危险物品的性质及危害程度，测定出事故的危害区域，提供有关数据。

（3）工程救援队。应尽快救灾（灭火、抑爆、堵塞毒品泄漏源），将伤员救离危险区域，协助做好群众的组织撤离和疏散，做好毒物的清消工作。

（4）现场急救医疗队。应尽快将伤员就地简易分类，按类急救和做好安全转送。同时，应对救援人员进行医学监护，并为现场救援指挥部提供医学咨询。

5. 撤点

指救援中的临时性转移或应急救援工作结束后离开现场。在救援行动中应随时注意气象和事故发展的变化，一旦发现所处的区域受到灾害威胁时，应立即向安全区转移。在转移过程中应注意安全，保持与救援指挥部和各救援队的联系。救援工作结束后，各救援队撤离现场前须取得现场救援指挥部的同意。撤离前要做好现场的清理工作，并注意安全。

6. 总结

每一次执行救援任务后都应做好救援小结，总结经验与教训，积累资料，以利再战。

三、实施事故应急救援预案工作中需注意的有关事项

1. 救援人员的安全防护

应备好防毒面罩和防护服。救援人员在救援行动中，随时注意现场风向的变化，做好自身防护，注意安全，避免发生伤亡。

2. 救援人员进入污染区的注意事项

（1）救援人员进入毒气污染区前，必须戴好防毒面罩和穿好防护服。

（2）执行救援任务时，应以2~3人为一组，集体行动，互相照应。

（3）带好通信联系工具，随时保持通信联系。

3. 工程救援中的注意事项

（1）工程救援队在救援抢险过程中，尽可能地和事故单位的自救队或技术人员协同作战，以便熟悉现场情况和生产工艺，有利于堵源工作的实施。

（2）在营救伤员、转移危险物品和化学泄漏物的清消处理中，与公安、消防和医疗急救等专业队伍协调行动，互相配合，提高救援的效果。

（3）救援所用的工具应具备防爆功能。

4. 现场医疗急救中需注意的问题

（1）化学重大灾害事故造成的人员伤害具有突发性、群体性、特殊性和紧迫性，现场医务力量和急救的药品、器材相对不足，应合理使用有限的卫生资源，在保证重点伤员得到有效救治的基础上，兼顾到一般伤员的处理。在急救方法上可对群体性伤员实行简易分型（按照轻、中、重进行简易分型）的急救处理，在急救措施上按照先重后轻的治疗原则，实行共性处理和个性处理相结合的救治方法。

（2）注意保护伤员的眼睛。

（3）对救治后的伤员实行一人一卡，将处理意见记录在卡上，并挂在伤员的胸前，以便做好交接，有利于伤员的进一步转诊救治。

（4）合理调用救护车辆。在现场医疗急救过程中，常因伤员多而车辆不够用，因

此，合理调用车辆迅速转送伤员也是一项重要的工作。在救护车辆不足的情况下，对危重伤员可以在医务人员的监护下，由监护型救护车护送，而中度伤员实行几人合用一辆车。轻伤员则可用公交车或卡车集体护送。

（5）合理选送医院。伤员转送过程中，实行就近转送医院的原则。但在医院的选配上，应根据伤员的人数和伤情，以及医院的医疗特点和救治能力，有针对性地合理调配，特别要注意避免危重伤员的多次转院。

（6）妥善处理好伤员的污染衣物。及时清除伤员身上的污染衣物，还需对清除下来的污染衣物集中妥善处理，防止发生继发性损害。

（7）统计工作。统计工作是现场医疗急救的一项重要内容，特别是在忙乱的急救现场，更应注意统计数据的准确性和可靠性，也为日后总结和分析积累可靠的数据。

5. 组织和指挥污染区群众撤离事故现场

在组织和指导污染区群众撤离事故现场的过程中需注意以下几点：

（1）指导群众做好个人防护后，再撤离危险区域。发生化学事故后，应立即组织和指导污染区的群众就地取材，采用简易有效的防护措施保护自己。如用透明的塑料薄膜袋套在头部，用毛巾或布条扎住颈部，用湿毛巾或布料捂住口、鼻，同时用雨衣、塑料布、毯子或大衣等物，把暴露的皮肤保护起来免受伤害，并向上风方向快速转移至安全区域。也可就近进入民防地下工事，关闭防护门，防止事故的伤害。对于污染区已经无法撤出的群众，可指导他们紧闭门窗，用湿布将门、窗的缝隙塞严，关闭空调等通风设备和熄灭火源，等待时机再做转移。

（2）防止继发伤害。组织群众撤离危险区域时，应选择安全的撤离路线，避免横穿危险区域。进入安全区后，尽快去除污染衣物，防止继发性伤害。一旦皮肤或眼睛受到污染应立即用清水冲洗，并就近医治。

（3）发扬互助互救的精神。发扬群众性的互帮互助和自救互救精神，帮助同伴一起撤离，对于做好救援工作，减少人员伤亡起到重要的作用。对危重伤员应立即搬离污染区，需就地实施急救。

6. 实施事故应急救援预案的网络体系

实施事故应急救援预案工作涉及众多部门和多种救援队伍的协调配合，为有序实施事故应急救援预案，应建立起行之有效的实施体系。网络体系应包括指挥体系，各救援部门的通信网络，以及与上级部门的联系网络。除此之外，还应与本区域的安监、公安、消防、卫生、环保、交通等部门建立起协调关系，以便协同作战。

另外，建立毒物资料库或信息网，以及专家联络网。对行动中可能涉及的毒物，应建立起资料信息库，内容包括毒物的理化性质、毒物数据、泄漏物清消方法、消防措施、中毒临床表现、急救处理、卫生标准及注意事项等。或者与国内有关毒物咨询中心建立起固定的联系，便于救援时咨询。建立专家库或专家联系名单，是为了在救援过程中及时得到技术指导。

7. 实施事故应急救援预案工作规范

制定实施事故应急救援预案工作制度，加强规范管理，是提高救援队伍战斗力的制度保证。应根据承担的任务和目标，制定相应的管理规定或规范，如救援工作程序，各救援岗位职责和任务，值班纪律和交接班规定，救援装备调动与保管规定，以及奖惩规定等，实行救援工作管理的科学化、正规化、规范化。

8. 宣传与教育

做好重大灾害事故应急救援预案的宣传与教育工作，让群众懂得发生事故时，如何做好自救与互救工作，有着重要的现实意义。平时应利用各种形式，如黑板报、广播、电视、宣传小册子等，向群众广泛开展事故应急救援预案的宣传和教育。对接触化学危险物品的人员举办安全操作和自救互救知识的培训，提高群众的防护意识和自救能力，共同配合和实施事故应急救援预案。

参考文献

［1］广东省安全生产技术中心编. 危险化学品从业单位安全生产培训教材. 广州：华南理工大学出版社，2015.

［2］梁坤，汤一文，陈明红，等. 危险化学品安全管理与技术. 北京：化学工业出版社，2011.

［3］付林. 危险化学品安全生产检查. 北京：化学工业出版社，2015.

［4］国家安全生产监督管理总局化学品登记中心，中国石油化工股份有限公司青岛安全工程研究院. 危险化学品目录汇编. 北京：化学工业出版社，2015.

［5］何光裕，王凯全，黄勇，等. 危险化学品事故处理与应急预案（第二版）. 北京：中国石化出版社，2010.

［6］孙维生. 常见危险化学品速查手册. 北京：化学工业出版社，2013.

［7］孙道兴. 危险化学品安全技术与管理. 北京：中国编织出版社，2011.

［8］上海市安全生产科学研究所. 危险化学品生产经营单位安全管理人员安全生产管理知识. 上海：上海科学技术出版社，2010.

［9］牟天明，张荣. 危险化学品企业班组长安全管理培训教程. 北京：化学工业出版社，2012.

［10］张荣，练学宁. 危险化学品生产单位操作人员安全培训教程. 北京：中国劳动社会保障出版社，2010.

［11］张东普，董定龙. 生产现场伤害与急救. 北京：化学工业出版社，2005.

［12］姜威. 城市危险化学品事故应急管理. 北京：化学工业出版社，2008.

［13］张广华. 危险化学品重特大事故案例精选. 北京：中国劳动社会保障出版社，2007.

［14］胡忆斌，杨梅，李鑫，等. 危险化学品抢险技术与器材. 北京：化学工业出版社，2016.

［15］崔政斌，周礼庆. 危险化学品企业安全管理指南. 北京：化学工业出版社，2016.

［16］任树奎. 危险化学品常见事故与防范对策. 北京：中国劳动社会保障出版社，2004.

［17］樊晶光. 国内外危险化学品典型事故案例分析. 北京：中国劳动社会保障出版社，2009.

［18］胡永宁，马玉国，付林，俞万林. 危险化学品经营企业安全管理培训教程. 北京：化学工业出版社，2011.

［19］秦琦. 电力应急救援技术手册. 北京：中国电力出版社，2016.

附录一 国家能源局综合司关于切实加强电力行业危险化学品安全综合治理工作的紧急通知

国 家 能 源 局 综 合 司

国能综函安全〔2019〕132 号

国家能源局综合司关于切实加强电力行业危险
化学品安全综合治理工作的紧急通知

各省、自治区、直辖市、新疆生产建设兵团发展改革委（能源局）、经信委（工信委），北京市城管委，各派出能源监管机构，全国电力安委会各企业成员单位：

3月21日，江苏响水天嘉宜化工有限公司发生特别重大爆炸事故，损失惨重，影响恶劣，教训深刻。习近平总书记作出重要指示，要求深刻吸取教训，严格落实安全生产责任制，深入开展隐患排查，坚决防范遏制重特大事故发生，确保广大人民群众生命财产安全。近日，国务院安全生产委员会印发紧急通知，要求全面开展危险化学品等行业领域安全隐患集中排查整治。为深入贯彻习近平总书记重要指示精神，严格落实国务院安全生产委员会工作要求，进一步加强电力安全生产监督管理，持续推进电力行业危险化学品安全综合治理，有效防范化解重大安全风险，坚决遏制重特大事故发生，现就有关事项通知如下。

一、提高认识，落实危险化学品安全综合治理责任

各单位要提高政治站位，牢固树立安全发展理念，坚持底线思

维，清醒认识当前面临的严峻复杂形势，高度重视危险化学品安全综合治理工作，认真分析近年来国内外多起事故暴露出的基础性、根源性问题，举一反三，结合实际深入查找本地区、本单位短板弱项，彻底解决问题；要增强责任意识，健全责任体系，明确工作目标和重点任务，强化各部门、各岗位责任落实；要严格按照国务院安委会和国家能源局统一部署，进一步增强紧迫感和使命感，在前期工作的基础上，加快电力行业危险化学品综合治理各项任务实施进度，并建立长效机制，深化提升治理成效，确保长治久安。

二、全面排查，堵塞危险化学品安全管理漏洞

各电力企业要强化安全风险管控和隐患排查治理双重预防机制，深入摸排本单位生产经营过程中危险化学品使用、储存、运输和废弃处置等可能存在的薄弱环节，采取有效可行措施，坚决堵塞安全管理体制机制漏洞；要持续完善、动态更新危险化学品安全风险分布档案和重大危险源数据库，并按规定及时报送相关信息；要加强危险化学品工艺流程管控，规范危险化学品的存放、轮换、更新和动用管理，确保不同危险化学品放置间距、危险品库与应急电源间距、照明设备防爆功能、消防设施器材更新等符合标准规范要求。各省级政府电力管理等有关部门、各派出能源监管机构要及时梳理分析本行政区域、本辖区内电力行业危险化学品安全状况，有针对性地提出风险防控措施意见，督促指导电力企业认真开展安全距离、重大危险源、自动控制系统和防火隔爆、应急处置设施等安全排查，严防风险外溢。

三、突出重点，推进重大危险源管控和改造

各电力企业要加强对液氨、氢气、氯气、燃油、天然气、民用爆炸物、放射性材料等易燃易爆和有毒有害物质的源头管控，认真开展危险源辨识评估，加大安全投入，落实防范措施，及时消除设备缺陷，完善监测监控和预警预报等安全设施，减少危险岗位作业人员，提升企业本质安全水平。在运燃煤发电厂仍采用液氨作为脱硝还原剂的，有关电力企业要按照国家能源局《关于加强燃煤机组脱硫脱硝安全监督管理的通知》（国能综安全〔2013〕296号）、《燃煤发电厂液氨罐区安全管理规定》等文件规定，积极开展液氨罐区重大危险源治理，加快推进尿素替代升级改造进度。新建燃煤发电项目，应当采用没有重大危险源的技术路线。

四、加强培训，提升应急响应水平

各电力企业要加强对基层一线和特殊工种人员的安全教育，及时、准确、全面地传达安全信息；要强化班组层面的危险化学品特性、"一书一签"管理、应急处置等方面的理论知识和实操技能培训，确保作业人员具备危险化学品安全生产能力；要进一步完善危险化学品专项应急预案，保证企业预案与地方政府及有关部门预案有机衔接；要加强与国家综合性消防救援队伍和危险化学品安全生产专业救援队伍的联络沟通，健全协调联动机制，开展联合实战演练，确保遇有突发事件能够妥善应对、快速处置。

五、齐抓共管，强化危险化学品安全生产监督管理

各省级政府电力管理等有关部门、各派出能源监管机构要严格

按照国务院安全生产委员会和国家能源局有关文件规定，认真做好本行政区域、本辖区内电力行业危险化学品安全综合治理工作，依法依规履行属地管理和安全监管职责，并积极配合地方应急管理部门开展相关工作；要努力构建齐抓共管的工作格局，密切沟通联系，加强协同配合，形成监管合力，共同督促电力企业落实危险化学品安全生产主体责任；要联合开展监督检查和监管执法行动，严肃查处危险化学品安全生产违法违规行为。

国家能源局综合司

2019 年 4 月 2 日

（主动公开）

抄送：国务院安委会办公室，国家发展改革委、应急管理部办公厅

附录二　九大类危险货物图案标志

类别	图案标志

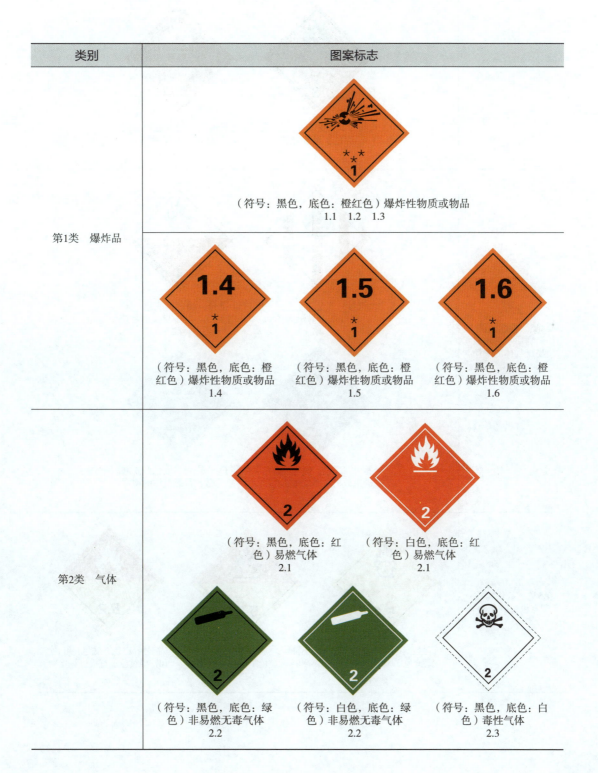

第1类　爆炸品

（符号：黑色，底色：橙红色）爆炸性物质或物品
1.1　1.2　1.3

（符号：黑色，底色：橙红色）爆炸性物质或物品
1.4

（符号：黑色，底色：橙红色）爆炸性物质或物品
1.5

（符号：黑色，底色：橙红色）爆炸性物质或物品
1.6

第2类　气体

（符号：黑色，底色：红色）易燃气体
2.1

（符号：白色，底色：红色）易燃气体
2.1

（符号：黑色，底色：绿色）非易燃无毒气体
2.2

（符号：白色，底色：绿色）非易燃无毒气体
2.2

（符号：黑色，底色：白色）毒性气体
2.3

类别	图案标志		
第3类　易燃液体	（符号：黑色，底色：正红色）易燃液体 3	（符号：白色，底色：正红色）易燃液体 3	
第4类　易燃固体、易燃物质、遇水放出易燃气体的物质	（符号：黑色，底色：白色红条）易燃固体 4.1	（符号：黑色，底色：上白下红）易于自燃的物质 4.2	
	（符号：黑色，底色：蓝色）遇水放出易燃气体的物质 4.3	（符号：白色，底色：蓝色）遇水放出易燃气体的物质 4.3	
第5类　氧化物质和有机过氧化物	（符号：黑色，底色：柠檬黄色）氧化性物质 5.1	（符号：黑色，底色：红色和柠檬黄色）有机过氧化物 5.2	（符号：白色，底色：红色和柠檬黄色）有机过氧化物 5.2

续表

类别	图案标志
第6类　有毒和感染性物质	 （符号：黑色，底色：白色）　（符号：黑色，底色：白色） 毒性物质　　　　　　　感染性物质 6.1　　　　　　　　6.2
第7类　放射性物质	 （符号：黑色，底色：白色，附一条红竖条）黑色文字，在标签下半部分写上："放射性"、"内装物——"、"放射性强度——"在"放射性"字样之后应有一条红竖条一级放射性物质7A　　（符号：黑色，底色：上黄下白）黑色文字，在标签下半部分写上："放射性"、"内装物——"、"放射性强度——"在一个黑边框格内写上："运输指数"在"放射性"字样之后应有两条红竖条二级放射性物质7B （符号：黑色，底色：上黄下白）黑色文字，在标签下半部分写上："放射性"、"内装物——"、"放射性强度——"在一个黑边框格内写上："运输指数"在"放射性"字样之后应有两条红竖条三级放射性物质7C　　（符号：黑色，底色：白色）黑色文字，在标签上半部分写上："易裂变"、在标签下半部分的一个黑边框格内写上："临界安全指数"裂变性物质7E
第8类　腐蚀品	 （符号：黑色，底色：上白下黑）腐蚀性物质 8

类别	图案标志
第9类　杂项危险物质和物品	 （符号：黑色，底色：白色）杂项危险物质和物品 9

附录三 电力生产现场化学品安全技术说明书及标签示例

××××发电有限责任公司

化学药品安全技术说明书及标签

氢氧化纳

俗称：烧碱　　分子式：NaOH

危　险

强腐蚀性，避免受潮

危险性
- 具强腐蚀性

泄漏处理
- 隔离、设警示牌
- 戴防毒面具，穿化学防护服
- 避免接触泄漏物
- 收集后移至大量水中，中和
- 大量泄漏，回收或无害处理后废弃

储运要求
- 库房高燥，清洁
- 注意防潮
- 应与易（可）燃物、酸（碱）类分储
- 搬运时注意个人防护
- 轻装轻卸，防止破损
- 雨天不宜运输

急　救
- 脱去污染衣着，用清水洗污染部位
- 脱离污染环境至空气新鲜处
- 误服后，喝蛋清或牛奶
- 就医

灭火方法
- 雾状水，沙土

防护措施

废弃处理　参阅国家和地方法规，中和稀释后排入下水道

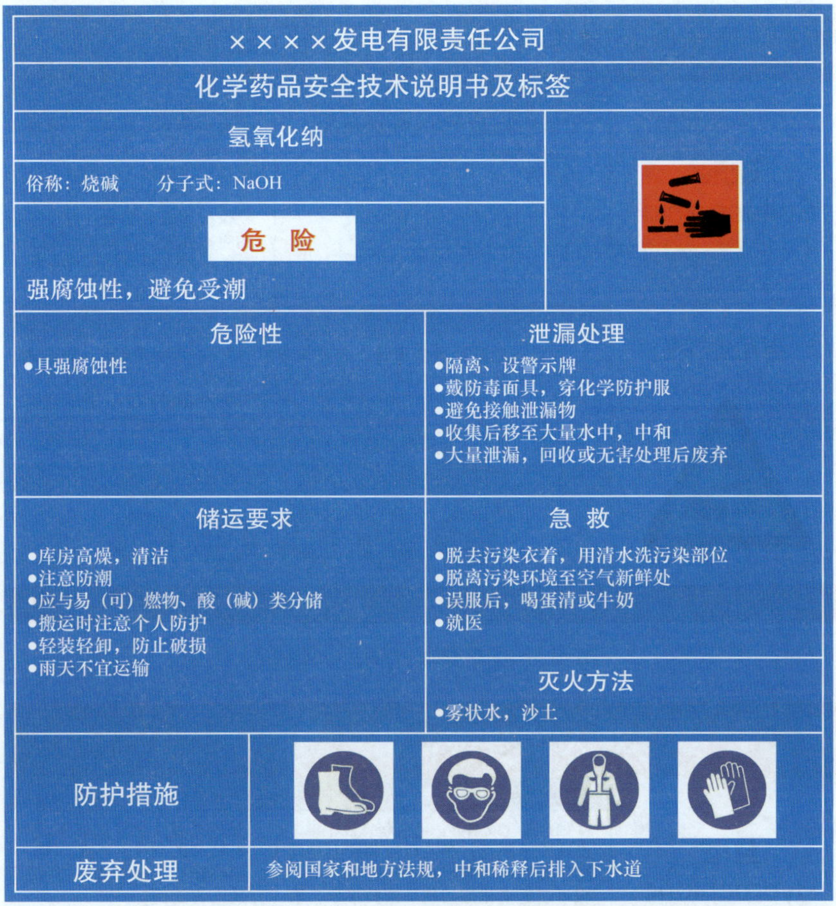

附图1　电力生产现场化学药品安全技术说明书及标签示例

附录四 电力生产现场常用职业危害告知卡及危险化学品中毒应急处置卡（式样）

对人体有害，请注意防护

硫酸 Sulfuric acid	健康危害	理化特性
	对呼吸道黏膜有刺激和烧灼作用，能损害肺脏。溅到皮肤上引起严重的烧伤。	硫酸为无色至微黄色，有很强的吸水性。腐蚀性很强。化学性很活泼。几乎能与所有金属及其氧化物，氢氧化物仅应生成硫酸盐。有很强的吸水能力，稀释硫酸时，只能注酸入水，切不可注水入酸。

当心腐蚀	应急处理
	如呼吸道黏膜刺激症状时，应吸入新鲜空气和碳酸钠溶液，如浓硫酸溅到皮肤上，应立即用大量清水冲洗，接着用2%苏打溶液冲洗，如溅入眼睛，应立即用清水冲洗，再用2%硼酸溶液冲洗，并急送医院治疗。失火时，可用雾状水、黄砂二氧化碳灭火器扑救，不可用高压柱状水，以免硫酸四溅扩大危害范围。

防护措施

急救电话：120　　消防电话：119

附图2　职业危害告知卡（硫酸）

对人体有害，请注意防护

盐酸 Hydrochloric acid	健康危害	理化特性
	接触其蒸气或烟雾，可引起急性中毒，出现眼结膜炎，鼻及口腔黏膜有烧灼感，鼻衄、齿龈出血，气管炎等。误服可引起消化道灼伤、溃疡形成，有可能引起胃穿孔、腹膜炎等。眼和皮肤接触可致灼伤。慢性影响：长期接触，引起慢性鼻炎、慢性支气管炎、牙齿酸蚀症及皮肤损害。	无色或微黄色发烟液体，有刺鼻的酸味，不燃，具强腐蚀性、强刺激性，可致人体灼伤。

当心腐蚀	应急处理
	皮肤接触：立即脱去污染的衣着，用大量流动清水冲洗至少15min。就医。 眼睛接触：立即提起眼睑，用大量流动清水或生理盐水冲洗至少15min。就医。 吸入：迅速脱离现场至空气新鲜处。保持呼吸道通畅。如呼吸困难，给输氧。如呼吸停止，立即进行人工呼吸。就医。 食入：用水漱口，给饮牛奶或蛋清。就医。

防护措施

急救电话：120　　消防电话：119

附图3　职业危害告知卡（盐酸）

对人体有害，请注意防护

	健康危害	理化特性
氢氧化钠 **NaOH**	氢氧化钠有强烈刺激和腐蚀性。粉尘或烟雾刺激眼和呼吸道，腐蚀鼻中隔；皮肤和眼直接接触可引起灼伤；误服可造成消化道灼伤，黏膜糜烂、出血和休克。	白色透明液体，本品不会燃烧，遇水和水蒸气会大量放热，形成腐蚀性溶液。与酸发生中和反应并放热，具有强腐蚀性。

	应急处理
当心腐蚀	皮肤接触：立即脱去污染的衣物，用大量清水冲洗至少15min，就医。 眼睛接触：立即提起眼睑，用大量流动清水彻底冲洗至少15min，就医。 吸入：迅速脱离现场至空气新鲜处，保持呼吸道通畅，就医。

防护措施

急救电话：120	消防电话：119

附图4　职业危害告知卡（氢氧化钠）

对人体有害，请注意防护

	健康危害	理化特性
二氧化硫 **Sulfur dioxide**	在大气中，二氧化硫会氧化而成硫酸雾或硫酸盐气溶胶，是环境酸化的重要前驱物。大气中二氧化硫浓度在0.5ppm以上对人体已有潜在影响；在1~3ppm时，多数人开始感到刺激；在400~500ppm时，人会出现溃疡和肺水肿直至窒息死亡。二氧化硫与大气中的烟尘有协同作用。	二氧化硫为无色透明气体 熔点：−75.5℃ 沸点：−10℃ 相对密度：2.26（空气=1）

	应急处理
当心中毒	皮肤接触：立即脱去污染的衣着，用大量流动清水冲洗。就医。 眼睛接触：提起眼睑，用流动清水或生理盐水冲洗。就医。 吸入：迅速脱离现场至空气新鲜处。保持呼吸道通畅。如呼吸困难，给输氧。如呼吸停止，立即进行人工呼吸。就医。

防护措施

急救电话：120	消防电话：119

附图5　职业危害告知卡（二氧化硫）

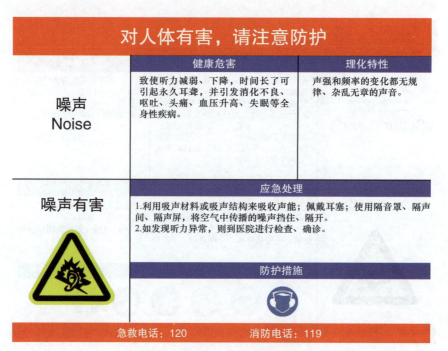

附图6　职业危害告知卡（粉尘）

对人体有害，请注意防护		
	健康危害	理化特性
粉尘 Dust	长期接触生产性粉尘的作业人员，当吸入的粉尘达到一定数量时即可引发尘肺病，还可引发鼻炎、咽炎、支气管炎、皮疹、皮炎、眼结膜损害等。	有机性粉尘 无机性粉尘 混合性粉尘
当心粉尘	应急处理	
	发现身体状况异常时，要及时去医院进行检查治疗。	
	防护措施	
	必须佩戴个人防护用品，按时、按规定对身体状况进行定期检查，对除尘设施定期维护和检修，确保除尘设施运转正常。	
急救电话：120		消防电话：119

附图7　职业危害告知卡（噪声）

对人体有害，请注意防护		
	健康危害	理化特性
噪声 Noise	致使听力减弱、下降，时间长了可引起永久耳聋，并引发消化不良、呕吐、头痛、血压升高、失眠等全身性疾病。	声强和频率的变化都无规律、杂乱无章的声音。
噪声有害	应急处理	
	1.利用吸声材料或吸声结构来吸收声能；佩戴耳塞；使用隔音罩、隔声间、隔声屏，将空气中传播的噪声挡住、隔开。 2.如发现听力异常，则到医院进行检查、确诊。	
	防护措施	
急救电话：120		消防电话：119

对人体有害，请注意防护

	健康危害	理化特性
液氨 **Ammonia**	可经呼吸道进入人体，主要损害呼吸系统。表现为流泪、流涕、咳嗽、胸闷，重者呼吸困难、咳白色或血性泡沫痰。液态氨可致呼吸道、皮肤、眼睛灼伤。	无色气体，有强烈刺激性和腐蚀性。易溶于水，与空气混合后遇明火可发生爆炸，爆炸极限（V%）16%~25%。

	应急处理
当心中毒 	如有泄漏，迅速撤离泄漏污染区，人员至上风处。应急处置人员佩戴自给正压式呼吸器，穿防静电工作服，尽可能切断泄漏源，喷水雾减少蒸发。抢救氨中毒者，应立即移离现场，抬至空气新鲜处，解开领口使其呼吸畅通，注意保暖，迅速就医。
	防护措施
	操作人员专门培训。操作时必须佩戴自吸过滤式防毒口罩、戴化学安全防护眼镜、穿防静电工作服、戴橡胶耐油手套。

急救电话：120　　　　消防电话：119

附图8　职业危害告知卡（液氨）

对人体有害，请注意防护

	健康危害	理化特性
联氨 **Hydrazine**	吸入本品蒸气，刺激鼻和上呼吸道。此外，尚可出现头晕、恶心和中枢神经系统兴奋。液体或蒸气对眼有刺激作用，可致眼的永久性损害。对皮肤有刺激性；长时间皮肤反复接触，可经皮肤吸收引起中毒；某些接触者可发生皮炎。口服引起头晕、恶心。	腐蚀性：能侵蚀玻璃、橡胶、皮革、软木等。稳定性：稳定，在高温下分解成N_2、NH_3和H_2无色透明的油状发烟液体，微有特殊的氨臭味，在湿空气中冒烟，具有强碱性和吸湿性。

	应急处理
当心中毒 	皮肤接触，立即脱去污染的衣着，立即用流动清水彻底清洗。 眼睛接触：立即提起眼睑，用流动清水或生理盐水冲洗至少15min。就医。 吸入：迅速脱离现场至空气新鲜处。呼吸困难时，给输氧。呼吸停止时，立即进行人工呼吸。就医。 食入：误服者给饮牛奶或蛋清。立即就医。
	防护措施
	呼吸系统防护：可能接触其蒸气或烟雾时，应该佩戴防护面具，紧急事态抢救或逃生时，佩戴自给正压式呼吸器。眼睛防护：戴化学安全防护眼镜。防护服：穿工作服（防腐材料制作）。手防护：戴橡皮手套。其他：工作后沐浴更衣。

急救电话：120　　　　消防电话：119

附图9　职业危害告知卡（联氨）

危险化学品中毒应急处置卡

现象	化学药品储存地点有刺激性气味。
危害	1. 酸碱灼伤：以硫酸、盐酸、硝酸最为多见，都是腐蚀性毒物。除皮肤灼伤外，呼吸道吸入这些酸类的挥发气、雾点（如硫酸雾、铬酸雾），还可引起上呼吸道的剧烈刺激，严重者可发生化学性支气管炎、肺炎和肺水肿等。 2. 神经性毒物：对神经中枢有麻痹作用，如苯及苯的衍生物、氯乙烯、二硫化碳等。
人员救护要点	1. 当浓酸碱溅到衣服时，立即脱去或剪去污染的工作服、内衣、鞋袜等，迅速用大量的流动水冲洗创面。 2. 当浓酸溅到眼睛内或皮肤上时，应迅速用大量清水冲洗，再用0.5%的碳酸氢钠溶液清洗。 3. 当强碱溅到眼睛内或皮肤上时，应迅速用大量清水冲洗，再用2%的稀硼酸溶液清洗眼睛或用1%的醋酸溶液清洗皮肤。 4. 当氨水或联氨溅到眼睛内或皮肤上时，迅速用大量清水冲洗。 5. 当发生人员轻微中毒后仍能行动者，应立即离开工作现场；中毒较重者应吸氧；严重者如已昏迷，应立即进行人工呼吸，并拨打120急救。
事故处置要点	1. 专业救援人员应戴上防毒面具和防护手套，打开门窗、开启换气扇通风。 2. 当浓酸倾撒在室内时，应先用碱中和，再用水冲洗，或先用泥土吸收，扫除后再用水冲洗。 3. 应急处置过程中发现设备异常或其他险情应及时将情况上报给应急指挥救援指挥部，绝不能盲目处理，造成事故扩大。
救援电话	急救：×××××/120 值长：××××× 火灾报警：×××××/119 总值班：×××××

禁止烟火   来油许可 不得入内   当心腐蚀   当心中毒   必须戴防护手套   注意通风

附图10　危险化学品中毒应急处置卡

附录五 电力生产现场常用岗位安全风险告知卡（式样）

岗位安全风险告知卡

风险点名称	编号	主要的危险因素	易发生的事故类型
储气罐		1. 罐体腐蚀，环境不良、气中含水量高； 2. 安全附件失灵（压力表、安全阀等）质量差，长期不检查和检定。	容器爆炸、其他伤害

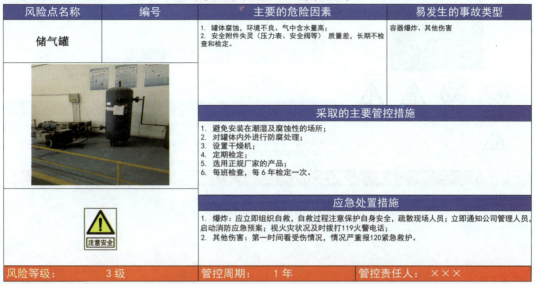

采取的主要管控措施
1. 避免安装在潮湿及腐蚀性的场所； 2. 对罐体内外进行防腐处理； 3. 设置干燥机； 4. 定期检定； 5. 选用正规厂家的产品； 6. 每班检查，每 6 年检定一次。

应急处置措施
1. 爆炸：应立即组织自救，自救过程注意保护自身安全，疏散现场人员；立即通知公司管理人员，启动消防应急预案；视火灾状况及时拨打119火警电话。 2. 其他伤害：第一时间看受伤情况，情况严重报120紧急救护。

风险等级：	3 级	管控周期：	1 年	管控责任人：×××

附图11 岗位安全风险告知卡（储气罐）

岗位安全风险告知卡

风险点名称	编号	主要的危险因素	易发生的事故类型
液化气存放处		1. 非法气源； 2. 减压阀超过5年； 3. 皮管超过8个月； 4. 钢瓶和火源距离小于1m； 5. 非法瓶装燃气存在短斤缺两、残液超标、掺杂"二甲醚"使钢瓶密封圈、软管加快腐蚀； 6. 钢瓶过期或不合规附件承压能力差，连接处不紧密； 7. 软管破裂或连接处泄漏； 8. 用火烤钢瓶和用开水烫钢瓶。	火灾、爆炸、其他伤害

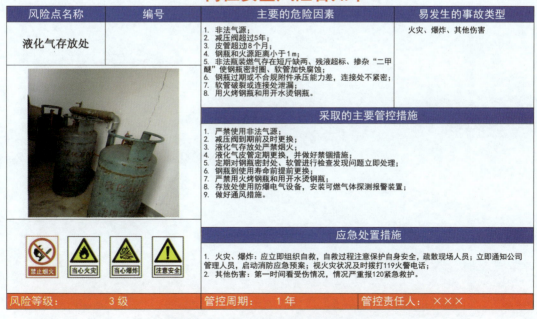

采取的主要管控措施
1. 严禁使用非法气源； 2. 减压阀到期前及时更换； 3. 液化气存放处严禁烟火； 4. 液化气皮管定期更换，并做好禁锢措施； 5. 定期对钢瓶密封处、软管进行检查发现问题立即处理； 6. 钢瓶用使用寿命前提前更换； 7. 严禁用火烤钢瓶和用开水烫钢瓶； 8. 存放处使用防爆电气设备，安装可燃气体探测报警装置； 9. 做好通风措施。

应急处置措施
1. 火灾、爆炸：应立即组织自救，自救过程注意保护自身安全，疏散现场人员；立即通知公司管理人员，启动消防应急预案；视火灾状况及时拨打119火警电话。 2. 其他伤害：第一时间看受伤情况，情况严重报120紧急救护。

风险等级：	3 级	管控周期：	1 年	管控责任人：×××

附图12 岗位安全风险告知卡（液化气）

岗位安全风险告知卡

风险点名称	编号	主要的危险因素	易发生的事故类型
危险品仓库		1. 储存不当； 2. 无通风措施或者通风不畅； 3. 仓库进出违反操作规程； 4. 消防设施配备不到位，导致不能及时灭火； 5. 物品堆放不当； 6. 仓库温度过高； 7. 仓库防爆电气损坏。	火灾、中毒、其他伤害

采取的主要管控措施
1. 严格按照操作规程存放危险品； 2. 每日检查仓库，根据情况进行通风； 3. 无关人员未经许可不得进入仓库； 4. 按规范配备消防器材； 5. 定期对消防器材进行检查和保养，发现问题立即整改； 6. 仓库严禁使用非防爆电气，定期对电气进行检查，发现问题立即整改。

应急处置措施
1. 火灾：应立即组织自救，自救过程注意保护自身安全，疏散现场人员；立即通知公司管理人员，启动消防应急预案；视火灾状况及时拨打119火警电话。 2. 中毒处置：发生有毒气体泄漏、有毒液体挥发进入人体后，第一时间予以撤离危险地带，做常规处理，并尽快送医院做好后续治疗和检查； 3. 其他伤害：第一时间看受伤情况，情况严重报120紧急救护。

| 风险等级： | 4级 | 管控周期： | 1年 | 管控责任人： | ×××|

附图13　岗位安全风险告知卡（危险品仓库）